路易斯・達奈爾 著
Lewis Dartnell
蔡承志 譯

最後一個知識人

末日之後
擁有重建文明社會的器物、技術與知識原理

HOW TO REBUILD
OUR WORLD AFTER AN APOCALYPSE
THE KNOWLEDGE

科普漫遊 FQ1038X

最後一個知識人：
末日之後，擁有重建文明社會的器物、技術與知識原理
The Knowledge: How to Rebuild Our World After an Apocalypse

作　　者　路易斯・達奈爾（Lewis Dartnell）
譯　　者　蔡承志
副總編輯　謝至平
責任編輯　陳怡君（一版）、鄭家暐（二版）
行銷企劃　陳彩玉、楊凱雯

編輯總監　劉麗真
總 經 理　陳逸瑛
發 行 人　凃玉雲
出　　版　臉譜出版
城邦文化事業股份有限公司
臺北市民生東路二段141號5樓
電話：886-2-25007696 傳真：886-2-25001952
發　　行　英屬蓋曼群島商家庭傳媒股份有限公司城邦分公司
臺北市中山區民生東路二段141號11樓
客服專線：02-25007718；25007719
24小時傳真專線：02-25001990；25001991
服務時間：週一至週五上午09:30-12:00；下午13:30-17:00
劃撥帳號：19863813 戶名：書虫股份有限公司
讀者服務信箱：service@readingclub.com.tw
城邦網址：http://www.cite.com.tw
香港發行所　城邦（香港）出版集團有限公司
香港灣仔駱克道193號東超商業中心1樓
電話：852-25086231或25086217 傳真：852-25789337
電子信箱：hkcite@biznetvigator.com
新馬發行所　城邦（新、馬）出版集團
Cite（M）Sdn. Bhd.（458372U）
41, Jalan Radin Anum, Bandar Baru Sri Petaling,
57000 Kuala Lumpur, Malaysia.
電話：603-90578822 傳真：603-90576622
電子信箱：cite@cite.com.my

一版一刷　2016年5月
二版一刷　2022年5月

ISBN 978-626-315-101-7（紙本書）
ISBN 978-626-315-113-0（電子書）

定價：399元（紙本書）
定價：279元（電子書）

城邦讀書花園
www.cite.com.tw

國家圖書館出版品預行編目資料

最後一個知識人：末日之後，擁有重建文明社會的器物、技術與知識原理／路易斯.達奈爾(Lewis Dartnell)著；蔡承志譯. -- 二版. -- 臺北市：臉譜，城邦文化出版；家庭傳媒城邦分公司發行, 2022.05
面；　公分. --（科普漫遊1；FQ1038X）

譯自：The knowledge : how to rebuild our world after an apocalypse

ISBN：978-626-315-101-7（平裝）

1. CST：科學 2. CST：科學技術 3. CST：通俗作品

300　　111003744

目錄

獻給維琪（Vicky），感謝妳嫁給我。

導論　知識人的末日漂流

我們所認知的世界走到了盡頭。

狠毒的禽流感終於跨越人禽物種藩籬，成功入侵人類宿主；又或者是生物恐怖主義者刻意釋出病毒，才釀成大禍。傳染病以極具毀滅性的高速向外蔓延——現代高密度城市和洲際空中旅行讓它如魚得水——人類還來不及啟動有效的免疫療法，連隔離措施都來不及實行，病毒已經殺死了全球大部分人口。

也說不定是由於印度、巴基斯坦不斷升高的緊張情勢，引發邊界衝突，報復心態凌駕一切理性約束，最後其中一方終於動用核子武器。飛彈彈頭特有的電磁脈衝訊號經中國國安局攔截，於是他們先發制人，發射飛彈攻擊美國，接著美國、歐盟與以色列聯手發動報復攻擊。全球各大都市化為一處處滿布放射性玻璃的崎嶇荒原。大量的塵埃進入大氣層，遮天蔽日，擋住了直射地表的陽光，帶來為期數十年的核子冬天，於是農業崩潰，造成全球饑荒。

也或許事情完全超乎人類掌控。一顆寬僅一公里的岩質小行星撞上地球，導致大氣層出現致命變化。幾百公里範圍內的民眾，在那股高熱高壓衝擊波下瞬間消失，而範圍之外的其餘人，也沒多少時日可活了。小行星轟擊哪個國家其實也無關緊要，岩石和灰塵噴發到大氣層——加上各地熱風吹襲，導致大火竄出煙塵——隨風飄散令整顆星球窒息。就如核子冬天，全球降溫致使農作物歉收，引發大規模饑荒。

這是許許多多末日後世界小說和電影都曾採用的設定。災變的短期後果往往被描寫成一片充滿暴力的荒原，猶如電影《瘋狂麥斯》（*Mad Max*）或戈馬克·麥卡錫（Cormac McCarthy）小說《長路》（*The Road*）所描繪的景象。一夥夥拾荒幫眾四處遊走，囤積殘存糧食，劫掠武裝和組織都不那麼完善的民眾。我猜想這樣的說法和事實大概不會偏離太遠，起碼在初始衝擊之後的崩解期間。不過我是個樂觀派：我想道德和理性終能夠勝出，亂局將安定下來，重建工作總會開展。

我們所知的世界已經毀滅。關鍵問題是：現在該怎麼辦？

一旦生還者都能領悟，自己是陷入了何等困境——先前維繫全體人類生命的生活支持系統完全解體——該怎麼做才能浴火重生，確保能繁衍下去？他們會需要哪些知識來盡快恢復舊日？

這是一本生還者求生指南，不過內容並不著眼在末日過後數週之間如何求生——這類求生技能手冊，坊間已經出了不少——本書旨在講述如何協同努力，重建一個技術先進的文明。倘若你突然發現自己手邊全無可供參考的實例，你要如何造出一部內燃機、一座時鐘或一臺顯微鏡？或者如何耕種，製作衣物？不過我在這裡要提出的種種天啟情節，也是一項空想實驗的起點：這些情節都是檢視科學和技術之基礎的載體，畢竟，隨著科技和知識越來越專業化，兩者和我們多數人的距離也變得非常疏遠。

住在已開發國家的民眾，已經和支撐他們的文明歷程失去聯繫。就個人來講，我們對食物、掩護所、衣物、一般藥物、原物料或維生物資的基本製造原理都無知得令人心驚。我們的生存技能已經退化，萬一現代文明的生活支持系統故障，倘若食物不再魔法般出現在商店貨架上，衣物也不再憑空出現在衣架上，到時大半人類都沒有能力自給自足。當然了，曾有一度，每個人都獨立生存，和土地以及生產方法的聯繫都親密得多。若想在末日之後的世界求生存，你就必須逆轉時鐘，重新習得這些核心技能。[1]還有，我們習以為常的每項現代技術，背後都有其他科技構成的支援網絡。製造iPhone不只是要懂得各元件設計原理和材料。智慧型裝置端坐在一座龐大的實用技術金字塔最頂端：採礦並提煉稀有銦元素來製造觸控螢幕、以高精密度光刻工法生產晶片微電路，還有麥克風所含的極度微型化元件，更別提維繫手機通訊和運作所需的無線電桅杆和外部基礎設施。「大墜落」之後的第一代會發現，現代手機的內部機制完全無從理解起，晶片電路的路徑微小得全非人類肉眼可見，而且其用途也神祕至極。一九六一年時，科幻作家亞瑟．克拉克（Arthur C. Clarke）便曾說過，任何充分先進的技術，全都無異於魔法。到了末日餘波時期，這般令人嘖嘖稱奇的技術，不是出自遙遠星空的外來生命，而是我們自己過往的發明。

就算是那些並不特別高科技的一般工業製品，依然需要種種不同原料才能生產，而這些都必須靠採

1 近代也曾發生過小規模的生活機能癱瘓：一九九一年蘇聯解體，所屬小國摩爾多瓦（Moldova）經濟崩盤，財政癱瘓，逼得民眾只能自給營生，重新採用紡車、手工織布機和乳酪攪製機等博物館文物級的傳統技術。

礦或其他做法來收集，並在專業工廠加工，接著還得在生產線上把特有元件一一組裝起來。而所有作業還都得仰賴發電站從遠方運輸電力。這項觀點在一九五八年倫納德．里德（Leonard Read）隨筆〈我，鉛筆〉（I, Pencil）當中已經闡釋得非常明晰。這篇雜文以我們最基本工具（鉛筆）的視角寫成，最後他提出了一項驚人結論，由於原料來源和製造方法非常分散，就連這種最簡單的日常用品，地表任何人都不能單憑己力來製造。

托馬斯．斯韋茨（Thomas Thwaites）做了一次強而有力的示範，以驗證我們每個人的能力差距有多大，就連日常生活的簡單用品，我們都無力製造。二〇〇八年，他在皇家藝術學院（Royal College of Art）攻讀藝術碩士學位時，從無到有，試著親手打造一臺烤麵包機。他採逆向作業，把一臺廉價烤麵包機拆解成最基本零件——鐵框、雲母礦隔熱片、發熱鎳絲、銅線和插頭以及塑膠外殼——接著親自前往採石場和礦坑，採集所有原料。他還翻閱歷史，查出古時候用上了哪些比較簡單的冶金技術。他參考一篇十六世紀的文稿，動用了一個金屬垃圾桶、烤肉用煤，還拿一臺鼓風吹葉機當作風箱，建造出一臺簡陋的煉鐵爐。最後完成的模型非常原始，但又帶有怪誕的美感，還凸顯了問題核心。

當然，就連在最極端的審判日情節中，一群群生還者也不致當下就必須自給自足。假使絕大多數人口都被一種高侵略性的病毒擊垮，到時仍會剩下大量物資。超市依然存有大批糧食，而且你可以直入荒廢的百貨公司，挑揀一套設計師新款服裝來穿；不然也可以到汽車展示廳，開走一輛心儀已久的夢幻跑車。找棟荒廢的宅第住下來，只要外出搜尋一番，也不難撿回幾臺移動式柴油發電機，為照明設備、暖氣和家電用品供電。加油站地底下仍然留有一池池汽車燃料，夠讓新家和汽車正常運作。事實上，末日之後有一段短暫時光，各地人數稀少的生還者或許仍可以過得相當舒適。文明可以靠本身動能延續一段時間。生還者會發現，身邊存有豐沛的資源可供取用，宛如身在富足的伊甸園。

不過伊甸園將漸漸敗壞。

隨著時間過去，食物、衣物、醫藥、機械和其他技術，免不了都要分解、腐朽、劣化、降解。在生還者眼前的，不過就是一段寬限期。文明崩潰，任何技術的關鍵流程猛然中斷——包括原料採集、提煉、製造生產、運輸和配送——沙漏已經翻轉過來，沙子正在穩定流失。眼前距離必須重新開始收割、生產製造，只剩下一段緩衝期。

重新啟動手冊

生還者最大的問題在於，人類知識是集體的，分散在全人類腦中。沒有哪個人擁有充分知識，能夠獨自維繫文明社會的運作。就算鑄鋼廠一位資深技術人員活了下來，他也只知道他那部分工作的細節，至於廠內其他工人的本職學養、對工廠運作不可或缺的其他知識，他並不十分清楚——更別提如何開挖鐵礦，或者供電讓工廠持續運作。我們日常所見只是冰山一角——這不單指底層有個龐大的製造和組織網絡來支持生產，也意味著它代表一段進步、發展的漫長歷史傳承。知識冰山在空間和時間當中隱密地向下發展，難以察知。

那麼生還者該往何處去？大量資訊肯定依然保存在書架上沾染塵埃的書本當中，可以在如今荒廢的圖書館、書店和住家裡找到。然而有個問題，大眾書的知識呈現方式無法協助一個剛要起步的社會——或一個沒受過專業訓練的人來使用。倘若你從書架抽出一本醫學教科書，翻閱滿紙術語和藥物專名的內容，你會有什麼感受？醫學教科書假定讀者已有一定程度，而且教材設計要求由專家邊教學邊做實際示範。就算第一代生還者當中有些是醫師，他們能做的事情也有限，他們手上不再有醫院檢驗報告，也缺乏現代藥物百寶箱——這類藥物都在藥局貨架上或在倒閉醫院的藥物冷藏櫃中逐漸失效。

學術文獻也大半散逸，也許大火延燒，席捲空盪都市，使知識無人聞問與守護。還有更糟糕的，每年出版的最新知識，包括我和其他科學家在研究中所發現和提及的新知，根本都還沒有記錄在任何耐久不壞的媒材上。人類最前端的知識，是短暫存續的資料片段，寫成學術「論文」，貯存在專業期刊的網站伺服器裡頭。

至於以一般讀者為對象的書籍，幫助也不大。你能想像一群只能取得普通書店藏書的生還者，要面臨什麼樣的處境嗎？一個只靠自助指南來自我重建的文明，單憑企業管理成功術、瘦身祕技，或者破解異性肢體語言等書籍，它能夠發展到什麼程度？最荒唐的夢魘，是末日後社會找到幾本泛黃脆化的書，將它誤以為是古代科學結晶，於是運用順勢療法來遏止瘟疫或施展占星術來預測莊稼收成。就連科學書也不會有多大幫助。最新的科普熱門書籍有可能寫得令人不忍釋手，從日常生活觀察結果引申出聰明的隱喻，讓讀者深入認識某種新興研究成果，卻也恐怕提不出什麼實用資訊。總之，就熬過大災變的生還者而言，我們絕大多數的集體智慧——起碼就實用方面而言——恐怕都派不上用場。該怎樣做，才對生還者最有幫助？一本末日求生指南需要傳達哪項關鍵資訊，又該如何架構？

我不是頭一個為這個問題傷腦筋的人。科學家詹姆斯・洛夫洛克（James Lovelock）遙遙領先他的同行，直指問題核心，開創輝煌歷史紀錄。他最著名的成就是蓋婭假說，依循這個假說，我們可以將這顆星球——岩質地殼、海洋和大氣的複雜組合，加上在地表各處棲居的細微生命抹痕——想像成一個在過去幾十億年期間，能自行調節環境，並阻止外部不穩定性的單一實體。洛夫洛克對這個系統的其中一個要素深感憂心，那就是如今已經有能力干擾這種自然制衡機制的智人。

洛夫洛克師法一項生物類比，來解釋我們可以如何保障我們的遺產：「面臨缺水的生物體經常把自己的基因封進孢子，這樣它們的遺傳訊息就能熬過乾旱。」洛夫洛克認為人類也有相同狀況，並設想這可以寫成一本萬寶全書。「一本內容清晰、意義明確的科學入門書——為任何有興趣了解地球現況，以及如何在地表生存，平順過日子的人士所寫的入門書。」他所提的方案是一項真正艱鉅的使命：要以一部包羅萬象的教科書，完整記載人類的全套知識——這是一部可供你從頭閱讀到尾，習得如今所知萬事萬物基本原理的知識「全書」。

事實上，所謂「全書」的觀點，早已有悠久的歷史。昔日的百科全書編纂人，還遠比今天的我們更能敏銳體察到，偉大文明其實相當脆弱，以及科學知識和實務技能，又是具有多麼高度的價值，然而一旦社會解體，這人群也就因無法取得知識而消失。德尼・狄德羅（Denis Diderot）在一七五一年發表他的《百科全書》（*Encyclopédie*）第一卷，他明確闡述這套著作所扮演的角色，是作為人類知識的安全寶庫，以防浩劫不幸成真，導致我們的文明社會步上埃及、希臘和羅馬古文明的後塵，消失得無影無蹤。他期盼可以為後人保存這份知識寶藏，不致像既往文明只留下斷簡殘篇。這樣說來，百科全書便成為一種時光膠囊，封裝了過往所累積的知識，全以合乎某種邏輯的順序條列，各條目相互參照，如此遇上大範圍的災變時，才能對抗時間侵蝕。

自十七世紀啟蒙運動以來，我們對世界的認識便呈指數增長，如今要編纂出完備的人類知識集成，也更顯艱鉅，困難程度提升了好幾個量級。這種「全書」的編纂工作，相當於現代金字塔建造計畫，必須數萬人全心投入多年，方能竟其功。這項苦工的目標，並不是要確保法老死後平安踏向永生極樂，而是要保障我們的文明能夠不朽。

只要立定志向，這項必須全心投入的使命並非不可想像。我父母那個世代努力以赴，頭一次把人送上月球：阿波羅計畫在高峰期雇用了多達四十萬人，消耗了美國聯邦總預算的百分之四。沒錯，你或許會認為，現有人類知識的完美集成已經實現，由維基百科背後的堅定志工齊心協力成就壯舉。網際網路社會學暨經濟學專家克雷．薛基（Clay Shirky）便曾估計，目前維基百科的知識成果，約相當於投入一億小時，由人們致力撰寫、編輯而成。不過就算你能把維基百科完整列印出來，超連結部分則代以對照參考頁碼，這和一部可以從頭開始重建文明社會的使用手冊依然相去甚遠。維基百科從一開始就沒有打算往這方向發展，它並不闡述具體細節，也沒有從科學原理一路按順序編輯到高等應用。再者，列印成紙本，尺寸會大得不切實際──還有，你要怎樣擔保浩劫後生還者會有辦法取得一部副本？事實上，我相信你可以採用較簡單的方式來幫助社會復原，而且效果還要好得多。

解決之道可以在物理學家理查・費曼（Richard Feynman）的一段評述中覓得。費曼假設，所有科學知識有可能在一次大災變之後全都毀滅，也談到在那時候該怎樣應付，他設想自己可以把一段陳述，安全轉達給浩劫後出現的任一智慧生物。哪句話能以最少字詞納入最多資訊？「我認為，」費曼表示，「那就是原子假說：萬物的組成元素是原子──四處永恆運動的細小粒子，彼此相隔短距離時會相互吸引，被擠壓聚攏時卻相互排斥。」

當你投入越多心思來細想當中寓意，以及這段簡述中所暗示的可測試假設，它也就越能披露更多關於世界本質的真相。粒子相吸能解釋水的表面張力，原子貼近時的互斥現象則能說明，為什麼我坐著喝咖啡時，不會穿過椅子向下跌落。原子和原子相互結合所構成的化合物多樣性，正是化學的關鍵。這單獨一句仔細斟酌的陳述，涵括了極度精密的資訊，當你推敲鑽研，其含意也隨之流洩、開展。

不過假使你的字數並沒有受到局限呢？倘若篇幅允許，得以納入更多內容，並沿用費曼的指導原則，只提供關鍵、精密的知識，加速後人重新發現知識的探索歷程，而非嘗試撰寫一部完整納入現代知識體系的百科全書，是否就能寫出一冊生還者快速上手指南，重新啟動文明社會？

我想費曼的一句陳述，仍然可以從根本改良。只擁有純粹知識，卻沒有應用技術是不夠的。為協助才剛要起步的社會自力更生，振衰起蔽，你還必須提點他們該如何運用知識，並示範實際應用方式。就剛熬過末日災禍的生還者而言，實務應用才是要務。了解冶金基本理論是一回事，至於實際運用，好比從死亡城市搜尋金屬廢棄物再利用，又是另一回事了。知識和科學原理的運用是技術的要素，而且，本書接下來就會提及，科學研究和應用是彼此交織、密不可分。

由於費曼的啟示，我要在這裡主張，協助「大墜落」生還者的最佳方式，並不是編纂出一部無所不包的知識全紀錄，而是因應他們的可能處境來撰寫，提供一部基本原理指南，同時也提供必要的技術藍本，好讓他們能夠自行重新發現——這就是科學方法，這才是能使知識產生效用的有力機具。保存文明的關鍵在於提供一顆濃縮的種子，科學自然而然就能破殼而出，長出整棵知識之樹。重點不在於試行記載那棵巨大的樹木。容我引述艾略特的詩句：「在我們的廢墟中，我們最該拾綴起哪些碎片？」

這樣一本書可能具有極高價值。想像倘若古典文化留下了知識的種子，則我們自己的歷史會發生哪些情況？十五、十六世紀文藝復興，催化了古代學識涓滴回流西歐。這些知識大半隨著羅馬帝國的衰亡而流失，不過阿拉伯學者細心翻譯、抄錄文稿，將失傳之學保存下來，另有些手稿則是由歐洲學者重新發現。不過倘若這些哲學、幾何學和實用科學相關專著，都納入了各自的時光膠囊保存了下來，又會如何呢？根據相同邏輯，假使手頭有正確書籍，是否末日後黑暗時期就是可以避免的？[2]

加速發展

在重新啟動時期，沒有理由一定得回溯相同路途，只為尋求高明的科技成果。我們在歷史上走過的路徑十分漫長曲折，大部分都漫無章法地在偶然中蹣跚前行，長期追尋不相干的謬誤卻無視重要發展。不過既然如今已擁有這些知識，依我們的後見之明，我們能不能像老練導航員那樣算出最短路徑，直接邁向進步？我們該如何描繪出一條最佳路徑，來穿越規模浩大的科學原理互連網，好加速發展？

關鍵性突破在我們的歷史中往往是種意外收穫——是僥倖遇上的成果。亞歷山大・佛萊明（Alexander Fleming）在一九二八年發現青黴菌具有抗菌屬性，這是一起偶發事件。同時有關電性和磁性關係的最早觀察——把羅盤擺在通電電線旁邊時，針就會抖動——也是種偶然發現，還有X光的發現也同樣如此。這些關鍵發現有許多都大有可能更早發生，部分還可能大幅提前。一旦一種自然現象被注意到，就能藉由有條理、有系統的研究，認識現象的運作原理並科學量化其作用。初步可以先專注針對幾個要項深入即可，重點在於該著眼哪些方向和優先探究順序。

事後回顧許多發明事件彷彿事屬必然，然而有時候一項關鍵進展或發明，卻有如憑空出現，並不是隨著任何特定的科學發現或實用技術萌生。就重新啟動文明的前景看來，這令人鼓舞，因為這就表示，快速上手指南只需簡短描述幾項核心設計特徵，生還者就能設想該如何再現關鍵技術。舉例來說，只要

---

2 假使忽略那些我們社會崩解之後所留下的物料，那麼這部旨在輔助生還者復興文明的空想實驗之書，也是一本你想在另類情境從無到有，著手發展出技術文明時會用得上的手冊。舉例來說，意外墜落越過時光翹曲，進入萬年前的舊石器時代，或者搭乘太空船在酷似地球的無人星球上迫降。這是終極版的《魯賓遜漂流記》或《海角一樂園》船難式幻想小說——故事不是被海浪沖上一座荒蕪小島，而是在空無一人的世界重新開始。

有人想到做法，手推車就有可能提早數百年問世。這個例子看似微不足道，只需把輪子和槓桿的運作原理兩相結合即可，但這項極省力的工具，是從歐洲出現輪子（頭一篇描述輪子的英文手稿約在一二五〇年寫成）以來歷經數百年光陰才出現。

其他技術發明的影響也像輪子一樣深遠，這都是你會想要直接記錄下來，以支持其他末日後科技復甦的必要元素。活字印刷機就是能加速發展的門戶技術之一，它對我們的歷史也衍生出種種無可比擬的錯綜影響。只需些許指導，大量印製的書籍就可以提早出現，投入新文明的重建事業，這點我們稍後就會討論。

開發新技術時，有些步驟可以完全跳過。快速上手指南可以教導蛙跳策略，輔助復甦中的社會，跳過發展中階段，直接選擇更先進的技術系統。這種蛙跳現象有好幾起令人鼓舞的案例，發生在當今亞、非洲好幾個開發中國家。舉例來說，許多沒有連上電力網的偏遠社區，如今正在建置太陽能基礎建設，一舉超越依賴化石燃料好幾世紀的西方。居於土屋的非洲鄉間村民，直接採用行動電話通信，繞過了信號塔、電報或住家電話等舊技術。

史上最令人印象深刻的蛙跳現象，或許就是十九世紀日本成就的偉業。德川幕府時代，日本閉關自守，與外界隔絕兩個世紀，禁止國民出境，也不准外國人入境，只允許和少數特定國家進行極少量貿易。一八五三年，美國海軍的蒸汽動力重砲艦隊駛入江戶灣，威武遠勝當年日本所擁有的任何軍事技術，以最具說服力的方式重開交流之門。日本人駭然領悟雙方的科技差距，從而觸發了明治維新。相對於西方，日本原是技術落後的孤立封建社會，歷經連串政治、經濟和法律改革，加上科學、工程和教育等各界外籍專家教導如何建造電報網和鐵道、搭蓋紡織廠和其他製造加工廠，終至成功轉型。日本在幾十年內完成工業化，到了第二次世界大戰，已有能力和當初逼他們轉型的美國海軍武力對峙。

妥善保存的知識寶庫，可不可能讓末日後社會實現同等快速的發展？

不幸的是，選擇性跳越中間階段來推動文明發展，能進步的空間很有限。即便一群末日後科學家，能夠充分了解某項科學原理，也完成了一項原則上能夠作用的設計藍圖，他們仍有可能完全無法製造出可用的裝置。我把這個叫做達文西效應。文藝復興時期的偉大發明家達文西，構思出無數機械設計和新穎裝置，好比他的奇妙飛行器，然而當時卻沒有幾樣發明有機會正式生產。問題大半在於，達文西遙遙領先時代。單憑正確的科學認識和巧妙的設計是不夠的，你還需要同等科技水準的環境，包括必要的製造材料以及現成動力來源。

所以快速上手指南的訣竅，必須為末日後世界提供實用技術，道理就如同今天海外的技術指導團，會為發展中國家提供合適技術，以幫忙他們發展。這些技術能讓我們從單純改良既有技術的現況大躍進，並且是可以靠當地工匠，以實務技能、工具和手頭原物料來修復、維持運作的。加速文明重新啟動的目標，是要省下好幾個世紀的逐步發展，直接以現有簡單物料和技術——跳過過渡技術——就能企及高科技水準。

正由於歷史具有這些特徵——僥倖的發現、不待任何先備知識的發明、能刺激多方領域進步的技術，還有取得新技術優勢的蛙跳機會——這些特徵讓我們感到樂觀，也許設計優良的重新啟動手冊，能夠指出正確路途，引導人們投入研究，開發不可或缺的關鍵技術。這本手冊將引領人們踏上最佳路線，穿越科學和技術的重重網絡，加速重建。不需在黑暗中摸索科學，祖先已經為你配備了手電筒和地圖。

倘若重新啟動中的文明並無囿限，不必遵循原路徑，發展順序就會和過去完全不同。沒錯，要重新照著當今文明的行進軌跡走，可能非常困難。工業革命以來，大部分機械都以化石能源作為動力來源。原本能輕易取用煤、原油和天然氣的礦床如今已經將近耗竭。沒有唾手可得的能源，文明怎有辦法遵循舊路，走過第二次工業革命？底下我們就會看到，解決辦法是盡早採用可回收的能源，認真執行資源回收——永續發展大概會在下一個文明中迫於現實而落實。這將是綠色版的重新啟動。

啟動過程會隨時間出現不熟悉的技術組合。我們會檢視幾個實例，看復甦中的社會有可能依循什麼樣的軌跡——未曾經歷的旅途——以及哪些曾經功虧一簣的技術解決方案。在我們眼中，文明2.0可能像不同時代的技術大雜燴，和蒸汽龐克（steampunk）類型小說不無相似。蒸汽龐克的世界觀，是想像有不同科技發展模式的另類架空歷史，而且思索維多利亞時期蒸氣動力技術應用在重型鋼鐵機具的可能。末日後重新啟動，若不同科技領域各自以不同速率分歧進展，結果就很可能產生出這種有時代錯置風格的場景。

具體內容

重新啟動手冊在兩種條件下效果最好。首先，你手上必須先有若干程度的實務知識，這樣就能盡快恢復到舒適的生活，並遏止生活水準衰退。不過還必須培養科學研究能力，找出最值得探究的知識核心，你這個末日生還者才能開始鑽研。[3]

我們會先打造求生基礎，檢視如何維持舒適生活的重要元素：充足糧食和乾淨用水、衣物和建築材料、能源和基本醫藥用品。生還者會面對幾項迫切要務，作物必須從農地採收，種籽要儲藏起來，以免它們無法用來耕種；提煉生質燃料作物可以取得生質柴油，發動機便能持續運作，除非機械故障；同時也得四處回收零件，重建地方電力網。我們會檢視該如何從死亡文明殘軀中拆用元件，並尋覓可利用物料：末日後世界需要人們發揮巧思活化、反覆使用及拼湊資源。

一旦基本要點齊備，我就會解釋該如何恢復農業、糧食儲備，還有如何把動、植物纖維作成衣物。

3 一個文明社會最容易辨識的特徵，或許是紀念碑，或是藝術、音樂或其他文化產出，儘管如此，支持文明的農業生產力、污水穢物處理和化學合成技術，依然是必要元素。本書會集中論述關鍵的科學原理和技術要項，這些是一體適用的。物理定律舉世皆然，無關乎你所在時空，而且就連數千年後的社會，基本需求都還在，只要提升技術水準就能滿足——糧食、衣著、動力和運輸等。藝術、文學和音樂是文明的重要部分，不過文明復興並不會因為沒有這些就遲滯五百年，同時末日後生還者，也會發展出具有他們本身時代意義的表現形式。

紙張、陶瓷、磚瓦、玻璃和熟鐵等物料在今天可說司空見慣，談起來就覺得平凡、乏味——然而假使你必須自行生產，又該怎樣製造？木頭是許多產品的原物料來源：從建築用的木材到淨化飲水用的木炭，還可以是燒出烈燄的固體燃料。種類繁多的重要化合物，焙燒木柴就能取得，連灰燼都含有能用來製造肥皂和玻璃等品項的鉀鹼，這也是製造火藥的其中一種必要成分。掌握基本技術之後，你就可以從周遭自然環境，大量提煉不可或缺的其他物質——蘇打、石灰、氨、酸類和酒精——建立起末日後的化學產業。隨著你的能力恢復，就能開發出能用在採礦、拆除古老建築殘骸的爆裂物，還可以製造人工肥料，以及用於攝影的感光銀化合物。

後續章節我們會探討如何重新學習醫藥、駕馭機械動力、熟習發電程序和電力儲存技術，以及如何組裝一臺簡單的收音機。還有，既然《最後一個知識人》內容包含如何製造紙、墨和印刷機的資訊，書本身也包含了如何複製它自己的遺傳指令。

一本書能振興我們對世界的認識到什麼程度？我顯然根本不能佯稱這樣一冊書，就能總結人類科學知識和技術的全貌。不過我想它能提供基礎，協助生還者度過頭幾年時光，還能點出總體方向，描繪一條穿越資料網絡的最佳路徑，從而加速復甦。還有，只要遵循原則，只提供一經鑽研便自然開展的精密知識核心，單一書冊也能承載一個規模龐大的資訊寶庫。當你讀完這本書，你也就懂得如何重建基礎設施，來支撐文明的生活形態。而且我希望，你也能夠更掌握科學的本質之美。科學不是事實和數據的集合。科學是種方法，唯有運用方法，你才能自信地梳理出世界的運作方式。

《最後一個知識人》的目標是要確保好奇、求知和探究的火花，能繼續旺盛燃燒。我們期許，就算墜入大災變的深淵，文明依然保有一線生機，而且倖存的共同體也不會退化、停滯不前。也期許社會核心知識能夠保存下來，在末日後世界能獲得重視，並再次繁榮。

這本書是重新啟動文明的藍圖——也是介紹文明根本的入門書。

第一章　一切都將成為廢墟

「這樣一部作品最輝煌的時刻，可能緊隨劇變，在其餘波中現身。此時，災變規模浩大、科學進展停滯、工匠勞動中斷，這個半球也沉淪，再次陷入黑暗。」

——狄德羅，《百科全書》

災難片似乎都會出現一個場景：鏡頭搖過一條寬闊道路，路面壅塞水洩不通，擠滿想逃離都市的車輛。隨著駕駛越來越感到絕望，極端嚴重的道路憤怒症也隨之爆發，路肩和車道四處都是人，車上的人也只能棄車加入蜂擁前進的徒步人潮。就算沒有立即危險，凡是會擾亂通訊網路或電力網的事件，都會使貪求資源的都市陷於飢渴，逼得居民飢腸轆轆出城。都市難民大規模遷徙，大批湧入周圍鄉間尋覓糧食。

撕毀社會契約

我不想困在哲學泥淖，辯論人類是否本性邪惡，是否必須有個權威領導著控制群眾，強制施行一套新法規，並藉由懲罰、威嚇來維持秩序。不過當中央治理機構和民事警力消亡，顯然會有人意圖不軌，抓住機會欺壓或剝削比較溫順或弱小的人。一旦情況惡化，原先守法的公民也會採取必要措施，不惜一切來養家活口、保障人身安全。為確保你我的存續，你可能必須四處拾荒並設法求生：這只是洗劫的委婉說詞。

凝聚社會的膠合劑，部分出自一種信念，人們普遍認為，行使欺詐或暴力手段，雖能得到短期利益，從長期來看，卻絕對不划算。你會被逮住、蒙上汙名，被社會認定是個不值得信任的合夥人，或遭國家懲罰。欺騙他人沒有好下場。社會中的每個個體都要彼此合作，追求集體利益，必要時犧牲個人的若干自由，以換取國家提供的相互保障，這份默契稱為社會契約。這是一個文明集體努力、生產和經濟活動的根本基礎，然而一旦每個人都認為欺騙能獲得更大利益，或者懷疑別人都會欺騙他們，這種結構會開始變形，而社會凝聚力也開始失能。

社會契約可能在嚴重危機爆發時猝然崩解，導致法律和秩序失能。我們不必外求，從地表最先進國家的例子當中，就能看出社會契約破裂會造成何等後果。美國港口都市紐奧良遭卡崔娜颶風侵襲，帶來慘重災情，市民駭然發現，地方機關已經不復存在，短時間內不會有人支援，導致社會秩序迅速解體，並引爆無政府狀態。

一旦發生了大災變事故，管理與執法機關也消失之後，或許可以預料，幫派會來填補權力真空，開始劃分勢力範圍。掌控資源（糧食、燃料等）的各方勢力，會控管在新世界秩序下仍有價值的物品。現金和信用卡變得毫無意義。把糧倉據為「私產」的人，會變得非常富有，甚至非常強勢——新的君王——手中握有糧食分配權，用來購買人民的忠誠和服務，如同古代美索不達米亞帝王。在這種環境之下，具有專業技能的民眾，好比醫師和護理師，最好是把自己的本領隱匿起來，因為他們有可能被迫為幫派服務，淪為有特殊專長的奴隸。

面對盜匪搶劫和幫派火拚，民眾可能迅速動用致命武力予以威嚇，但隨著資源日漸耗竭，競爭只會變得更為劇烈。如今有一群人積極準備迎接天啟末日，稱為有備求生客（prepper），他們有一句常講的口頭禪是：「最好有槍備而不用，別等需要時才發現自己沒槍。」

災後頭幾週或幾個月，各地可能出現一種模式：小規模群眾齊聚一處守備，相互支援，保衛自己的消耗品，管控數量來謀求自保。地方小型勢力需要派人巡邏，護衛邊界，就如同現代國家的做法。諷刺的是，一群人要得到掩護、避開亂世，最安全的處所卻是散置全國的監獄要塞，然而這時作用已經內外顛倒。監獄大體上都是自給自足的獨立複合區域，有高牆、堅固大門、刺鐵絲網，還有瞭望塔，原本是為了防範囚犯脫逃，不過作為防範外人侵入的庇護所，同樣有效。

任何巨大災變，各地免不了爆發犯罪與暴力事件。然而，我不打算深入探討《蒼蠅王》（*Lord of the*

Flies）所指涉的地獄。本書要討論的是，在民眾安頓下來之後，如何加速文明的技術發展進程。

最好的世界終結方式

在我們探討「最好的結果」之前，先讓我們著眼談談「最糟糕的結果」。從重建文明的角度來看，最糟糕的末日就是全面核戰。就算你幸運脫逃，沒有跟整座城市一起陪葬，現代世界的物料大半都被毀滅，滿布塵埃的黑暗天空和地面都遭落塵毒害，農業發展受阻。另一種情況是，太陽日冕大量拋射，就算沒有直接致命危害，這點卻也同樣糟糕。特別是強烈的太陽噴發，轟擊地球磁場，像敲鐘一樣引發振盪，在電力輸送線中誘發強烈電流、摧毀變電器並瓦解地球各地的電力網。全球停電會擾亂水、瓦斯的泵送作業和燃料的提煉，也導致變電器的生產停頓下來。儘管沒有直接奪走人命，現代文明的設施卻仍因此毀棄，接著社會秩序很快就會崩潰，人群四處流浪，迅速耗盡剩餘物質，促使人口大量減少。到最後，生還者仍得面對一個沒有人的世界，此時原本預留的資源，卻已經消耗殆盡。

儘管許多末日後電影和小說偏愛的劇情，都是工業文明和社會秩序瓦解，逼得生還者瘋狂爭搶日漸稀少的資源，不過我想專注在完全相反的地方。由於人口驟減，基礎設施都原封不動保存下來。人類絕大部分都絕跡了，不過物資還在。從零開始重建文明的空想實驗，將帶來最有趣的起始點。假設生還者有一段寬限期，讓他們得以站穩腳跟，接著就有必要重新學習自給自足的社會運作模式。

要是世界真的終結，急性傳染病對基礎設施的破壞性較低。理想的病毒風暴結合了攻擊性高的病毒、漫長潛伏期和將近百分之百的致死率。而且末日病原體的特性是人傳人，短暫期間內就能發病（讓後續受感染宿主群極大化），而且必死無疑。我們已經成為一個真正的都市物種——自二〇〇八年起，全球多數人並不住在鄉間，而是屬於城市居民——人群稠密聚集，加上頻繁跨洲旅行，為傳染原的高速傳播提供了理想條件。一三四〇年代的黑死病消滅了三分之一的歐洲人口（全亞洲遇害人數比例也大致雷同），倘若同類瘟疫在今天發動攻擊，我們這個文明的復原彈性，恐怕還會比以往更低弱。[1]

在一場全球劇變之後，倖存族群起碼要有多少人，才有機會重生，不只要是重新分布到世界各處，而且還要加速文明的重建？換句話說：能快速重新啟動的臨界人數為何？

倖存人口群的兩種極端類型，我這裡就分別稱之為《瘋狂麥斯》和《我是傳奇》（*I Am Legend*）情境。倘若現代社會的生活支持系統內爆，卻沒有立刻導致人口減少（好比太陽風和磁場忽然噴發出大量物質到地表），大半人口都存活下來，彼此激烈爭搶，很快就會把殘留資源消耗一空。寬限期虛耗空度，於是社會快速沉淪，陷入《瘋狂麥斯》風格的野蠻，從而導致人口大量遞減，不再有希望快速恢復。但話說回來，假使你是全世界的唯一生還者，如美劇《最後一個人》（*The Omega Man*）的主角，

1 不過，黑死病衍生的長期影響，部分有益於社會，是死亡烏雲中的一絲慰藉。接下來的勞力短缺，讓熬過人口大減的農奴得以掙脫枷鎖，不再受莊園地主掌控，而這也幫助打破封建體制，走向更趨於平權的社會結構和市場導向經濟。

或少數生還者當中的一人，但是彼此分布太零散，這輩子不太可能有機會巧遇，這樣一來，重建文明或甚至恢復人類族群的想法，恐怕也只是一場空。人類命懸一線，一旦最後一位男女死亡，人類就要滅亡——如同李察．麥森（Richard Matheson）的小說《我是傳奇》所描述的處境。兩名生還者，一男一女，才是物種長期存續的最小值，但從區區兩個人開始增加人口數，還是會嚴重拖垮遺傳多樣性和長期發展生機。

所以理論上重新建立社會的人口最小值為何？學界針對現今紐西蘭毛利人粒線體DNA序列進行分析，想知道最早乘木筏抵達玻里尼西亞東部的拓荒者，人數是多少。遺傳多樣性顯示，這支族群的有效規模，約不多於七十名生育期女性，至於總人口數，則略超過該數之兩倍。另有相仿遺傳分析則推出，絕大多數北美原住民的拓荒規模也大體相仿，他們是在約一萬五千年前，趁海平面較低時期，越過了白令陸橋。所以末日後數百名男女聚居一地共組團體，肯定便納入了足以重新散布全世界的遺傳變異性。

問題在於，就算每年增長百分之二——歷來全球人口在工業化農耕和現代醫學體系支撐下的最高增長速率——這個群體依然得花八個世紀才能恢復到工業革命時代的人口數。（後續章節我們還會探討，為什麼必須具有特定人口規模和社會經濟結構，才有機會發展出先進科學和技術。）初始人口數縮減至此，恐怕遠不足以維持定量的農業生產，更別提較先進的生產方法，所以人類或許會一路退回狩獵、採集的生活方式，投入全副心神勉力求生。人類從出現以來，百分之九十九時間都過著這種無法支持密集

建築損毀，大自然重新進占我們的都會空間，包括人類的知識儲藏庫，好比紐澤西這處荒廢圖書館。

人口的生活，這也顯示了一種極難再次脫離的困局。該如何避免文明大倒退？

倖存人口群需要大量人手下田耕作，確保一定的農業生產力，同時還得有充分人力，才能投入其他工藝的技術開發及復興活動。為達到高效能，你會需要數量足夠的生還者，才能有人從事各種不同工作，並有豐富的集體知識避免退步過甚。不論地點在哪，初始倖存人口數約達一萬（就英國來講，這就相當於區區百分之零點零一六的倖存比率），是這場空想實驗的理想出發點，不過這群人必須組成一個新的社區，並能和平共處、通力合作。

讓我們把注意力轉移到生還者身處的世界，還有一旦他們開始重建，周遭會如何變動。

大自然重新進駐

一旦例行維護工作終止，大自然立刻就會抓住機會，重新控制都市空間。街道會開始堆積垃圾碎屑，堵塞排水口並積水成池，接著殘骸腐敗化為覆土。先鋒野草開始增生。就算沒有車胎重壓，柏油路面的紋路依然會持續擴大，形成裂口。每逢嚴寒，凹陷處就會積水，接著液體結冰，體積膨脹，從內側撐開路面。這樣冷凍又融解的循環週期，對大自然亦是沉重打擊，長期下來力量足以彌平整座山脈。風化作用為伺機成長的小草帶來越來越多的生態區位，接著灌木叢也長了出來，向下扎根，隨後崩裂地表。其他植物更是咄咄逼人，它們具穿透力的根部，逕自鑽過磚頭和水泥，尋找住所，並深入濕氣源頭。藤蔓會蜿蜒攀上紅綠燈和交通號誌，把它們當成金屬樹幹；覆蓋建築外牆的茂密攀緣植物，會長成類似懸崖下方的植披風貌，並從屋頂向下蔓生。

往後幾年，搶占生長區的植物，逐漸累積出厚層綠葉，腐敗物形成有機腐植質，並與隨風飄揚的塵埃和劣化混凝土、磚頭的碎礫混合，構成真正的都市土壤。從辦公室破窗飄散出來的紙張和其他碎屑，在底下市街聚集，為堆肥新添一層材料。泥土覆面逐漸加厚，把道路、停車場和城鎮開放空間蓋得密不透氣，於是樹木也就得以生根。沒有柏油路街道和廣場的地方，都市的青草公園和周遭鄉間會很快回歸林地景象。短短一、二十年間，較年長的灌木叢和樺木便已根深柢固，接著在末日後頭一個世紀尾聲，就能見到茂密的雲杉、落葉松和栗樹林區。

當大自然忙著收回領土，同時建築物也會在不斷增生的森林中逐漸粉碎、腐朽。隨著植被回返，在街道填入林木和隨風飄散的落葉，還混雜了從破窗灑落的廢棄物，街上會聚滿一堆堆完美易燃物，於是烈燄席捲都市叢林的機會增加。火種在建築外側堆積，經夏季雷雨風暴點燃，或者由陽光照過碎玻璃來點燃火苗，這時條件齊備，毀滅野火順著街道一路燒去，也在摩天樓內部迅速向上延燒。

現代都市不會像一六六六年的倫敦或一八七一年的芝加哥那樣遭大火夷平，當時大火是從一棟木造建築迅速往另一棟延燒，還跳過狹窄街道。不過火燄延燒時，若是沒有消防隊挺身對抗，依然會釀成大禍。儲留在地下管線和建築內部各處的瓦斯會起火爆炸，街上棄置的汽車，油箱裡面還留存燃料，更為火海加油。居住區還有一枚枚炸彈，一旦烈燄捲過就會引爆，包括加油站、化學物質儲藏庫和乾洗店裡一槽槽高揮發性可燃溶劑。最令末日後生還者刻骨銘心的景象之一，或許就是舊都市失火燃燒的慘況，一道道令人窒息的黑色粗大煙柱，高高聳立地平線上，把夜空轉變成血紅一片。烈燄過去之後，當代建築便只殘留磚頭、混凝土和鋼鐵結構——可燃物燒毀之後的焦黑骨架。

祝融席捲廢棄都市，蹂躪廣大地帶，不過最終卻是由水徹底摧毀所有精工營建的建築。末日後第一個冬季，各處水管會陣陣爆裂，來年冰融便在建築內部瀉流。雨水會從缺了窗扇的開口或破窗吹進室內，順著鬆脫屋瓦間隙滴落，並從堵塞的屋簷落水溝和排水管漫出。窗框和門框油漆剝落，濕氣滲入，腐壞木料侵蝕金屬，直到窗框架整個從牆上脫落。木質結構——地板、樑桁和屋頂樑柱——也會吸收濕氣，腐敗朽壞，原本把各元件固定為一體的螺栓、螺釘和釘子也都鏽蝕損毀。

混凝土、磚頭和水泥也受溫度起伏影響，先從阻塞的屋簷落水溝吸收淌流的水分，若是位於高緯度地區，它們會在冷凍—融解的無情循環下粉碎。在溫暖氣候區，白蟻和蛀蟲會與真菌協力吃掉建築木料。隔沒多久，木頭橫樑就會腐壞，撐持不住，導致樓板崩垮，屋頂塌陷，最後牆壁本身也向外鼓出，接著坍塌。我們的房屋或公寓大樓，最久只能撐個一百年。

金屬橋樑會隨油漆剝落，水分滲入結構體而鏽蝕弱化。許多橋樑的喪鐘，可能是當風把碎屑吹進伸縮縫，縫被填滿後才敲響。伸縮縫是橋樑的呼吸孔，讓建材在夏季暑熱時有熱脹冷縮的空間。一旦阻塞，橋樑就會自己對自己施力，把受蝕螺栓逐一切斷，整座結構抵受不住，終至傾頹。許多橋樑撐不到一、兩個世紀就會崩塌，墜入水底，碎礫殘片在依然挺立的橋柱邊排列成堆，形成連串河中堤堰。

現代建築的鋼筋混凝土是相當出色的建材，不過儘管耐受性勝過木料，卻也無法不受腐敗影響。諷刺的是，劣化跟內部結構強度有關。鋼筋（強化鋼條）被包在混凝土中，和自然環境隔絕，然而隨著酸雨水滲入，還有腐敗植物釋出腐植酸，日漸侵入混凝土，嵌在裡面的鋼筋就會開始在內部生鏽。對現代營建技術的最後一擊，是鋼筋最終因生鏽而膨脹，表面因濕氣而被撐開，加速毀壞。鋼筋是現代建物的弱點——從長遠看來，無鋼筋混凝土肯定比較耐用：羅馬萬神殿圓頂，歷時兩千年依然牢固。

不過高樓的最大威脅卻是地基積水，肇因於排水管路無人養護、下水道阻塞或河川週期洪泛，這種現象在河岸城市尤其嚴重。高樓的支撐結構會侵蝕、降解，或者因地基下陷，使列名摩天大樓的建築，命運卻遠比比薩斜塔還悽慘，注定要傾圮崩塌。建築殘礫墜如雨下，讓周遭大廈受損更甚，有時建築還甚至直接倒向隔壁大樓，像巨大骨牌般接連倒塌，最後只剩幾棟挺立在喬木天際線間。料想在幾個世紀之後，已經沒剩幾棟高聳建築矗立著。

在短短一、兩個世代之後，都市地理風貌肯定面目全非。當初找到機會生長的樹苗，這時已經是完全成熟的樹木。市街大道已經被茂密的森林廊道取代，高樓建築之間的人工峽谷擠滿林木。大樓本身已經非常破舊，植物從窗口處向下懸垂，有如垂直生態系統。大自然已經重新進占都市叢林。過了一段時間，崩垮建築所形成的巨大瓦礫堆，也會在腐爛植物堆累積下逐漸軟化，形成土壤——一座座泥土小丘長出樹苗，最後就連一度聳立天際的超高大樓的崩塌殘軀，也都被蒼翠植被掩蓋。

在遠離城市的海上，幽靈船隊漂蕩，跨越大洋，偶爾由變幻莫測的海風和洋流推動，自行擱淺在海岸，船腹敞開，洩漏一灘灘燃料浮油，搭載的貨櫃或也隨洋流漂移，如蒲公英的種子隨風飄盪。倘若有人適時適地恰好看到最壯觀的船難事件，或許可視為人類最宏偉作品的返航。

國際太空站是一座巨大恢宏的百尺建物，是歷時十四年才建造完成的近地軌道衛星：許多壓力艙、細長支柱和蜻蜓翅膀狀太陽能板共組而成的巨構。儘管它在地球上空四百公里高處飛翔，這座太空站卻不在大氣稀薄高層之外，稀薄空氣仍對這座龐然巨物無情地施加難以察覺的微弱阻力。這會消耗太空站的繞軌能量，讓它穩定朝地表螺旋下墜，必須一再借助火箭推進器的動力，才能回到原先軌道高度。一旦太空人死亡，或缺乏燃料，太空船就會持續下降，每個月約墜落兩公里。不久之後，它就會被拖下來化為一團火球，像人造流星般，在空氣中拉出一道熾烈火光。

末日後的氣候

現代都市、城鎮逐漸崩解的場景，並不是生還者唯一會親眼見識的轉變。

自從進入工業革命時代，人類開始開採礦產——首先是煤礦，接著還有天然氣和原油——人類一直熱切向地下鑽掘，挖出地底埋藏的化學能源。這些容易燃燒的炭塊，都來自古代森林和海洋生物體的腐敗殘軀。數十億年來，從太陽射向地球的光中取得能量，經過多次能量傳遞，才轉換成燃料。碳原子原本就出自大氣，然而問題在於，人類消耗速度太快，一支支煙囪不斷冒煙、汽車大量排放廢氣，短短一百多年，就把數億年份的碳原子釋回大氣，遠遠超過了地球系統能再次吸收游離二氧化碳的速度，如今二氧化碳氣體的濃度，已經超過了十八世紀初期的四成。二氧化碳含量提高，溫室效應就會把更多太陽熱量困在地球大氣層，導致全球暖化。接著海平面上升，破壞全球天氣模式，在某些地區造成更嚴重的雨季洪泛，其他地帶則加重旱象，嚴重波及農業。

工業技術社會解體之後，工業、集約農業和運輸的排放，都會在一夜之間停止，災後生還者造成的小規模污染，基本上也會降到零。不過就算污染排放明天就停止，往後幾個世紀間，現有龐大二氧化碳含量依然會持續影響地球環境。目前我們正處於一段遲滯期，只是地球尚未反應過來而已。

末日後，海平面可能會驟升，數百年間上升數公尺，而這股氣勢早已經在系統中醞釀。倘若暖化帶來意料之外的間接後果，好比含甲烷永凍層或大範圍冰河消融，則負面影響還會更嚴重。儘管末日之後二氧化碳含量就會開始回落，但高濃度二氧化碳仍會留在大氣層中好幾萬年，不會馬上就恢復工業革命前期狀態。所以就文明（或任何後續文明）的時間尺度來看，強制調高地球控溫機制，基本上就是種永久性的改動，如今我們這種無憂無慮的生活方式，會給後人帶來漫長、黑暗的後續影響。對於必須艱苦掙扎才能養活自己的生還者來講，未來的氣候模式在往後幾個世代都會不斷改變，一度肥沃的耕地，有可能遭乾旱破壞，低窪地區被洪水淹沒，熱帶疾病也越來越普遍。歷史上已經有過地區性氣候變動，導致文明社會突然崩潰的事例；持續不斷的全球性變化，大有可能阻撓末日後脆弱社會的復興。

第二章　最後寬限期：拾荒清單和重建計畫

「除非相反例子擺在我們眼前，否則我們永遠不會明白自己的真正處境，除非失去了，否則我們也永遠不會懂得珍惜我們所擁有的。」

——丹尼爾・笛福（Daniel Defoe），《魯賓遜漂流記》（*Robinson Crusoe*）

當你的飛機在偏遠地區墜毀，乘客的首要事項，就是尋找藏身處，以及找到飲水和糧食。當文明崩解，你的首要需求也同樣如此。儘管沒有食物我們仍能生存好幾個星期，沒有飲水仍能存活好幾天，不過你若是在戶外遇上惡劣天候，無處藏身，那麼你可能不到幾個小時就要喪命。

誠如英國空降特勤隊求生專家，暱稱「高人」的約翰・懷斯曼（John 'Lofty' Wiseman）對我所述：「倘若你在大爆炸之後依然沒有倒下，你就是個求生高手。至於接下來你還能存活多久，那就得看你的知識量和實際做法。」在我們的討論中，且先假定，超過百分之九十九的人，包括我在內，都不是有所準備的求生客，手頭沒有食物、飲用水，家屋並沒有強化結構，事前也完全不曾想過要如何應付世界末日。

在你重新開始生產物資之前，會希望撿回哪些無主之物，來確保生存？當技術大潮退了，你到海灘上尋覓殘留物，應該注意找哪些東西？

避難處所

依照我們所設想的狀況（人口大減，不過周遭器物並沒有被徹底破壞），你不太可能找不到避難所：災後應該到處都是荒廢建築。不過你最好立刻動身，外出搜尋，前往野營用品店，給自己找一些新衣服。世界末日著裝法則講求務實：寬鬆耐磨的褲子、多層次保暖上衣，還有一件體面的防水夾克。當你花更多時間待在戶外時，或是在沒有暖氣的建築裡面，就可以保持舒適。堅固的健行靴看來或許不是非常光鮮亮麗，不過在末日後世界，你最好別失足摔斷腳踝。在頭幾年，尋覓衣物的最佳地點是還沒有被昆蟲或無孔不入的濕氣破壞的大型購物中心。外在影響要歷經好幾年才會波及購物中心深處，所以裡面的商品依然安穩無虞。

除了保暖衣物，另一項確保生存的要素就是火。火在人類歷史上扮演十分重要的角色，能抵禦寒冷、提供照明並用來烹煮，讓食物更容易消化並殺滅病菌，還能熔煉金屬。文明解體之後，短期間內你並不需要鑽木取火等野地求生技能。街角商店和住家裡面可以找到許多盒裝火柴，打火機也依然可以使用好幾年。

萬一找不到火柴或打火機，你依然可以利用撿來的物料，使用幾種比較不正統的手法來點火。大白天時，使用放大鏡、眼鏡[1]，甚至一個飲料罐，再拿一塊巧克力或少許牙膏來抹在曲面罐底，用來凝聚太陽光束，使其對焦產生高熱。你還可以找個廢棄汽車電池，連接導線觸發火花，或者到廚房櫥櫃裡找一些鋼絲絨，拿來摩擦從火警偵測器卸下的九伏特電池的兩端電極，它就會自發引火。遭棄置的人類棲所附近會有許多絕佳火種，好比棉花、羊毛、衣物或紙張，尤其當你還以凡士林、噴髮定形劑、油漆稀釋劑等應急助燃劑浸潤火種，或者點上一滴汽油，效果就更好了。就算身處都市，你也不必艱苦尋找燃料。人類居住區到處是可燃物質，從家具和木頭製品到花園裡的灌木叢，只要能丟進火中，它就有用。

問題不在於如何點火或讓火持續燃燒，而是該在哪裡生火。近年新建的獨棟房屋和公寓，絕大多數都沒有能生火的壁爐。必要時，你可以把火局限在安全的金屬容器裡面，或把烤肉架搬進室內，倘若公寓有混凝土地面，你就可以撕掉一片地毯，直接在混凝土表面生火。你必須讓煙霧能從略開的窗戶排出（若是你不得不借助可燃合成織品或家具泡綿，更要排煙）。不過最佳做法是設法找到一間較老舊的木屋或農舍，那裡會有合宜設備，可以用火取暖，而不是運用暖氣——這是盡快放棄都市的主要誘因之一，我們稍後就會討論到。

1 不過只能使用矯正遠視的老花眼鏡。多數人戴眼鏡是為了矯正近視，近視眼鏡使用的凹面鏡會散射光線，並不能用來聚焦。眾所周知，威廉·戈爾丁（William Golding）便犯了這個錯誤，他在小說《蒼蠅王》中讓近視眼小豬（Piggy）使用他的眼鏡來點火。

水

住所和環境防護問題解決了，你的拾荒檢核清單上，列名第二優先的項目是取得乾淨飲用水。在自來廠水停止供水之前，你應該把浴缸和洗臉槽裝滿清水，此外所有乾淨水桶或甚至強韌的聚乙烯垃圾袋，也都應該裝滿水。為防瓦礫污染，儲備用水容器都必須加蓋，這樣做還能遮擋陽光，以免滋生藻類。瓶裝水可以從超市和辦公大樓飲水機取得。此外也可以去其他儲水處拿瓶子裝水回來，包括旅館、健身中心的游泳池，以及所有大型建築都有的熱水槽。隨著時間過去，你會變得越來越仰賴平常拒用的水源。所有生還者每天都至少需要三公升清水，遇上高溫或費力勞動時，還需要更多。別忘了，這是單指飲用水的部分，不包括烹飪和洗濯用水。

非密封瓶裝水都必須經過消毒。消毒水中病原體有個萬無一失的做法，就是持續讓水滾沸數分鐘（不過這完全不能去除化學污染）。然而這樣非常費時，而且浪費能源。安頓之後，從長遠來看，你可以採行一種比較實際，且兼具過濾和消毒的做法，來處理飲用水的問題。這套形式簡陋卻完全合宜的濾水系統，可以用來濾除泥濘湖水或河水所含微粒——先找到大型容器，好比塑膠水桶、鐵桶，甚至徹底洗淨的垃圾桶，再在桶底打幾個小洞，然後鋪上一層木炭，要嘛就上五金行偷，不然也可以按照第五章的說明自行製造。木炭上方交替鋪上層層細沙和碎石。最後把水倒進容器，就會流出過濾乾淨、篩除大半微粒的清水。

這種過濾水還需經過消毒。要去除以水為傳染媒介的病原體，用專用淨水處理劑是上選，比如在野營店找碘片或碘晶體。倘若你完全找不到，還有另一些料想不到的替代方式，而且效果也同樣很好，好比居家清潔用的含氯漂白水。只需幾滴濃度為百分之五的漂白水（必須列明含次氯酸鈉〔sodium hypochlorite〕為主要有效成分者）調成溶液，就能在一小時內消毒一公升水。不過要小心核對標籤，確認產品並不添加可能有毒的香料或顯色劑等成分。從廚房水槽底下找來的漂白劑，只需一瓶就可以淨化約五百加侖清水——幾乎達到一個人兩年所需用量。

從健身中心或量販店庫房撿來的游泳池含氯藥劑，也可以調成濃度更低的溶液，用來消毒飲水。這種次氯酸鈣粉只需一匙就夠用來消毒兩百加侖水（不過同樣要小心核對標籤，確認裡面不含抗真菌劑或澄清劑添加物）。過了一段時間，當唾手可得的消毒藥劑都用完了，你就必須學習用海水和白堊做原料，自行製造替代品，這點我們會在第十章討論到。

塑膠瓶不只可用來儲水，還可以用來滅菌。太陽能水消毒法（solar water disinfection）是只運用陽光和透明瓶子的污水處理法，經世界衛生組織推薦開發中國家使用，在末日後也是低科技處理飲用水的理想方式。把透明塑膠瓶的標籤撕掉——不過別使用容量超過兩公升的瓶子，因為瓶子太大，陽光就不能完全穿透——在瓶中裝進待消毒的水，在豔陽高照時拿到戶外平放。陽光的紫外線對微生物有強烈破壞作用，倘若水溫升高到超過攝氏五十度，會大幅強化滅菌作用。拿一片波浪鐵皮，面朝太陽，然後把水瓶放在鐵皮上，就構成了一套良好的消毒處理系統。把鐵皮漆成黑色，還能增進熱消毒作用。

不過玻璃和某些塑膠（好比聚氯乙烯ＰＶＣ）都會擋住紫外線。記得核對塑膠瓶瓶底。如今多數瓶子在製造過程中，都已標上回收符號♳，表示瓶子是以聚乙烯對苯二甲酸酯（ＰＥＴ）製成。倘若水太濁，陽光透不過，你就必須先濾清水。在晴朗日子以陽光直射，六個小時左右就能消毒完成，若是陰天，最好把裝置留在戶外數天。

食物

你靠文明的殘羹過活，可以撐多久？現代食物包裝的過期日只是指導方針，一般都在安全範圍內把保存期限估得更短。所以不同食物各自可以保存多久而依然可食？有些產品多少稱得上永無期限，包括鹽、醬油、醋和糖（只要保持乾燥就沒問題），同時到了第四章，我們還會討論，如何運用這些物質保存食物。

其他主要飲食品項，在荒廢的超市貨架上放不了太久。生鮮蔬果不到幾個星期就會腐爛，不過塊莖類的保存期限就長得多，塊莖類植物演化出儲藏能量的機能，以供過冬。若是擺放在陰涼、乾燥的暗處，馬鈴薯、木薯和番薯的保存期限，可能超過六個月。

乾酪和其他熟食店櫃檯的美食，沒幾個星期都會開始發黴，幾個月過後，屠夫沒有打包的肉塊，都會腐敗到只剩形狀怪異的Ｔ骨或肋架。蛋的保存期限長得令人意外，不需冷藏，超過一個月都還能食用。

鮮乳放超過一週就會開始腐敗，不過超高溫殺菌保久乳就可以擺上好幾年，奶粉甚至能擺更久。由於乾燥食品在保存過程中也會產生酸敗作用，通常是脂肪成分先腐敗，因此無脂奶粉最能經久保藏，還依然可食。豬油和奶油在沒電的冰箱裡面，很快就會開始腐敗，食用油也會在一陣子之後變酸。（一旦變酸，人類就不宜食用，不過其脂質成分依然可以用來製造肥皂或生質柴油。）

白麵粉只能保存幾年，不過已經比全麥麵粉更耐久，全麥麵粉含較多油脂，很快就會變酸。乾燥麵食等麵製品也能擺好幾年。麥粒若未經碾碎或研磨，保存狀況會好得多（因為碾磨讓穀內種芽接觸濕氣和氧氣），所以未磨粉的全麥穀粒保存數十年後，品質依然良好。相同道理，完整玉米粒可以保存營養素十年左右，若是玉米粉，則保存年限就縮短到只剩兩、三年。乾燥稻米可以保存五到十年。

假定剩下的一切食物都是儲藏在良好的保存環境：陰涼、乾燥。對於溫帶的大型超市，這項期望並不會不合理，不過倘若你住在熱帶，一旦電力網停電，空調機也沉寂下來，食物很快就會開始腐敗。冰箱和冷凍櫃一旦不能用，腐爛食品的強烈氣味，會引來許多非人覓食者，如老鼠和昆蟲；還有一群群狗和其他人類曾豢養的寵物，如今則越來越飢餓。就連包裝良好的食物，也很可能禁受不住尖牙利爪的撕扯。所以生還者的食物來源，很可能被大量渴望進食的動物分食，這比過期還嚴重——最早期文明的糧倉也有雷同狀況。

數量最多的儲備糧食，絕對是超市貨架上一排排的罐頭。罐頭不只是包裝猶如甲冑，能抵禦末日後動物和昆蟲的侵襲，而且裝罐過程經高溫殺菌處理，可以保護罐裝食品不受內部微生物的糟蹋。儘管

「最佳賞味期限」往往只及於未來兩年，但許多罐頭製品都能保存幾十年，甚至在製造它們的文明淪亡之後，還能存續超過一個世紀。就算罐子本身鏽蝕、塌陷，只要看不出滲漏、鼓脹跡象，裡面的食品說不定也沒壞。

所以倘若你災後生還，手裡掌握一整間超市，光靠裡面的補給能活多久？最佳策略是在頭幾個星期，先取用容易壞掉的食物，接著改吃乾燥的麵食和米，還有比較耐放的塊莖類，最後仰賴最可靠的罐頭維生。再假定你很小心保持飲食均衡，固定攝食必要維生素和膳食纖維（就這部分，營養補充包可以幫上忙），你的身體每天會需要兩、三千大卡的熱量，實際熱量取決於你的體型、性別和活躍程度。一家普通規模的超市應該能夠養活你五十五年，倘若你也吃貓、狗罐頭食物的話，那就能撐六十三年。

這項計算自然還得擴大規模，從單一人類個體對一家超市的掌握，擴大到整群生還人口對整個國家的儲備糧食的掌握，從街角小店擴大到規模龐大的零售物流配送倉庫。英國環境、食物和農村事務部（Department for Environment, Food and Rural Affairs）曾在二〇一〇年估算，全國有十一點八天的「環境影響緩慢型雜貨」（ambient slow-moving groceries，指不易腐壞的未冷凍製品，如米、乾燥麵食和罐頭等）庫存。由於末日人口群驟減，這數量就相當於可以養活一萬人左右的倖存社群。因此規模夠大，能快速重新啟動技術文明的社群，應該有充裕的喘息空間，能盡早恢復農耕並種植糧食。

燃料

現代生活還有一種重要消耗品，在重建期間依然會是交通運輸工具、農用機械和發電機正常運作與否的關鍵，那就是燃料。生還者們手邊將會有數量龐大的汽、柴油儲備燃料。英國有將近三千萬輛汽車（加上摩托車、公共汽車和卡車），引擎蓋下的油箱就是可供任意取用的油庫。汽油可用虹吸管從廢棄汽車油箱中取得，甚至手法還能更直接：拿螺絲起子在油箱打洞，讓油流進擺在底下的容器。加總每個加油站地底儲油槽，也有為數可觀的燃料。電力停擺，抽油幫浦雖不能用，但花不了多少力氣，就能打造應急幫浦，連上五公尺長的油管來洩油。每處加油站地下都有一池約三萬加侖的燃料，足夠家用小客車沿著道路行駛一百多萬英里。

還有個議題影響更廣：燃料存放狀況。柴油比汽油安定，不過若和氧氣反應，只要區區一年，它也會形成一層橡皮狀沉積物，堵塞引擎過濾器，而且冷凝產生的積水，會讓微生物有機會滋長。倘若儲存得當，使用前也經過濾，這批儲存燃料在十年過後，狀況依然可以保持良好，接下來你才會需要想辦法將儲油再處理並繼續使用。

動力車本身的零件會磨損、失靈，不過只要能從其他汽車拆下舊零件，或者變通加工，也都可以持續運轉。古巴是個當代的好例子。美國在一九六二年突然實施禁運，不准美國技術或機器零件輸出古巴。如今在古巴路上跑的汽車，多是傳統款式，暱稱「洋克坦克」（Yank Tank），上溯至那次斷絕往來的時代。那些車輛之所以過了五十年還能運作，完全靠古巴機械工的巧思，他們設法從其他專供拆取零件的汽車摘用替換零件。隨著堪用零件的庫存量逐日減少，這些修護工匠也被逼得必須變通：在文明社會解體後的寬限期，這個模式肯定會大規模重現。

儲備燃料和拆卸取得的零件，可以讓汽車、飛機和船隻持續運作一段時期，至於現代GPS導航裝置，由於衛星與指揮中心斷了訊，它們會在短期內，以令人驚訝的速度失靈。大災變過後兩週，位置精確度就會降低，誤差約半公里，不到六個月誤差就惡化到十公里左右，短短幾年期間，衛星就會飄離精確調校的軌道，整套系統失去效用。

醫藥

災後還有一類物資很重要，就是醫藥補給。確保能夠取得止痛藥、消炎藥、止瀉藥和抗生素等藥物，可以幫你和同伴活得舒適、健康。保命藥物不只能夠從荒廢的醫院、診所和藥局取得——你還可以到寵物商店和獸醫營業處所尋找。供農場動物和寵物所使用的抗生素，甚至飼養魚的用藥，和人類使用的沒有不同，千萬別錯過。

其他日用品也值得採集，那些東西可以挪做醫療用途。氰基丙烯酸酯黏合劑（cyanoacrylate adhesive）俗稱三秒膠，最早期的用途是在越戰期間幫美軍士兵快速黏合傷口。在末日後世界，倘若沒辦法即時消毒、縫合針線，這種用法也會再次變得非常重要，能預防危及生命的感染。首先徹底沖洗傷口，並以抗菌劑消毒，可用你自己蒸餾的純化酒精（參見第四章）。再來合攏傷口，只需沿著邊緣用三秒膠黏合傷口即可。

不過，藥物最大的問題是存放多久會失效。一九八〇年代初期，美國國防部發現一批價值十億美金的庫存藥物即將過期，而且每隔兩、三年就得汰換庫存。國防部委託食品藥物管理局（Food and Drug Administration）進行一項研究，檢驗總共一百種藥品，確認各品項藥效能保存多久。驚人的是，約九成受檢藥物過期後依然有效，而且其中許多品項的實際效期更長。抗生素環丙氟哌酸（ciprofloxacin）放超過十年依然有效。另一項晚近研究發現，抗病毒藥金剛烷胺（amantadine）和金剛乙胺（rimantadine）在存放二十五年後藥性依然安定，而治療呼吸道疾病或氣喘的處方藥茶鹼錠（theophylline tablet）放超過三十年，依然有九成安定性。總體來講，多數藥物經估計，過了失效日好幾年之後，依然大致有效，就算已經開封也一樣。現代泡鼓包裝（編按：blister pack，硬底上有凸起透明罩的物品包裝）還能保護個別藥片，不受解潮和氧化影響直到開封為止，因此藥效還能延續更久。萬一面臨感染危及生命，你大可以使用抗生素，就算早就過期，也幾乎不會有事。就算藥物的有效成分受化學作用影響，其效用也隨之減弱，也不致危害你的健康。

為什麼你應該離開都市

你或許會認為，不管哪座都市，最糟糕的就是其他人：洶湧人潮沿著街道移動，或彼此推擠湧向地鐵，耳邊滿是喧鬧聲浪，汽車喇叭和警笛聲四起。災後人口驟減，剛開始時，荒廢都會的沉寂寧靜，會令人覺得怪異驚悚，後來卻可能非常愉悅。儘管死寂都市成為尋覓物資的首選地區，你卻不大可能繼續在那裡住下去。

災變之後，都市首要面對的，會是為數龐大的罹難者屍體。沒有公共衛生單位移除、處置屍體，不單是頭幾個月的腐敗惡臭令人難忍，而且腐屍還會帶來嚴重的健康危害。另外任何災難都一樣，藉污水傳染的疾病，都會是大問題。

不過，在周遊鄉間尋找其他生還者約一年過後，應該就可以搬回城裡，享用種種便利設施了吧？事實是，現代都市的摩天大樓，甚至一般公寓區，在文明解體之後，都不適宜居住：這些建物只能在現代基礎設施的支持下運作。如今供電網或天然氣都停擺，空調系統就開不了，室內空氣很糟，也難以改善。由於主要管線水壓不夠，你必須在都市裡面尋覓地下水源，每天得將好幾加侖清水運回公寓，而且電梯不能用，所以你必須荷重爬樓梯。但只要下定決心，許多不便之處都可能獲得改善：好比你可以接上一臺柴油發電機，就能用電梯、空調和抽水馬達，起碼可以應付一時之需。你甚至還可以短暫滿足一下奇想，搬進豪華公寓頂樓，透過落地窗，瀏覽荒廢城市的寧靜景象，並在屋頂花園一處茂密的永續植栽區種菜，滿足所有進食需求。末日後都市生活其中一種較可行模式，是住在大型公園隔壁，犁開草皮，種植作物。

一旦科技形成的保護膜破裂，某些都市很快就會不宜住人。洛杉磯和拉斯維加斯等城市都是建立在旱地甚至沙漠區，一旦遠方導水管不再供水，很快就會乾枯。另一方面，華盛頓特區所面臨的問題正好相反，因為那裡以前是沼澤地，一旦停止排水，就會恢復原本積水狀態。

所以我料想，永遠離開都市，搬往較合宜的地點，日子會輕鬆得多。找一處可耕作的鄉村，住進適合無電生活的老建築。適合定居的地點在沿海地帶（可以下海捕魚）而且接近林地——不過請注意，由於氣候持續改變，海平面肯定會跟著升高。稍後我們就會看到，樹木的用途，不只是做柴火或建材而已。你可以派遣隊伍進入廢都拾荒，但住在鄉間會輕鬆得多。一旦重新安頓下來，最好是盡可能重建基礎設施，並從維修地方電力網開始。

無電生活

電力和食物、燃料所面對的問題不同，電力無法囤積——只能以連續電流供應，因此末日過後數天，一旦供電系統停擺，就無電可用。生還者社區需要自行發電。而我們可以檢視如今自給自足、選擇過無電生活的人，從他們身上學習。

短期解決之道，是前往道路養護工程處或營建署各區工程處，撿拾移動式柴油發電機。你說不定還可以前往附近山丘，沿著山丘稜線上的風力發電機私接電力，這樣當燃料用完，仍有一組發電設備可用。單獨一座發動機就可以提供超過百萬瓦電力，足夠為千戶現代人家供電。不過當機具需要保養，而你又沒有專用零件，無法維修，就只能另謀他途。

一九九〇年代中期，戈拉日代市遭塞爾維亞圍城部隊截斷電力網，居民拼裝出簡陋的水力發電機並拴繫於橋樑。

有機械頭腦的生還者可撿現成材料拼出簡陋風車，這不會太困難。薄片鋼材可以割成輻射狀葉片，製造大型風扇，安上輪軸，並利用鏈條和腳踏車齒輪組來產生能量。主要步驟是把風力所產生的動能換成電力，為達此目的，你就得找來一臺現成的發電機。特別稱手的零件在當下唾手可得，不過倘若你視而不見，那也是可以原諒的。目前地球上約有兩億五千萬輛汽車——其中美國擁車數量超過任何國家，達總擁車數的四分之一——每輛車都有一臺可拆式發電機。汽車發電機是種巧妙的機械裝置。轉動輪軸，就會發出一道穩定的十二伏特直流電流過電極，而且不受軸心轉速高低影響，因此它是末日後最適合再利用、改良成小規模發電機的理想機具。另外比較簡單的選項，是永磁同步馬達，這類馬達見於無線電鑽等電動工具或健身中心跑步機。倘若你用力逆轉馬達轉軸，它就會反向運作，從電極發出電流，不過輸出量會隨轉速改變。

太陽能板也撿得到，而且比柴油發電機或風力發電機好保養，它沒有活動裝置，因此不需養護也能正常運作。不過，太陽能板仍會隨時間劣化，起因可能是濕氣滲入外殼，或者陽光讓高純度矽層劣化。太陽能板發出的電力每年約減弱百分之一，所以倖存族群過了兩、三代之後，這種裝置就會劣化到無法使用。

下一個問題是，如何儲存電能供往後使用。事實上，末日之後應該趁早前往高爾夫球場，不是要去輕鬆揮桿，打個十八洞紓解壓力，而是要去收集一種重要資源。

汽車電池非常可靠，能發出高壓電流，藉短暫爆發動力來啟動馬達。這類電池並無法產生持久、穩定的供電。事實上，倘若汽車電池放電率一再超過百分之五，就很容易損壞。

另一種小型閥控式鉛酸蓄電池，有個叫做深循環（deep cycle）的放電設計，這類電池的放電速率低，無記憶效應，就算反覆把電量幾乎全部放盡並再次充電，也不會出問題。這就是你在災後應該立刻動身搜尋的電池。試試旅行拖車和其他露營車、電動輪椅、電動堆高機和高爾夫球車。鉛酸蓄電池組所發出的直流電可以啟動許多電器，好比小型電冰箱和電燈，不過也可以找找看變壓器，把直流電變換成適合用來啟動其他電器的二百四十伏特交流電。

這樣的發電和儲電配置，今天已經有人採用，包括無電力生活人士和未雨綢繆的求生客。不過近代也出現一些令人信服的事例，顯示普通都市人身處逆境如何發揮巧思，確保正常供電。舉例來說，一九

九〇年代中期，波士尼亞戰火延燒到戈拉日代市（Goražde），城池遭塞爾維亞部隊圍攻三年，打到最後，只能盡可能自給自足。儘管聯合國空運糧食送到居民手中，他們的現代基礎設施大半被毀，而且電力網也遭截斷。為了發電，戈拉日代市建造了應急水力發電設施：德里納河（Drina River）上漂著一些平臺，分別繫泊於都市各橋樑上，臺上裝著槳葉水輪，用來驅動撿來的汽車交流電發電機。這幅古怪情景令人想起中世紀歐洲各城市都能見到的船上磨坊，那種磨坊船都繫在河中最高速水流處的橋樑旁邊，不過現代也有創新，可以用電纜把電力輸回河岸。

蠶食城市

到現在為止，我們檢視了文明餘燼如何緩解倖存社會的崩墜，形成緩衝空間，它還是能提供食物和燃料等物資，以及利用零件組成交流電發電機和電池組，湊合著發電。除此之外，死亡城市也能提供重建所需的基本原物料。

有些重要物料很容易回收再利用，玻璃和多種金屬都是如此。就算歷經長遠時光，金屬零件早經嚴重鏽蝕，不過金屬依然在那裡。它只是必須和其他與金屬鍵結的元素（大半是氧）分離開來。嚴重生鏽的鋼樑，基本上就是一塊含量豐富的鐵礦石，在後面篇幅我們會談到如何提煉純金屬（第六章）。

塑膠必須有先進的有機化學技術才能合成，因此在末日早期，只能回收再使用。塑膠可依分子結構區分成兩類，由於結構不同，這兩大品類對熱的反應也各不相同：熱固性塑膠（thermosetting plastics）和熱軟化塑膠（thermosoftening plastics，也稱為熱塑性塑膠〔thermo-plastic〕）。熱固性塑膠幾乎不可能回收：一受熱就會分解成數種有機化合物，當中幾類還具有毒性。熱塑性塑膠清洗乾淨之後可以熔掉重塑。最容易回收再使用的熱塑性塑膠是聚乙烯對苯二甲酸酯（polyethylene terephthalate，也就是PET）。要分辨你撿來的東西是由哪種塑膠製造的，最簡單的做法就是檢查印在上頭的回收識別碼。PET標示為1——好比幾乎只含PET的塑膠飲水瓶——你還有可能成功回收部分的2（高密度聚乙烯：HDPE）和3（聚氯乙烯：PVC）。

儘管可以無限次熔化再重新塑形，塑膠製品一接觸日照和空氣中的氧，品質就會劣化，所以每次回收再利用，都會變得更弱、更脆。[2]所以，儘管末日後社會有辦法靠我們的金屬、塑膠殘料過日子，塑膠時代仍不免要踏向終點，直到重新學習並充分發展有機化學開發技術。

2 現代包裝和用品，都很少只採用單一塑膠類別來製造。舉例來說，牙膏管是以五層材料同時噴出共組而成：線性低密度聚乙烯（linear low-density polyethylene）、改性低密度聚乙烯（modified low-density polyethylene）、乙基乙烯醇（ethyl vinyl alcohol），再一層改性低密度聚乙烯，還有最後一層線性低密度聚乙烯（原來塑膠牙膏管本身就是從一個管嘴擠出來的，和往後管內要填充的牙膏非常相像，真是相稱）。這就讓許多製品的塑膠成分都不能回收，也因此只有單一製造材料的用品，好比PET材質的透明水瓶才值得收集。

隨著文明淪亡，長距離溝通和空中旅行網崩潰，地球村也跟著解體，再次化為鄉村地球。網際網路儘管按照最初設計，應能熬過核彈攻擊，就算失去許多節點，依然能夠存續；然而一旦電力系統停擺，和其他現代科技相比，它的狀況也好不了多少。行動電話在電力網失靈之後只能撐上幾天，一旦電腦中心和基地臺的備用發電機停止運作，手機便不能使用。突然之間，舊技術就得肩負起重責大任。有種東西你最好能盡快找到，那就是老式對講機，在你外出搜尋物資時，可以用來和團體其他成員保持聯絡。就長程通訊方面，民用波段（Citizens' Band）或火腿無線電（ham radic sets，業餘無線電頻道），都會變得相當珍貴，當你試圖與其他區域的生還者取得聯繫時，就能派上用場。

不過，必須趁早取得的寶貴資源還是知識。書籍有可能因火災而燒毀，遭水患泡成無法閱讀的紙糊，或者完全受潮，被從破窗打進來的雨水泡濕，在架子上腐壞。儘管我們的文明博大精深，然而以紙張為基礎的書寫形式，卻遠遠不如早期的黏土板和莎草紙那麼耐久。倘若在生還者開始重建之時，圖書館的藏品依然原封不動，這就是開採知識的地方了。舉例來說，本書參考文獻所列書籍，許多都提供實用關鍵技能的細部資訊和使用程序說明，值得動手尋找。同樣值得嘗試的寶庫——科學和工業博物館——這裡可以找到紡紗機或蒸汽機等奇妙機械，拿來研究和逆向工程分析，可開發出供末日後世界運用的合宜技術。

有一種景象很可能在最後寬限期間成為常態，那就是散置鄉間的生還者聚落日漸增多。這些地點並不是任意選定，而是在死亡城市周圍呈環狀分布，並以破舊不堪的高樓和都市基礎設施為核心。這些無人居住區只有拾荒隊伍冒險進入，挑揀死亡城市的骨骸，從中發掘最有用的原物料及物質，也或許使用自製爆裂物來破壞建築物，並以拼裝而成的乙炔吹管來切下金屬零件。接著再把有價值的贓物運回根據地，重新加工，製成工具、犁頭或其他。

你最一開始的挑戰之一會是重新啟動農業。那時有許多空建築，足夠為你提供蔽護，還有地下燃料池可以發動車輛和發電機，不過要是你餓死了，一切都屬枉然。

第三章　農業：新世界的自耕農

「我們在新世界有過一次成功的開端。我們一開始就拿到了一筆豐厚的資本，所有東西都齊全，不過這並不會永遠持續下去……往後我們就得犁田；再往後我們就得學習如何打造犁頭；接著我們就得學習如何煉鐵來製造犁頭……我們的成功，是依靠最寶貴的知識。那是我們的捷徑，所以我們才不必從祖先最初起步的地方開始。」

——《三尖樹的時代》（*The Day of the Triffids*），約翰・溫德姆（John Wyndham）

你必須重新啟動農業，其急迫性完全看倖存人數而定，取決於有多少人熬過災難並生還。我們的空想實驗，先假定你在糧倉庫存吃完之前還有喘息空間。你有時間適應環境，搜尋重新安頓的地點，並在田野間，從錯中學習，趕在可靠的收成變得攸關生死之前，啟動農耕生活。

你在「大墜落」過後必須迅速行動，盡可能取得多種作物並保存起來。每種現代作物品系，都代表數千年來辛勤的選育成果，假使你失去了栽培品種，你就可能喪失走捷徑的一切指望。小麥和玉米等物種在馴化進程中都經育種改良，萬一沒有我們，它們就很難適應新環境。許多栽培品種面對野生種都會很快落敗，重新占領荒廢田地的機會也被奪走，最後這些品種就有可能滅絕。

雜草叢生的棄置社區農圃或後院蔬菜區，都是尋找可食植物的好地方。大黃、馬鈴薯和洋薊等植物，在耕作區棄置過後，都可能自行生長。不過我們的主食是穀類，倘若你特別勤奮，或許可以馬上嘗試組織人手，出外蒐集種子，以免植物在田野間腐爛。也說不定你的運氣夠好，在棄置穀倉找到一袋袋儲放多年依然能夠耕種的穀物種子。

然而問題在於，現代農業所培育出的作物，許多都是雜交種：由兩種近親株雜交出有利的特性，從而生成品質一致、產量又極高的後代。不幸的是，這種雜交種所長出的種子不能保有一樣的特性——它們並不是「純系」作物，因此農夫每年都必須購買新的雜交種種子來栽種。災後你得馬上採集的應該是傳家種子（heirloom crops）：年年都能確實繁殖的傳統種類。許多求生客都囤積傳家種子，目的正是為了不時之需，不過要是你事前沒有儲備，到時該向哪裡尋覓呢？

世界各地總計有好幾百所種子銀行，它們是為子孫護衛生物多樣性的專門機構。最大的一所是英國西薩塞克斯郡（West Sussex）的千禧種子銀行（Millennium Seed Bank），位於倫敦城郊。這裡有幾十億顆種子儲存在防核彈攻擊的多層地下室，也是一所重要的末日後圖書館，不過裡面沒有藏書，而是用來儲藏各式作物種子。多種植物的種子在陰涼、乾燥環境存放幾十年，依然保有生機，包括穀類作物、豌豆和其他莢果類，還有馬鈴薯、茄子和番茄。不過一段時期之後，就連這些種子也會死亡，必須栽培出

斯瓦爾巴全球種子庫

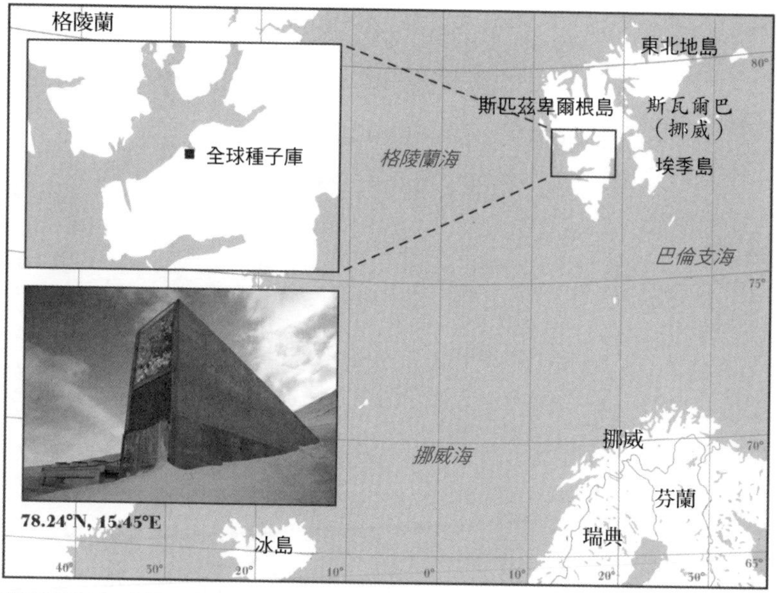

斯瓦爾巴全球種子庫的地圖和經緯度座標。

新鮮種子，品種才得以被保存。

低溫能延長保鮮期，所以最具生機的農業儲藏庫——文明解體之後還能長久留存——大概就是斯瓦爾巴全球種子庫（Svalbard Global Seed Vault）了。這處儲藏庫，建在挪威斯匹茲卑爾根島（Spitsbergen）山腰一百二十五公尺深的某處。庫房設有一公尺厚的鋼筋混凝土牆、防爆門和氣閘，能保護裡面的儲藏所，抵擋最慘烈的全球大災變，就算停止供電，永凍土層（場址在北極圈內深處）也能自然維持零下低溫的長期保藏條件。小麥和大麥種子在裡面能平安放上一千年。

農耕的原理

有個決定性問題必須解答：我該怎樣拿

著滿手種子走向泥濘田地，然後讓它在冬季降臨之前長出食物？

這個問題似乎連想都不必想：種子自然會發芽，而且在人類出現之前，植物早就開心成長好幾百萬年。不過這完全不表示農業是很容易的事情。儘管植物會自然生長，農業經營卻是人為作業。務農是在一片隔離大自然的田地生產單一作物，並排除其他植物（依定義，在田地裡長出來的其他植物都是雜草，會與作物競爭陽光、水和土壤營養素）。你務農時會嘗試把作物植栽密度提高，並盡可能精簡勞力來耕種大片土地，從土地取得最多收成。不過你必須保護作物，以免遭受昆蟲、病蟲害或真菌疾病侵擾，它們會如脫韁野馬般四處騷擾（都市也有相同情形，那裡是病原體的理想繁殖場所）。這兩個因素便意味著，栽植作物的田地是高度人為的環境，大自然會不斷對你施壓。你必須投入大量心思嚴密控制，努力保持這種不斷變動的平衡。

不過你還有更基本的農業問題必須克服。在林地等自然生態系統中，樹木和林下灌木植物等都得從陽光吸收能量、從空氣吸收碳分子，並經由根部吸收土壤中各種礦物質營養素。這些維生物質都納入植物的葉片、莖稈和根部，一經動物取食，就會變成牠們身體的一部分。隨後動物排泄，或者死亡、腐爛，營養素就直接被土壤吸收，回歸最初本源。因此自然生態系統是種健全的循環經濟，各種元素在不同帳戶之間無止境轉移。農地的本質卻是全然不同：你只要單一作物長大長好，收成後供人類使用。就算你把採收後的剩餘撒回田地各處，你依然是取走了實際營養的部位，而且與前一年相比，地力正逐步耗竭。依照農耕的土地利用狀況，你必然一步步取走礦物質、營養素，導致土壤生命力流失。還有，我們的廢棄物都經殺菌處理，接著才排放到河、海裡，現代污水處理系統尤其扮演重要角色——而今天的農業，則是剝奪土地營養素，再把它們沖入海洋。植物需要均衡的營養，和人體的需求沒有兩樣，三大植物營養素是氮、磷、鉀。磷是幫助能量轉移，鉀能協助減少失水，不過最常影響農產量的因素則是氮，取得氮才能製造蛋白質。除非你的運氣特別好，化身為古埃及人，住在年年氾濫帶來沃土滋潤大地的尼羅河谷，否則你就必須採取行動，來應付土地資產負債表中的赤字。

現代工業化農耕的成效驚人，如今每英畝（約四十公畝）農地的食物產量，約是百年前同一塊土地產量的二到四倍。不過如今我們在同一塊土地上不斷密集栽植單一作物，而且年復一年都要求高產量，要維持正常運作，唯一做法就是噴灑強效除草劑和殺蟲劑，鐵腕控制生態系統，並大量使用化學肥料。人工肥料帶來高含氮化合物，都採哈伯－博施法（Haber–Bosch process）工業製程生產，這點我們在第十一章還會討論到。除草劑、殺蟲劑和人工肥料合成時都得用上化石燃料，農家機械也靠它來推動。就某種意義來說，現代農業是把原油換成食物的歷程——當中還加上一些陽光——而且實際吃下的食物熱量，每卡都得消耗約十卡化石燃料來生成。當文明解體，化學產業也消失不見，你就需要重新學習傳統。有機農產品在今天是有錢人的禁臠，到了災後就會是你的唯一選項。

稍後我們還會回到這個課題，談談該怎麼做，才能讓土壤歷經多年依然保持地力。現在就讓我們從耕種的基本原理入手。

土壤是什麼？

身為農夫，你對自然的控制相當有限。你顯然沒辦法控制田地的陽光照射量，沒辦法改變你那個地區的氣候，也沒辦法撥轉季節。你控制不了降雨量，不過你倒是能夠平衡灌溉和排水，調節田地濕潤度。你可以控制土壤，如前面所述，使用肥料，採化學方式來豐富土壤肥力，並操作犁頭，採物理方式來鬆動土壤。所以農夫能掌控的就是土壤，要農業成功發展就得認識土壤，還有它如何支持植物成長。

史上所有文明都有賴這層細薄表土才能存續。狩獵－採集者能在林地覓食維持生計，至於都市和文明，就只能靠產能龐大的穀類作物來養活——人們深深依賴這些在表土才能生長的淺根禾本科植物。所有土壤的基礎都是破碎的岩石，也就是構成地球外殼的原料。岩石不斷遭受種種物理力量攻擊，包括流水沖刷、氣流吹襲和冰河碾磨，加上從雲中墜落時溶入微量二氧化碳的弱酸雨也會帶來化學侵蝕。根據輾磨的程度，種種作用會生成礫石、沙子和黏土。這些顆粒都和腐植質在一起，形成一種有機物質混合物，能保持濕氣和留住礦物質，並為表土抹上深黑色澤。土壤腐植質含量一般介於百分之一到十，不過泥炭土則含將近百分之百的有機物質。更重要的是，土壤裡面住了為數龐大、種類繁多的微生物族群，肉眼看不見的生態系能處理腐敗物質，並為植物提供營養素。

一種土壤的特質為何，適合種植哪些作物，主要取決於不同大小顆粒的比例：粗砂、粉砂和細黏土。憑肉眼很容易就能看出土壤組成。找個玻璃瓶，裡面裝三分之一土壤（挑掉硬塊、莖稈或葉片）並添滿水。把瓶蓋旋緊，猛力晃動瓶子，直到所有土塊全都粉碎，形成一瓶子均勻泥湯。再將瓶子靜置一天，讓懸浮粒子有時間沉澱，而且水也再次接近澄清為止。這時顆粒便依大小循序沉積，呈現不同層次，於是你也才可以判斷，大小顆粒在這團混合土壤中占多少比例。底層是大顆粒粗砂，中層是粉砂，最上層則是最細緻的黏土粒。

從事農耕的理想土壤類別稱為壤土，成分約含百分之四十的粗砂、百分之四十的粉砂和百分之二十的黏土。砂質土壤（超過總數的三分之二）排水良好，在上面踩踏不會變成一灘爛泥，是牛畜冬季牧場的好選擇，不過礦物質和肥料很容易流失，所以必須多施肥料。反觀飽含黏土的土壤（超過三分之一是黏土顆粒，粗砂占不到一半），由於質地堅硬，很難用犁、耙鬆土，必須添加石灰來改良。

小麥、豆類、馬鈴薯和油菜可以種在黏土地，只要管理合宜，都可以長得很好。燕麥喜歡的土壤，比適宜栽植小麥或大麥的土壤要更沉重、潮濕，經上次冰河期碾磨生成的蘇格蘭土，就是屬於這類。從歷史觀之，燕麥和馬鈴薯讓人類能有大量收成，我們也才得以在不生長穀類作物的地區定居。和小麥相比，大麥喜歡的土壤比較輕，而黑麥就可以生長在其他穀類不能適應的貧瘠砂土。甜菜和胡蘿蔔在砂質土上也能長得很好。從地理學來看，英國南方很適合種植穀物，北方土地就比較不適合農耕，更適合放牧。

果真有幸在排水良好的區域找到肥沃土壤，也只是重新啟動農業的第一步。為了讓成功收成的機會提升到最高，你必須親身下田。你鬆動硬土所需投入的所有機械力，加上控制雜草和備好表土以供播種的作業統稱為耕作。

以小規模耕種來說，使用簡陋的手持工具也就過得去了。使用鋤頭的效果很不錯，它能在生長季節前鋤開表土，混合肥料或綠肥（腐敗植物），還能在播種之前和隨後作物生長階段的間歇期用來除草。簡單用一根挖孔棍就可以在地面相隔固定距離鑽出淺洞，種子撒進洞中，用腳撥土重新掩埋。不過這讓人腰痠背痛又很費時，而且你也沒什麼機會去做其他任何事情。千年以來的農業史，就是一部持續改良農具設計的歷史，基本工具改良得更有效率，土地產量才能達到最高，同時把勞力需求減到最低。

農業的指標性農具是犁，不過它的角色從有農耕開始迄今已經有所改變。農業最早是在美索不達米亞、埃及及中國出現，這些地方都有適宜耕作的沃土，原始犁頭不過就是根削尖木棍，以一定角度戳入土地，並由牛或人力拉過土壤。犁的作用是在田裡鑿出一道道淺溝，接著就可以把種子撒進溝中並覆土掩埋。不過地球上大半耕地，都需要一點預備作業，才能用作農業生產。時至今日，犁的作用是劃過整片田地，剷起最上層土壤，上下翻轉，並稍微弄碎土塊。這道程序的主要目標是控制野草。播種之前，必須先把土地上的雜草從根剷起，接著毫不客氣地用土覆蓋。雜草照不到陽光，便凋萎死去，種子埋藏太深，也就沒辦法發芽。耕種作業也能趁機混合表土所含有機物質和營養素，當你犁田時還混入糞肥的話更是如此，還能改良土地排水和通氣，利於土壤滋生微生物。

緊接大災變之後，運氣好的話，不怎麼費事就能找到一臺棄置牽引機（還附多犁頭拖車）和燃料。不過當手邊燃料用光，或缺了備用零件，導致牽引機停擺，你就必須重啟不集約農業的做法。同時事情

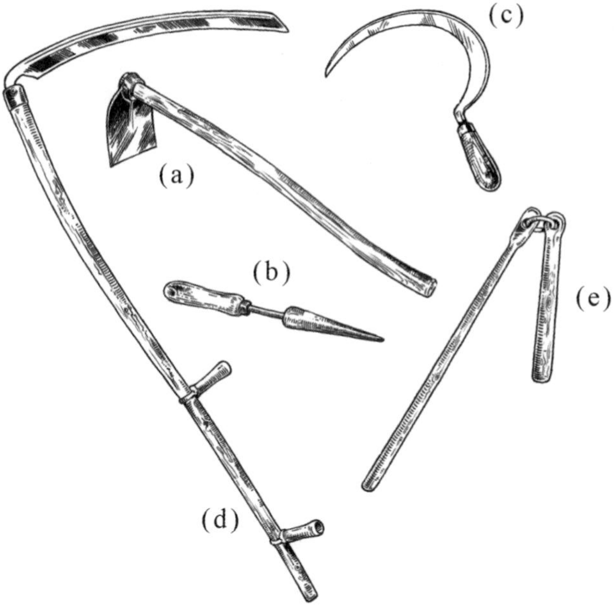

幾款簡單農具：(a)鋤、(b)挖孔器、(c)鐮刀、(d)長柄大鐮、(e)打穀連枷。

也不單只是找幾頭牛，給牠們套上挽具，拉動現代犁頭那麼簡單，因為大型犁刃都必須有強大的牽引力量，才能拖動它們。萬一實在找不到傳統犁頭——也許可以到附近廢城裡的博物館找找看——這時你也只好自己打造了。你也許可以從牽引機拖車拆走一件現代犁刃，把它怪裡怪氣地安在一個框上，不過倘若所有犁刃全都生鏽了，那麼你就可以製造木犁，表面鑲裝鑄鐵，或者撿來鋼板重新鍛造。基本上犁就是一件打造銳利的刀刃，水平劃開土壤，接著就以犁板翻土，犁板外形經過仔細打造，能剷起草皮並上下翻轉後擺回田地。

犁出的壟溝還必須整平，打理成可供播種的苗床。耙和犁同樣古老，能破碎土塊、平整田面。耙有各種不同的設計，耙梳深度和碎土細密程度都不同。現代的耙使用一列列直立金屬圓盤劃進土地，或設計成彈性彎曲金屬耙齒，拖曳時能上下振動，以機械模擬手揮耙子的動作，粉碎土塊。你可以自行打造比較簡單的款式，做個菱形木框，尖釘朝下，倘若實在一籌莫展，你也可以找一段沉重的樹枝拖過田面便算數。不同作物有不同耕地條件，好比小麥就喜歡土塊大小約如兒童拳頭的粗質苗床，而大麥則偏愛細緻土壤。播種後可以進行淺層耙地作業，來為種子覆上土，也可以在作物行間為之，用來耙野草。

耕地打理妥當之後，下一步就是在田面撒下種子。「撒種」一詞英文寫做「broadcast」——其原始詞意沿用了許多世紀，收音機或電視機問世後才有了「廣播」之意——意思是把種子撒得又遠又廣，你在田間往來走動，一邊從囊中取出種子撒遍耕地。這種做法可以迅速地把種子散布出去，不過你也沒辦法控制種子分布密度，後續除草會變得很難處理。話說回來，只要稍微發揮巧思，你就可以大大改善這道程序。播種機是用來播種的機械裝置。最簡單的款式就是臺手推車，上面裝了個裝滿種子的送料斗，還有一組鏈傳動裝置，由推車的一輪來驅動，緩慢轉動送料斗槽底部一個槳葉，能以固定間隔釋出一粒種子。種子從一條垂直細管各自滾落，嵌入土壤。並列幾組槳葉和管子，你走一趟就可以同時播下好幾行種子；調節鏈傳動裝置，就可以改動每次下種子的行距（你從經驗可以得知不同作物的最佳間距）。這套系統可以大幅改善種子的浪費，因為以最佳間距撒種，植物就不需相互競爭，而你也不會由於間隙過寬而浪費空間。再者，排列整齊、不雜亂散置的撒種手法，未來除雜草也更輕鬆。再經過些許改良，還可以用播種機施肥，把少量液態糞肥或其他肥料放進洞，協助新芽站穩腳跟。

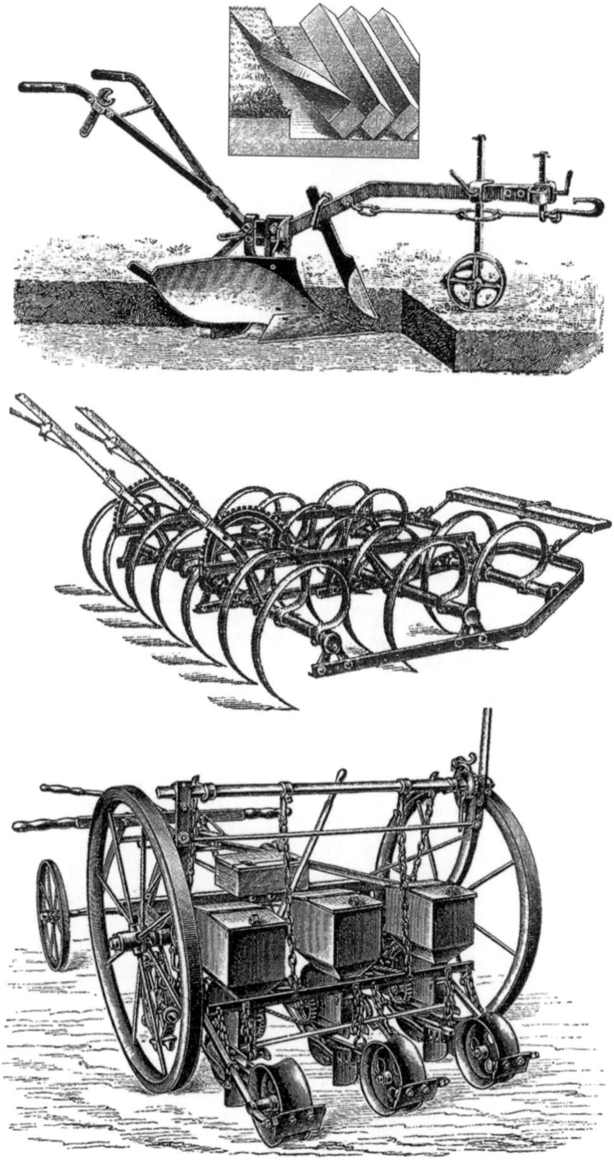

農耕設備：依序為犁、耙、播種機。小圖：犁的作用是劃開並翻轉一畦畦表土。

我們吃的植物

農業完全關乎如何取得特定作物生命週期中的某特定階段。許多植物的某些部分，都演化成用來儲存能量，或供植物來年生長，或遺贈給下一代種子。這些營養庫存就是超市貨架上的可食部分。我們吃的根莖類蔬菜，大半都是二年生植物——在第二年才開花。它們的繁殖策略是把整季累積的能量，儲存在特別增大的器官，然後休眠度過冬季，到了來年初春，營養足夠就能遙遙領先競爭者，搶先長出花朵和種子。這類肉質根的實例包括胡蘿蔔、蕪菁、蕪菁甘藍、蘿蔔和甜菜等。我們栽植這類品系，採收膨大根部，基本上也就是侵吞它們在生長季慢慢積攢起來的能量儲備戶頭。馬鈴薯並不能算是地下根：我們吃的其實是地下塊莖，也就是莖部的腫脹段。其他植物則特化葉片來儲存能量——洋蔥、韭蔥、蒜頭和青蔥都有葉片加厚的鱗葉莖。花椰菜和青花菜其實都是未成熟的白色花序，不盡早採收就會太老，無法食用。果實顯然是為植物種子安排的能量儲存庫，好比裹覆李子果核的多汁果肉；小麥等穀類作物的穀粒，從植物學來看也是種果實。

當人類放棄遊牧生活，定居形成聚落，落地生根在周圍有農田環繞的特定場所，接著他們就完全仰賴農作物的收成度日。我們接受天賜的植物營養，卻也不就此自滿。經過了許多世代的人工選育，根據特定屬性，選出特定植株來配種，如今它們原本的生物學特徵，都經我們改良，強化特定性狀，並減弱無用的性狀。我們介入植物的繁殖，為滿足我們的需求，翻轉原本的生物特徵，時至今日，農業的雜交種作物已被極度扭曲，只能仰賴人類才能生存，就如同我們也靠吃它們來活命。如今我們所種的每種作物，從膨脹得荒謬的番茄，到發育不良、頭重腳輕的水稻，全都來自基因改造，是古老遺傳工程學的育種成果。[1]

世界各地的可食植物種類繁多，不勝枚舉，儘管千年以來，只有很少部分被各個文明選來特別栽種，經人類栽培過的品種估計仍達七千種。然而，如今全球作物總收成量的八成，卻只出自十二個種類，同時美、亞和歐洲各主要文明的主要作物也只有三種：玉米、水稻和小麥。這些植物在末日後重啟過程中，占有關鍵地位。

玉米、水稻、小麥還有大麥、高粱、小米、燕麥和黑麥，全都是穀類作物，只是不同種的禾本科植物。由於穀物是我們很重要的糧食，加上我們所消耗的肉類，大半來自在草地吃草或者吃穀類飼料的牧場動物。這表示，人類大半（直接、間接）靠草維生。而這幾種作物極端重要，生還者必須留心。

許多作物的收割方式，都相當直接又符合直覺——馬鈴薯是從地底下挖出來，洋蔥是從地面拔起來，蘋果是從大樹枝頭摘下來——至於穀類，從收成到處理上桌，比較費工夫。採收玉米很簡單，揹著麻袋在一行行植株間走過，採下莖稈上的玉米就成了，至於穀類作物，投入移除穀粒的步驟比較繁瑣。

1 就連胡蘿蔔顏色也是人為的：它們的根部先天上是白色或紫色。橘色是十七世紀荷蘭農民為了彰顯奧蘭治親王（Prince of Orange，直譯「橘色親王」）威廉一世（William I）的功勳才培育出來。

釜底抽薪的做法是乾脆把整棵砍倒，搬離田地，到別處打穀。

收割用工具包含鐮刀和長柄大鐮。鐮刀是外形彎曲的短刃，有時帶了鋸齒，並安有刀柄，使用時一手抓握一把稻莖，另一手握鐮刀割斷稻莖。長柄大鐮尺寸較大，使用時雙手持握，它由一根長竿和一支和緩彎曲的刀刃組成。長竿含兩個把手，刀刃長約一公尺，呈直角伸出。長柄大鐮必須費工夫來學習，使用時雙臂伸直，全身平穩扭轉，刀刃與地面平行，以固定韻律揮掃。把砍倒的稻莖集合綑紮成束，一束束相靠，直立在田中晾乾，在秋雨之前搬進穀倉。

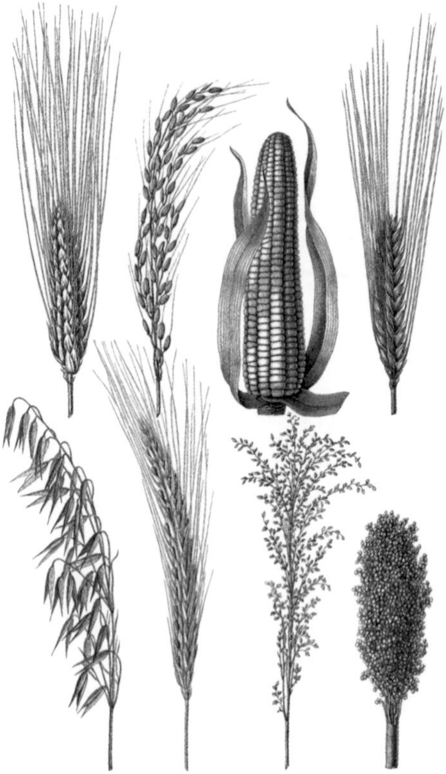

最重要的穀類作物：（首排從左至右）小麥、水稻、玉米（玉蜀黍）、大麥（次排從左至右）、燕麥、黑麥、小米和高粱。

當穀子收割完成——辛苦播種，歡喜收割——下一步就是把穀粒和雜質分開。這個步驟稱為脫穀或打穀，最簡單的做法就

早期機械式收割機，上有（a）揮掃臂肢，底下還有（b）鐮刀狀帶鋸齒利刃。

是把採收莊稼攤在乾淨地面，用連枷揮打。連枷由一根長柄和至少一根短棍構成，短棍用皮革或連鎖鉸鏈連接在柄端。和小型打穀機的運作原理沒有兩樣，這類裝置使用遍布短樁或鐵圈的滾筒，緊套在一個圓筒裡面，莊稼從間隙通過時，就會從莖稈打脫穀粒，接著就從筒底格柵篩出穀子。

這樣脫殼之後，穀粒仍與中空穀殼混在一起，這時你就必須把小麥和殼分開。這道程序稱為揚穀或簸選（winnowing），低科技做法是在刮風的日子，把打脫的穀粒拋到空中——風會吹動較輕的穀殼和麥稈，穀粒則大體筆直落回原位。現代則以電風扇產生人工氣流，原理歷時千年而依舊管用。

隨著末日後社會逐漸復原，人口持續增長，最重要的發明之一，當是把種種不同工序一次整合，藉此來改進農耕效能，期能以最少人力，產出最多糧食，才能發展人口稠密的都市生活。現今的聯合收割機，只要一位農人，每小時就能處理相當於二十英畝（約八百公畝）的小麥——約百倍於手持長柄大鐮的收割速率。這類機具以裝有旋轉槳臂的大型圓筒，把麥稈拉到機器前方，接著以一柄帶鋸齒的水平刀刃，仿效手持鐮刀的收割動作，左右鋸切稻莖。將近兩個世紀以來，這種機具的基本設計都不曾改變，而且頭一款馬拉式機械收割機，和它們的現代後裔相像得驚人。聯合收割機無疑是近代史上最重要的發明之一，它讓許多人都不再必須下田工作，讓我們有閒暇在複雜社會扮演其他角色，這點我們稍後還會討論。

諾福克輪作制

只要你能栽培作物，供自己食用，再加種其他蔬果來均衡營養、增添飲食趣味，你就永遠不會餓死。當然你也可以打獵吃肉，不過養些牲口，並犧牲一些耕地種草養牠們，實際上也很關鍵，糞便也可以幫你保持田地生產力。前面我們也談到，沒有化學肥料支援，地力就會漸漸弱化，不過你還可以運用動物糞肥，讓營養素回歸土壤。此外還有一類作物先天就能提高土壤的含氮量，栽培這類作物，正是十七世紀以來農業革命發展很重要的一步。緊接末日災後的世界，植物栽培和動物飼育再度相互扶持，變成不可分割的生產事務。

中世紀期間，歐洲農人總是遵循一種農作慣例，讓一區區田地輪流休耕——這做法效率低又可悲，不論任何時間，都有多達半數田地完全不種作物。中世紀農民體認到，若是一季又一季耕種不停，土地就會疲累，產量也會大減，不過他們並不明白問題的起因在哪裡，所以只能讓土地休息一年，試行解決這個問題。如今我們知道，這種肥力下降現象，是由於營養素流失所致，也因此現代農業大量使用人工肥料。你在災後短暫期間，完全沒辦法採行這種手段，所以你必須重新起用比較古老的做法。

關鍵在於，儘管多數作物都會奪取土地的氮素，有些植物在成長時，卻能回頭把這種營養素注入土壤。這種令人驚奇的植物是豆科，包括豌豆、菜豆、三葉草、苜蓿、小扁豆、大豆和花生。到了一季尾聲，先犁田把豆科作物埋回土壤，或者拿它餵養家畜，接著使用動物糞便來為土地施肥，重要的氮肥就能被土壤吸收並回歸大地。把豆科植物的固氮能力納入考量，讓農業改頭換面，也使英國離工業革命又近了一步。

所以，在同一塊土地上輪流栽培豆科植物和其他作物，可以維繫土壤生產力。不過與其單純以兩種作物（好比三葉草和小麥）往返交替，不如採行好處更多的多階段輪作制，因為這還可以打亂病蟲害週期。病蟲害一般都只攻擊特定作物，所以在同一塊土地採年度轉作，不栽培固定一種作物，你也就相當於施行不使用殺蟲劑的自然防治。

歷來所採用的輪作制度當中，最成功的就是諾福克輪作制（Norfolk four-course rotation），這套體系在十八世紀普及英國各地，成為英國農業革命的開路先鋒。依諾福克輪作制，各塊農地依序輪作的作物為：豆科植物、小麥、根菜和大麥。

前面我們已經說過，栽培豆科植物能固定累積土壤肥力。三葉草和苜蓿在英國氣候條件下都長得很好，若是在其他地區，你最好改種大豆或花生。到了可收成的時候，倘若你並沒有採收植物的任何部位供人類使用，整株作物就可以供牲口取食，或者乾脆犁田作綠肥。豆科輪耕之後，第一年先栽培小麥作物，善用土壤肥力生產穀類，並供人類食用。

接著第二年栽植根菜類作物，如蕪菁、蕪菁甘藍或菾菜（飼料甜菜）。中世紀農民會在春季犁田、耙地之後讓農地休耕一年，這種做法的主要目的之一是殺死野草，為下一個農耕季預作準備。不過若是改種根菜類作物，你也可以除掉野草。這次可以產出另一批收成，不過這次收成並不打算全部供你自己食用（除非你種的是馬鈴薯），而是可以用來餵動物。迅速養肥你的牲口，也能產出更多糞肥，重新為田地施肥，保持地力。用收成當飼料餵養牲口，而不是單純任由牠們自行覓食養活自己，你也就騰出了牧草地，可以用來種植更多作物。

中世紀採用蕪菁和其他根菜類作物來餵飼牲口，預示了一場農業革命就要出現。這不只是比放牧更有效率，能在夏季更快速養肥牲口，還能提供高能量過冬飼料。飼料作物引進之前，每年仲秋，歐洲都會見到大量屠宰牲口的場面，只因沒有充裕糧食讓動物熬到春季。蕪菁以及其他如蕪菁甘藍、芥藍和球莖甘藍等飼料作物都是二年生植物，可以留在田地過冬，必要時就可以摘來餵牛。這類飼料作物很營養，一度用來補充乾草和青貯料（發酵禾草）等粗飼料所缺乏的能量，支持大群牲口過冬，為人類持續供給鮮肉並帶來鮮奶和其他乳類製品。根莖類作物還是維生素D的重要來源，因為在陰暗冬季缺乏陽光，你的皮膚沒辦法自行合成。

最後是第四階段，種植大麥同樣可以拿來餵飽牲口，不過請記得要保留一部分收成來釀造啤酒（下一章我們會討論這點）。種過大麥之後又可以栽培豆科植物，來恢復土壤肥力，為渴求氮肥的穀類作物預作準備。所以輪作制度是動、植物需求和產出的一種和諧交互作用，自然而然就能對抗病蟲害和病原體，還讓營養素得以回到土壤。這套輪作制度並不是舉世一體適用，你必須因應所在地區的土壤和氣候，找出合適的做法。[2]不過輪作制度的兩個關鍵原則，能確保你在末日災後不需外來化學肥料，就可養活你自己，同時還得以保持土壤生產力：交替種植豆科植物和穀物，還有栽培根菜類作物留給你的牲口吃，而非供你自己食用。回復到小規模做法，五英畝（約兩百公畝）土地就足夠養活一個多達十人的團體：種小麥來做麵包，種大麥來釀啤酒，栽植各種水果和蔬菜，還有飼養牛、豬、羊和雞來生產肉、蛋和其他產品。

動物糞便可以用來為田地施肥，那人類排泄物能不能運用在末日後農業？沒有現代人工肥料的農業要面臨一項挑戰，那就是如何盡可能發揮效能，把排泄物變回糧食（把糞屎變成莊稼）。最理想的狀況是終止人類消耗迴圈，並確保寶貴的氮肥不致於流失。

2 即便在英國境內，諾福克輪作制在南、北方黏土區也不是那麼有效，所以歷史上這些地區主要從事畜牧業和製造業（並向南方購買穀物）。

糞便

當歐洲城市街道的開放式排水溝氾濫四溢，中國的都市則孜孜不倦收集居民的排泄物，不過他們並不使用埋藏地底的污水管，而是用水桶和推車來清空糞坑，接著就把穢物傾倒在周圍田野間。我們每人每年約製造出五十公斤糞便，還有約十倍於糞便重量的尿液——含有充裕氮、磷、鉀的體外廢物，這些可以用來為作物施肥，產出約兩百公斤穀物。

問題在於，你不能就這樣歡欣鼓舞地把未經過處理的污水穢物，直接塗抹在你打算往後拿來吃的作物身上。這樣只會引起眾多人類病原體的滋生，並觸發各地的傳染病疫情。沒錯，儘管前工業時期的中國，農業產量高，胃腸道疾病卻很盛行。妥善處理人類排泄物是個決定性關鍵，如此才能確保當你著手重建文明，一開始就能發展出機能健全的社會。（末日後殖民區最起碼也可以挖掘廁所坑，而且和任何水井或溪流等飲水水源都必須相隔二十公尺以上。）

致病微生物和寄生蟲卵經過攝氏六十五度以上加溫就會死亡（我們談到食物保存和健康時還會回頭討論），所以倘若你想用人類糞便施肥，這時該解決的問題就變成：你該怎樣處理排泄物裡的細菌？

小規模農耕，處理糞便時可以先撒上一些鋸木屑、稻草或其他非葉片部分植物物質（這是要重新平衡碳和氮含量，也用來吸收水氣），接著就將垃圾混合成堆肥並經常翻攪，持續幾個月或一年。細菌會局部分解堆肥所含有機物質，同時釋放熱度（就如我們的身體代謝會生熱），這會自然讓堆肥溫度提高到足以殺死討厭微生物的程度。尿液和糞便最好是分開處理——只需為廁坑加個朝前的漏斗即可——這樣可以避免積水形成一團爛泥。尿液不含細菌，稀釋後就可以直接灑在土地上。

不過只要稍微多費點心思，善用生物反應器（bioreactor），就可以把人類排泄物和農家廢棄物，部分轉變成更為有用的東西。處理堆肥要保持通風，如此需氧細菌和真菌才容易分解物質。不過倘若排泄物是放在密閉容器裡面，氧氣無法進入，這時厭氧型細菌就會大量繁衍，把部分有機材料變換成可燃甲烷，接著可以接管導入貯氣設備。簡單的貯氣設備是先在水池內壁塗一層混凝土，池中裝水，然後拿個金屬容器上下顛倒扣在水中當集氣槽。當甲烷氣體冒泡升上金屬集氣槽，池水就會形成氣密層，而且金屬集氣槽也會上浮。金屬集氣槽本身有重量，漂起時會形成氣壓，再接管把甲烷氣體導向火爐、瓦斯照明或汽車引擎當作燃料使用。一公噸有機排泄物能產生至少五十立方公尺可燃氣體，相當於四十公升以上汽油所含能量（難怪在第二次世界大戰期間，這種生物氣體消化池在歐洲的納粹占領區那麼普遍，因為他們迫切需要燃料）。溫度較低時，微生物生長速率會大幅減緩，所以重點是生物反應器必須持續隔熱，甚至接管抽出若干甲烷，用來為反應器加溫。

隨著末日後社會的人口重新開始增長，大規模排泄物處理也會成為必要。腸內細菌在人體內部溫暖環境中大量滋生，當中包括潛在致命的菌株，不過它們對外界適應性都很差。所以下水道污水處理的主要原則，就是逼迫人類腸內細菌得在一灘糞便裡面，和環境微生物競爭——這場生存鬥爭細菌肯定要輸。而現代污水處理廠也會打氣進入爛泥來促進需氧細菌滋長。儘管對西方世界許多人來講，以人類排泄物來為土地施肥似乎令人作嘔，然而在某些地方，卻有非常優異的效果。印度第三大城邦加羅爾（Bangalore）住了八百五十萬居民，市內化糞池由卡車負責清運，並委婉稱之為「吸蜜車」（honey-sucker），抽出的水肥都載運到周圍農地。排泄物先在化糞池經過處理才置於田野。當地甚至還出產含人類穢物的污泥商業製品。德州奧斯汀市有號稱「犰狳泥」（Dillo Dirt）的肥料商品，製造時遵照堆肥處理程序，來確保排泄物經自然加熱，已達到殺菌溫度，並消滅病原體。

除了氮素之外，植物還需要磷和鉀。骨頭富含磷質——骨頭和牙齒都是含礦物質磷酸鈣的生物沉積物——所以灑骨粉（沸煮碾碎的動物骨骼而成）也是讓貧瘠土地恢復地力的好辦法。讓骨粉和硫酸產生反應（參見第五章硫酸製造法）能使磷質更容易被吸收，也能製成更有效的肥料。事實上，一八四一年創辦的世界第一家肥料廠，便是取倫敦煤氣廠的磷酸，來和市立屠宰場的骨粉產生反應，生成「過磷酸鹽」顆粒來賣給農夫。製造肥料的鉀見於鉀鹼，這種鉀肥很容易從木灰提取，第五章我們還會討論。在一八七〇年時，歐洲所需肥料主要都源自加拿大的遼闊森林。今天我們從特定岩石和礦物質沉積來採集肥料用鉀和磷；要在末日後世界辨識這些岩石，必須重新發現地質學和探勘學。

現代肥料能提供這三種必要營養素（與頂尖運動員菜單不無相仿），使用本章所述比較簡陋的做法，雖然沒辦法讓你達到現今的高作物產量，不過在這段最後寬限期，你仍可以相當程度保存地力。

一個餵飽十個

末日後社會要進步，絕對有必要確立扎實的農業基礎。假使一場慘烈禍患殺死了絕大多數人類，也消滅他們的知識和技能，倖存族群就有可能回到僅堪餬口的生活水準，人類命懸一線，瀕臨滅絕邊緣。不論末日過後還殘存多少工業知識或科學求知欲，生還者都只能全心投入，力求活命。由於沒有糧食餘裕，社會也沒有機會變得更複雜或更進步。更由於生產糧食至關重大，你得靠它才能活命，於是先前嘗試並檢驗過的方法，你也不會願意輕言改動。這就是糧食生產的陷阱，如今許多貧窮國家都陷入這種困境。所以末日後社會有可能停滯不前，說不定要延續好幾代，農耕效率才能緩慢提升，直到跨越某個臨界門檻，這時社會才有可能東山再起，恢復原先的複雜先進。

從最根本來看，人口群逐日增長，也就相當於出現更多人腦，可以更迅速找出問題並解決。不過高效率農業還能帶來更重大的進步機會。一旦能高效率取得基本糧食保障，文明就能騰出許多原本得辛苦下田的公民。高生產力農業制度建立之後，一個人就能餵飽其他好幾人，於是其他人就有餘暇，得以專精其他手藝和行業。[3]假使你不必投入勞力來從事農耕，那麼你就可以動腦動手，發揮其他專長。唯有

3 英國農業革命用上了本章討論到的許多進步成果，在十六世紀和十七世紀期間得以大幅提高糧食產量，同時勞動密集程度也降低了，由於必須投入農業的勞動人口比例降低，都市化程度也因此提高。到了一八五〇年，英國的農民比例在世界各國中已屬最低，每五人只要有一人操持農務，就能餵飽全體國民。到了一八八〇年，每七個英國人只有一人必須下田工作；到了一九一〇年，比例已經降到每十一人只有一人。時至今日，已開發國家利用人工肥料、殺蟲劑和除草劑，加上聯合收割機等超高效能技術，每位農民都能生產足夠餵飽五十人的糧食。

當這項基本前提能夠滿足，社會才能專注經濟發展，提高處理事務的複雜度——農業餘裕的確是推動文明進步的基礎引擎。不過高生產力農業要落實，剩餘糧食必須穩妥儲存起來，在取食之前不能先爛掉，才能促進文明高速重新啟動。底下我們就進入食品保存議題。

第四章　飲食和衣物：廚師和紡織手工業者的工作指南

「要塞城破，巨人的功業傾圮。
毀壞的屋頂，崩塌的高塔，
破損的柵門：灰泥結了霜，
天棚裂了縫隙，撕了開去，墜地，
被歲月吞噬……」

——〈廢墟〉（*The Ruin*），公元八世紀撒克遜不知名人士作的羅馬廢墟輓歌

烹飪是人類史上最早的化學實驗——刻意引發一次次化學變化，改變食物的狀態。一塊碳烤牛排的外表烤酥轉呈褐色，一條麵包外殼轉呈金黃，都是肇因於梅納反應（Maillard reaction）。食物中的蛋白質和醣類在加熱過程中反應生成芳香物質或色素，生成一整塊有滋有味的新組合物。不過烹飪的作用，

不只是讓食物更加可口，它還具有更重要的任務，將會成為末日後生還者保持健康並攝取充分營養的關鍵。

烹飪時所產生的熱度能殺死一切有害病原體或寄生蟲，防範因為微生物生長而造成食物中毒，好比從豬肉染上絛蟲。烹飪還能協助軟化堅韌的纖維質，瓦解複雜分子結構，釋出比較容易消化的簡單化合物。再者，也能提增大半食物的營養素含量，讓我們的身體得以從同等分量的可食物質取得更多能量。還有吃到芋頭、木薯和野生馬鈴薯時，長期高溫可以讓植物毒素喪失作用，否則就會造成危害，木薯就是個極端例子，只要吃上一餐就能奪命。

食物入口之前，我們要先烹調處理過才行。採集食物之後還能儲存妥當，是文明生活的一項基本前提。這讓食品能夠從田地或屠宰場運往都市，養活眾多人口，也讓糧食得以長久貯放，饑荒時期才有食物可吃。食物敗壞的起因是微生物——細菌和黴菌——的作用，它們分解食物結構，改變其化學成分，或釋出引人嫌惡的味道，甚至根本有毒的廢棄物質。保存食品的目的，就是要預防微生物引起腐敗現象，或者起碼盡可能延長保存期限。實際做法是刻意改動食物的狀態，降低滋長微生物的可能。基本上，你是嘗試對食物的微生物環境施加影響力量：預防微生物滋長，甚至利用某些微生物的生長來阻礙其他有害菌種站穩腳跟。就某些狀況，你甚至可以設法刺激微生物滋長來促進發酵，從而分解食物的複雜分子，讓營養素更容易被人體吸收。因此生物技術絕對不是現代創新，而是人類最古老的發明之一。

我們這能力——徹底烹調食物——都歸功於一項器物的發明，那就是把黏土燒製成陶罐。這為我們帶來了深遠的影響。人類消化系統並沒有像牛畜一類動物的多胃室反芻胃，沒辦法好好分解多種食物，所以我們才借用體外的化學反應，來彌補人體先天之不足。所以陶土容器可以盛裝食物，讓食物在發酵或烹調時釋出更多營養素，像是一種人體外的「胃室」——技術革新造就的先行消化系統。

現代烹飪技術——使文明開化到達高峰，擁有種種醃、滷、油封和多如繁星的收汁等諸般調理手法——就是為前述錦上添花，主要仍是為了防止食物毒害人體，並盡可能釋出最多營養成分。本書不是烹飪手冊，所以我們不會深入探究食譜或細部做法，只著眼末日後重建必須知道的食物保存和處理手法的通用原則。

食品保存

食品保存必須把微生物（也包括所有生命形式）的生長條件納入考量。不過我們這裡要檢視的傳統技術，早在發現隱形微生物會導致食物的腐敗之前，便歷經長久嘗試而發展成形（就連現代罐頭食品保存技術，也是早在細菌理論證實之前便已採行）。這些技術都確實可行，當時卻沒有什麼基礎理論來解釋箇中道理。末日災後若能保留這項認識（第七章告訴我們如何製造出能觀察微生物的顯微鏡）肯定會帶來絕大的好處，能使糧食補給穩定並防範傳染病——兩樣都是在大災變後維持人口增長的要點。

地球上的生命全都靠液態水才能生長，而且生物體也只在一定範圍的物理、化學條件下才有活動力。更明白講，生物細胞內的酶——驅動體內生化反應並調節生命歷程的分子機器——只有在特定溫度、鹽度和pH值（液體的酸鹼程度）範圍內才能起作用。讓這三項因素偏離微生物最佳生長條件，就能達到保存目的。

要保存食物，最簡單做法就是直接讓它變乾。微生物缺乏水分就難以生長（也因此穀物收成之後必須先風乾才能存入糧倉）。傳統乾燥技術包括風乾和曬乾，適於用來處理番茄等果實以及肉類，製成「比爾通」（biltong，即乾肉條）或牛肉乾，不過程序緩慢，不適合大量處理食品。

其他食品一般都不會被當成乾燥食品，不過在水分極少的情況下，也能達到保存目的。把大量化合物（好比糖）液化，就能製成高濃縮溶液，把微生物細胞內的水分抽走，於是除了最強悍的品系之外，其他微生物都會停止生長。這就是果醬背後的原理——早上把這種甜蜜抹上土司時沒想到吧，不過當初之所以發明果醬，理由乃在於利用濃縮糖液的抗微生物作用來保護果實。糖可以從熱帶甘蔗或溫帶甜菜中取得，把製糖植物碾碎，再以清水涓流溶出糖分，接著乾燥以取得結晶糖。蜂蜜能保存極長時日，道理也在這裡。

少量鹽能使人體運作健全——因此我們的味蕾才渴求鹹味——而大量的鹽，就可以用來保存食品。鹽醃食品和果醬的保存原理相同：濃縮鹽水把細胞的水抽出來並妨礙其生長。鮮肉可以用乾鹽包覆，可有效保存數天，或也可以浸泡在濃鹽溶液裡面——取約一百八十克鹽，溶進一公升水，調成比海水濃五倍的鹽水溶液。加鹽在人類史上向來都是種極其重要的食物保存技術，值得深入檢視。

原則上，製鹽方法簡單得可笑，不過你得住在海邊。海水約含百分之三點五的已溶解固質——其中絕大多數是鹽巴（氯化鈉），可以利用蒸發作用，從鹽水溶液中取得。在日照充足的氣候帶，只需讓海水流入淺潭，讓它在熾熱天候下蒸發，最後就會凝結出一層乾燥鹽殼。若氣溫非常寒冷，你就可以讓海水在淺潭裡面凍結，在潭底留下濃縮鹽水溶液。不過就溫帶而言，好比在歐洲或北美洲大部分地區經年常見的氣候，製鹽時就必須把鹹水裝進大鍋，讓水分蒸發。所以就鹽的情況，貴重商品的貨源多寡，並不肇因於物資本身的稀有程度——地球表面有四分之三都是含鹽溶液——而是取決於大量取得物資，或者尋找可開採礦藏所需的成本。[1]

鹽漬經常與另一種保存技術合併使用——燻製法，這種做法會產生抗微生物的天然毒素，並與製成品結合，通常都用來處理肉或魚。下一章我們還會討論。若木材燃燒不完全，會釋出包羅萬象的化合物，其中一類稱為木餾油（creosote），這能抑制腐敗，也為煙燻食品染上特有風味。你可以輕輕鬆鬆就拼裝出一間小規模燻製房。挖個坑點燃小火，覆上金屬蓋子，向側邊挖一道長一兩公尺的導煙淺溝，也蓋上板子並覆上土壤。有蓋導煙通路的開放端可排煙，在那裡擺一臺不能用的冰箱，底部鋸開。把去掉內臟的魚、肉片、乳酪片等食物擺在鐵框分隔架上，煙燻數小時。

酸也是抵禦微生物大舉入侵的上好幫手。醋是種低濃度的乙酸溶液（本章稍後我們還會回頭討論這

1 當代英文仍可見到鹽的歷史意義遺蹟。好比羅馬士兵能拿到購鹽津貼，稱為salarium，也就是現代單詞salary（薪資）的原型。

點），也是非常有效的防腐劑。反面做法是運用鹼來保存食品，和酸相比，用鹼來保存食物的普遍性較低，因為這會皂化脂肪——參見第五章肥皂製造法——大大改變食物的風味和質地。[2]

醃漬法不見得都得額外添加酸來保存食物，還可以促進細菌滋長，排出酸性廢物，也就是讓食物自行生成防腐劑來保護自己。德國酸菜、日本味噌和韓國泡菜都是這樣，首先使用鹽來抽出蔬菜所含水分，接著讓耐鹽細菌發酵，自然提高酸度，把食物環境變得很極端，從而讓其他微生物無法滋長，也不會使食物腐壞。

製作優酪乳的做法也很相似；讓會釋放乳酸的菌種滋長，造成乳品酸化（一般而言，我們的舌頭碰到酸就會嘗到酸味）。高酸度環境能阻止其他微生物滋長，從而讓賞味期限延長好幾天。由於乳品是好些關鍵營養素的重要來源，乳品保存也就成為末日後生還者的重大要務。

維生素D能促進人體從食物吸收鈣質，是預防佝僂病（骨退化病）的要素。這種維生素能在體內自行製造，照射陽光時皮膚便開始作用，然而當高緯度區進入黑暗長冬，民眾必須裹上厚衣服來禦寒，便無法自行生產維生素D。幾世紀以來，北方居民都因此飽受佝僂病折磨。牛奶是維生素D和鈣質的優良來源，因此能保存牛奶所含營養素，也是在北方健康定居的關鍵。[3]

牛奶去除大半水分就能製成奶油，也是保存牛乳脂肪的好方法。奶油製造過程的要點是首先提取富含脂肪的鮮奶油。你可以把牛奶裝進室溫容器，擺放一兩天，讓奶油自然浮上，或也可以使用離心機來加速進程（旋轉水桶就可以辦到這點）。攪拌目的不過就是要讓脂肪微滴黏附在一起，並將殘留的液體

（也就是白脫牛奶）排除在外。使用罐子在地板來回滾動或者晃動罐子也都可以辦到，不過比較有效的應急做法，則是使用裝了油漆攪拌槳的電鑽。從白脫牛奶濾出奶油，加鹽防腐，接著不斷揉搓擠出水分，同時也把鹽完全混勻。

優酪乳能保存數日，奶油能存放約一個月，至於乾酪則可以存放好幾個月：這是對抗佝僂病的理想庫存。製造乾酪比較費工夫，不過關鍵是去除水分，保留牛奶所含營養素。凝乳酶（rennin）是牛第一個胃的酶，用來分解牛奶蛋白質並讓牛奶凝結形成凝乳。把凝乳濾出並擠壓形成固體團塊後，靜置讓它熟化；接著種種不同真菌就會發揮作用，賦予不同乾酪的特殊外觀和風味。

製備穀物

現在就讓我們把注意力轉往如何保存穀物。人類在史前馴化了小麥、水稻、玉米、大麥、小米和黑麥，創造出人類最高峰光榮成就之一。穀類作物業經人為汰選，重新編寫生物基因序，可以結出更易於

2 不過中美洲本土文化玉米的傳統煮法是例外。他們先把玉米擺進鹼性溶液裡面煮，處理時把熟石灰或木灰灑進水中，採鹼法烹煮（nixtamalise）玉米。這個稱法出自納瓦特爾（Nahuatl）用語，代表灰燼和玉米生麵糰。這樣做不單可以軟化口感，還能釋出胺基酸及菸鹼酸，促使維生素B3被身體吸收。癩皮病是維生素B3缺乏所導致的疾病，以玉米為主食的歐洲和北美洲民眾，被癩皮病折騰了兩世紀，就是因為他們不懂正確處理技術。

3 北半球陸塊分布，遠比南半球陸塊更接近極點。泰恩河畔新堡（Newcastle upon Tyne）遠比非洲、澳洲和南美洲等南方大陸任何位置都更接近極點，接受的冬季日照也少得多。

採收的穀粒。我們如果要應付末日挑戰，就得要改良穀類作物，因為我們不像牛、羊，人類並沒有反芻消化型生物的優勢，卻又拿穀類當糧食。

玉米可以連穗軸整支煮熟，直接取食[4]，水稻可以去殼煮熟或蒸熟後直接入口。然而多數穀類作物的堅硬、細小穀仁（種實）——這是許多人工栽培的蔬果所沒有的——並不能就這樣吃下肚，必須加工處理後才能食用。

穀粒必須研磨成細粉：麵粉。最簡單的做法就是拿一把穀子，擺在光滑平坦的岩面或地面，然後手持石塊蓋上去，俯身用體重加壓輾碎。不過這會讓人腰痠背痛，也十分耗費時間。另一套系統就好多了，把穀粒夾在兩塊矮胖圓盤石塊或鋼鐵圓盤之間，圓盤中央挖個開孔，用來倒入穀粒。上方磨石提供碾碎重壓，旋轉動作則把麵粉向外推出方便集中裝袋。磨石相當於我們的臼齒，代為碾碎、研磨堅硬食材以利消化。你可以給家畜套上軛，讓牠拖動石磨緩慢旋轉，省下你的勞力，更好的做法則是駕馭水力或風力（第八章我們會討論該怎樣做）。即便如此，對逐步復興的社會來講，把整季穀類收成研磨成粉，所需投入的力氣，仍稱得上是十分龐大。

麵粉磨好之後，最簡單，卻也最不可口的吃法就是添點水，調成濃粥或稀粥。不過還有種料理方式，做出的食品就好吃得多，而且變化多端，又能吃到澱粉中的營養成分，這種手法只需要多一些事前準備。麵包基本上不過就是塊狀稀粥，卻也是人得到養分的有效途徑，而且自麵包問世以來，就成為文明的礎石。它的基本食譜簡單得好笑：研磨穀粒成粉，添水調成糊狀生麵糰，接著捲起來慢火加熱，甚而可以擺在燙石塊上火烤。這會製成未膨發的無酵餅，如今依然極其普遍，其形式包括：印度烤薄餅（chapatti）、饢（naan）、墨西哥薄餅（tortilla）、中東大餅（khubz）和皮塔餅（pitta bread）。

不過西方世界最熟見的麵包則是膨發麵包，這就需要再加入一種成分。酵母是種微生物，屬於單細胞真菌，而且它和從腐爛樹幹中萌發的毒蕈，並沒有太大不同。用來為生麵糰發酵時，酵母會排出二氧化碳並形成氣泡，加熱時氣體離開麵糰，留下孔洞，最後產生輕盈膨鬆的麵包。酵母有個品種稱為啤酒酵母（*Saccharomyces cerevisiae*，又稱為麵包酵母），今天幾乎所有膨發麵包都是用它來製造的。當然了，倘若你能夠想到要拯救這種生物，那就太好了，這樣它就能以自己的方式，像牛、馬一般生氣勃勃地努力工作，也不致於在末日騷動中流失。這種酵母採乾燥小袋包裝，在超級市場都有販售，不過它還是有保存期限。必要時，你該怎樣入手，重新分離出酵母菌，好用來製造麵包？

膨發麵包所需酵母，和其他會發酵的細菌同樣會自然出現在穀粒上，因此也會出現在已磨好的麵粉當中。關鍵就在於，如何把有益菌種和其他可能致病的病菌分離？你需要扮演原始微生物學家，設計出一種有利於特定菌種的汰擇程序。接下來的方法可以分離出適於烘焙酸麵糰的微生物。酸麵糰是最早出現的膨發麵包，約三千五百年前第一次出現在古埃及，至今依然是專業烘焙師常製作的品項。

4 六千多年前，南美洲居民發現了加熱、「爆花」的食物處理法。如今爆米花已經變成電影院的好生意，而且單美國每年營收就達到十億美元規模。

取一杯麵粉（這個初始程序最好使用全穀）和1/2到2/3杯水調和備用：覆蓋並擺在溫暖地點。隔十二小時檢查是否冒泡等發酵跡象。若看不出絲毫跡象就動手攪拌，然後再等半天。一等發酵作用出現，你就可以取出一半丟掉，依相同比例換上新鮮麵粉和水，每天兩次反覆替補。這讓酵母菌有更多營養素，也讓它們不斷繁殖。約一週過後，當生麵糰散發健康氣息，而且每次補充養料之後都能可靠增長、冒泡，就像靠碗中飼料蓬勃滋長的微生物寵物，這時你就可以取出部分生麵糰，動手烘焙麵包了。

經過這次操作歷程，基本上你也就制訂出一種微生物汰擇準模型——限制菌株靠麵粉中的澱粉營養素生長，而且養成一支在攝氏二十～三十度左右達到生長速率最快的野生品系。這樣生成的酸麵糰，並不是單一分離菌種的純粹品系，而是個安穩均衡的乳桿菌群落，能分解複雜的穀粒儲藏分子，酵母菌則以乳桿菌的副產物乳酸維生，並排出二氧化碳來膨發麵包。這種不同生物相互支持的媒合現象稱為共生關係（symbiotic relationship），也是生物學上常見現象。從寄生在豆科植物根部的固氮菌，到棲居我們腸道內部幫助消化的細菌都屬之。乳桿菌還會排出乳酸（就如優酪乳製造過程中會產生的產物），這讓麵包帶上微酸好滋味，同時還能阻擋其他微生物進占，讓共生酸麵糰群落維持美妙平衡，也能生機蓬勃地抗拒入侵。

不過也不是所有麵粉都能用來膨發麵包，因為必須有麩質（麵筋）才能製造出具有延展性的生麵糰，也唯有如此，它才能捕捉酵母所排出的二氧化碳並形成氣泡。小麥穀粒含大量麩質，能製造出質地妙不可言的輕盈麵包，至於大麥麵粉的麩質含量就幾乎為零。不過大麥的美妙遠超過日常麵包。

酵母的生長環境必須充分含氧，生麵糰就是一例，能把它們的食物分子徹底分解，一路轉變成二氧化碳（就如人類體內的代謝）。不過若是在沒有氧氣的環境下栽培菌種，在缺氧狀況下養成的酵母，就只能局部分解糖分，排出的廢物也改成乙醇（酒精）：這就是釀酒。自發現以來，酒精便幫助不少尋歡客度過好時光，不過乙醇還有其他用途，很值得投入精神研究。濃縮乙醇是種很有價值的乾淨燃料（好比供酒精燈或生質燃料汽車使用）、防腐劑以及抗菌防腐劑。乙醇還是種多功能溶劑，能溶解種種不溶於水的不同化合物，好比從植物中提煉製造香料或醫用酊劑的物質。還有接觸空氣一段時間之後，酒精就會變醋，凡是曾經將無蓋酒瓶擺上好幾天的人，肯定都知道這點。新細菌會移居瓶中，把乙醇變成乙酸。烹調用醋或醋沾醬，一般都只含百分之五到十的乙酸，而更濃的乙酸溶液就可以用來醃漬食物。

用來釀酒的純酵母並不像酸麵糰裡的混合微生物群落，酵母本身並不能分解穀粒所含澱粉分子，因此得先將純酵母變換成可供發酵的糖分。澱粉的功能是提供能量給初萌芽植物，直到幼芽基礎穩固並長出葉片為止，所以穀粒本身會啟動生化反應機制來分解澱粉。大麥穀粒（其實也包括其他所有穀類）可以浸在水中促進發芽，放在溫暖潮濕室內一週，就會分解澱粉，化為可以取用的糖分（澱粉分子是次單元醣串連在一起形成的分子長鏈）。發芽後晾乾或擺進窯中局部烘烤，就可以改變最後釀出的色澤和風味。接著添加熱水，把麥芽搗成漿，溶出所有糖分，過濾製成帶甜味的麥芽汁。麥芽汁先經沸煮，讓水分局部蒸發並濃縮糖分，也藉此殺菌，供後續加入的微生物生長。等麥芽汁冷卻後，就可以接種上回釀酒時使用的同一批酵母，接著靜置發酵約一週即成。

超級市場有個極其有用的商品，有空就該盡快前往挑選，那就是啤酒瓶底沉澱的活酵母，這種方便的活菌可以留給子孫使用。不過適合釀酒的酵母在環境中也隨處可見，可以運用前述技術重新分離出來。事實上，如今用來烘焙麵包的人工酵母，原本見於啤酒釀造發酵槽中，不過也運用了（稍後會在第七章描述的）洋菜培養皿和顯微鏡等微生物學技術與工具才分離出來。所以當你下回小酌微醺，記得你的腦子是染上了單細胞真菌的排泄物而輕微中毒，功能受損。乾杯！

任何醣分來源大體經過發酵，都可化為含酒精製品；蜂蜜、葡萄、穀粒、蘋果和稻米，可以依序分別變換成蜂蜜酒、葡萄酒、啤酒、蘋果酒和清酒。不過不論營養素來源為何，發酵酒精濃度最高約只能達到百分之十二，這時酵母菌基本上都會被所自己排出的乙醇毒死。要純化酒精提高濃度就得把乙醇分離，把水和發酵成品中所含其他物質排除，這是種十分古老的技術，稱為蒸餾。

要從鹽水溶液中抽取鹽分，必須利用兩種化學成分的相異點——沸點，要把酒精從發酵湯汁中分離出來也同樣如此——就酒精而言，乙醇的沸點低於水。最簡單的蒸餾器不會比蒙古游牧民族釀造烈酒使用的容器形式還複雜。把發酵麥芽漿裝碗放在火燄上方，頂上擺一個架子，架上放一個淺碟作為收集容器，兩個容器正上方還放了第三個容器，那是個尖底罐，裡面裝滿冷水，接著把整套設備覆蓋起來。火燄燒熱麥芽漿，乙醇首先揮發出來，蒸汽在水罐底部冷卻凝結，順著罐緣滴落中央淺碟。現代實驗室只不過是以專用玻璃器皿來複製這種基本裝置，再加上一支溫度計來測溫，確保從麥芽漿煮出的蒸汽不超過攝氏七十八度（乙醇的沸點），還有一具能控制進氣量的瓦斯噴燈。使用分餾塔還可以讓程序效能進一步提升。分餾塔是種直立圓管，裡面塞滿玻璃珠，讓煮沸的麥芽漿所冒出的蒸汽反覆凝結並重新蒸發，於是酒精對水的濃度比例，就會一步步逐漸提高，最後生成的蒸餾液就由一個具水冷式外罩的冷凝器來收集。

利用熱和冷

最後我們要看看，對溫度的熟練掌控——運用冷熱極端變化——如何可以成為食品保存的寶貴技術。

史上曾使用過的保存技術——乾燥、鹽漬、醃漬、燻製——都相當有效，不過通常都會改變食物的風味，而且並不能好好保存營養成分。法國一位糕點師父在十九世紀初發明了一種新的做法：把食物裝進玻璃罐，用軟木塞和蠟封起來，接著把罐子擺在熱水中好幾個小時。隨後過沒多久就開始使用氣密金屬罐（如今我們使用錫罐或起碼鍍錫鐵罐的理由是，錫是少數不會受到食物酸性腐蝕的金屬之一）。[5]令人鼓舞的是，文明重新啟動作業要加速進行，並不欠缺先決條件，末日新曆後，提早好幾世紀開發出罐裝食品是可能的——就連高明的羅馬玻璃匠，說不定都有辦法製造出氣密式容器——所以「大墜落」

5 史上最早的開罐器到一八六〇年代才出現，從法國部隊開始核發罐頭食品以來，已經有五十年。當時的士兵得用鑿子或或刺刀來開啟他們的口糧，後來等到罐頭普及民間，開罐器才成為必需品。

過後，生還者馬上可以開始把食品封罐。

裝罐程序的關鍵原理是加熱，讓食物中已經存在的微生物喪失活性，並密封容器來防範食品再次受到任何污染並造成腐敗。還有一種巴士德消毒法（pasteurization），施行時短暫加熱食物至攝氏六十五～七十度，讓微生物喪失活性。採這種做法處理牛奶特別有效（而且不會凝結），可以預防結核病或胃腸疾病。非酸性或非醃漬食品為求最安全保存，就該採用加壓罐裝，再讓它接觸高於一般沸點的溫度，為罐內食品徹底消毒，甚至還能消滅肉毒桿菌耐熱芽孢，避免肉毒桿菌中毒。

運用高溫殺菌程序，就能保存食品多年。不過低溫技術又該怎樣運用？

隨著溫度下降，微生物的活動和生殖都會減緩，而且導致奶油酸敗、鮮果軟化的化學反應，也都隨之減慢。低溫防腐的作用早已為人所知。早在三千年前，中國人便在冬季採冰並挖穴封藏食物一整年，到了十九世紀，挪威還曾經成為西歐冰塊的主要輸出國。不過人工製冷能力，卻是現代文明的成果——而且要成功製冷，也比產生高熱更棘手。運用理想氣體方程式（$PV=nRT$）發明了電冰箱之後，保存新鮮食物就很方便，不但防止食物快速腐壞，冷凍食品也能長期保鮮，同時也用來儲存醫院血液庫存、疫苗，而且還能利用室內空調或分餾空氣來製造液態氧。底下我們會非常詳細地檢視電冰箱運作方式，因為這也能闡明有關於技術採行的一個有趣現象，以及復甦社會可能採行與我們非常不同的發展路徑。

冷藏技術的運作關鍵在於，當液體蒸發成氣體，同時會吸收熱量，使周遭溫度下降。所以人體會出汗保持涼爽。要解決冷藏問題，有一種低科技辦法，基本上就是用一個會發汗的黏土盆。澤爾甕（Zeer pot）在非洲很常見，其構造包含一個有蓋黏土盆，裝在更大的未上釉黏土盆裡，兩盆間隙填入濕沙。水分蒸發時，也把內側容器的熱帶走，如此則降低盆內溫度，所以澤爾甕能延緩市場蔬果腐敗起碼一週。

所有現代電冰箱的運作原理都一樣：控制「冷媒」的蒸發和再冷凝。液體要蒸發（沸騰）必須吸收熱能，冷凝則釋出熱能。倘若你安排讓這個物態循環的蒸發過程，發生在絕緣盒內的管路裡面，你就能把密閉空間裡的熱抽走並冷卻內部，同時你也可以使用電器背後的黑色散熱器風扇，讓熱量發散出去。

現代電冰箱差不多都是使用電動壓縮幫浦，強制冷凝——也就是不斷讓冷媒恢復液態，於是它就可以再次蒸發，移除更多熱量。不過還有其他方法，最簡單的一種稱為吸收式冷凍機（absorption refrigerator，愛因斯坦曾協同開發過這系統）。主要使用氨當冷媒，首先施壓促使氨凝結，接著任它溶入水中。接著對氨水混合液加熱，由於氨的沸點低了許多，可以由此分離出氨，於是不斷循環，道理和我們在前面提到的蒸餾原理相同，加熱裝置可以是瓦斯、電熱絲或只是太陽能。吸收冷凍機巧妙運用熱量來降低溫度。的確，既然不需要電動馬達來推動壓縮幫浦，這項設計便沒有零件，大幅減少維修次數，降低故障風險。而且運作時寂靜無聲。

若說歷史只不過是事件一件又一件不斷發生，那麼技術史也就只是一項又一項接續出現的發明：接踵而至的小巧器具，各自打敗拙劣對手。是這樣嗎？真相難得這麼單純，而且我們必須記得，技術史是優勝者寫的，成功發明帶來一種線性假象，而輸家則都退居幕後，被人遺忘。不過，讓一項發明成功的因素，不見得在功能上更為優越。

在歷史上，壓縮機和吸收式冷凍機設計大約同時出現，後來是壓縮機款式取得商業勝利，成為今天優勢機種。追根究柢，這大半是新興電力公司為確保本身產品需求量，努力推波助瀾所致。所以如今各地難見吸收式冷凍機（露營車用瓦斯燃料式設計除外，因為不需供電就能運轉的性能在此至關重要），跟設計本身的缺陷關係不大，而是跟社會或經濟等偶發因素相關。後來上市的商品是廠商認為利潤最高的，而收益則大半取決於現有設施。所以你廚房中的冰箱之所以嗡嗡作響——使用電動壓縮機，卻不是寂靜的吸收式冷凍機——和技術優劣的關聯性較低，而是與二十世紀早期社會經濟環境的古怪偏好有關，於是壓縮機就此扎根。但復甦中的末日後社會大有可能採行另一條發展軌跡。

衣著

前面我們看了陶器如何發揮烹飪用途，發酵作用如何像體外的胃一般消化食物，還有磨石如何扮演臼齒的延伸功能。相同道理，衣物編織技術也強化身體的先天生物機能，提高我們保持體熱的能力，也讓我們得以從東部非洲莽原遠遠向外擴散。

大概在短短七十年之前——依文明時間尺度，那只是眨眼瞬間——我們身上都還只穿著取自動、植物纖維的天然織品。直到第二次世界大戰爆發，第一種合成纖維尼龍才出現，要重現人造聚合物，必須先有機化學基礎，這知識層級太高，恐非剛重新啟動的社會所能掌握。因此我們傳統上如何飲食和如何穿衣，兩者關聯非常密切——農耕作物和馴化家畜種類，不只是可靠的食物來源，還提供用來搓成繩索或織成布料的天然纖維，以及用來鞣製皮革的獸皮。同時紡織技術還是文明的礎石：供綁縛的細索、供建造吊車的繩索，還有船帆或風車扇葉所需的帆布。

一旦上一個文明遺留下來的衣物穿破了，重新啟動的社會又必須從自然界採集合適的纖維。以植物來說，莖部纖維包括麻、黃麻和亞麻；葉子纖維包括劍麻、絲蘭和龍舌蘭；還有種子周圍的膨鬆纖維，如棉花或木棉都是。幾乎所有哺乳動物的毛皮都可做成衣服，不過其中以綿羊和羊駝的毛最常見。還有我們會從一種常見昆蟲取得纖維：家蠶（*Bombyx mori*）的蠶繭，可做成絲綢。這樣一來，羊毛帽和絲綢華服的所含蛋白質成分和牛排也沒有太大不同。至於亞麻夾克或純棉襯衫的成分和報紙基本雷同，都是由醣分子所構成的植物纖維。

那麼，棉花和從綿羊身上所剪下的團團天然纖維，如何轉變成衣物，好讓你活下去？我們會從入門開始，隨後再檢視紡織技術如何機械化，引發工業革命，以及自十八世紀晚期，英國工業革命又如何深深影響著世界。我們的討論焦點主要針對羊毛，因為遇上大災變時，羊的分布範圍較廣，較易取得羊毛，至少比棉花或絲綢等植物纖維容易。

羊毛一經剪下，揀去殘屑和植物碎片，就可以用溫暖肥皂水清洗，去除大半油脂。接著就必須梳毛：用兩片表面有針齒的梳板夾著毛，反覆梳理，讓羊毛團塊鬆開，變成柔軟膨鬆的捲毛，使羊毛纖維伸直並排列整齊。成品稱為「粗紗」（roving），可以用來紡捻成線。

紡車，圖中可見粗紗沿著旋轉錠翼的一臂穿行，一邊捻搓成細股並捲上線軸。

紡紗是把一團膨鬆的短纖維，變成一條強韌的長線。完全不使用工具也能辦到這點，只需輕拉粗紗，抽出一團鬆散纏結纖維，就可以用你的食指和拇指指尖捻出一條細線。儘管單憑手工也能紡捻成線，不過這非常耗時，所以最理想的狀況是動用工具，讓工作輕鬆一點。紡車能發揮兩種重要功能：抽出粗紗紡捻成股，接著把股紡成堅韌的紗線。

大輪子靠手動運作，也可以裝腳踏板，並以皮帶或細索與前錠子連動，能以較高速率旋動錠軸。這裡有個關鍵機械裝置稱為錠翼（spindle flyer），這是達文西在公元一五〇〇年左右提出的構想，也是他生前實際問世的獨創發明之一。U形錠翼轉速略高於錠子，紡出的絞股由列置一臂的彎鉤引導，滑出末端並盤繞中央錠子。這項巧妙的簡單設計，能同時捻轉纖維並將纖維捲上線軸供後續使用。即便如此，使用單一紡車要製造出充分紡線依然十分費時，因此依歷史觀之，負責這項工作的人，都是年輕女孩或年齡較大的未婚女性。

若是一條線還不夠堅韌，你還可以絞上第二條，搓出一條雙股線。還有一點也很重要，倘若兩條股線的絞捻方向和原始紡捻方向相反，兩條交織股線就會自然緊鎖在一起，不會散脫了。你可以反覆進行這種組合，編結出比你手臂還粗，能撐起好幾公噸重量的繩索，而它的原料完全就是脆弱、長僅數英寸的一條條纖維。

不過紡製紗線的主要需求，肯定來自織造布匹。仔細觀看你身上衣料的編織樣式。襯衫一般都織得特別細密，所以要觀察比較醒目的織紋，你就得看呢子外套、T恤或牛仔褲等比較耐穿的長褲。細看窗簾、毛毯、床單、羽絨床墊、沙發套或地毯，你還會注意到種種不同樣式。

先不談那到底是什麼樣式，不過大家應該清楚知道，任何布料或織品全都是由兩組纖維織成的，兩組彼此垂直，上下交互交織。第一組是織品的主要結構，稱為經紗，所以必須使用堅韌度強於緯紗的紡線——試用雙股或四股紗線——緯紗跨越平行經紗，並把它們全部交織在一起。織造時可以使用織布機，任何織布機的首要功能都是固定繃緊一條條平行經紗，接著升降不同群經紗好讓緯紗在當中穿梭。最基本款織布機只用兩根桿子——其中一根綁在樹上，另一個固定在地面——用來固定拉緊經紗，比較精緻的款式則以一個水平框架來拉緊經紗。

安置織布機時得順著拉一條合股線筆直往返纏繞，整齊列置成平行經線格柵。織布機的關鍵組件是綜筘（heddle），這裝置讓你得以升降一組經紗，把兩組經紗分開（這點我們稍後就會回頭討論），接著就可以讓緯紗穿過間隙跨越織布機。兩組經紗中間的間隙稱為梭口（shed），接著抬升的那組經紗轉向，緯紗也回頭再次穿越，就這樣一次織出一列網線。

織布機運作情形。綜筘抬升一組經紗，形成間隙供緯紗穿越。

改變經紗群組的抬升序列，同時也改變了緯紗的交錯樣式，從而產生不同的紋路。就以最基本的平織樣式來講，緯紗從單一經紗上方穿過，接著從下一條的下方穿過，構成連環交織的均衡網格：這是亞麻紗的標準織法。這種織法可以採用一種聰明設計，使用一種有一列交錯窄縫和細孔的長板式綜筘，細孔各有一條經紗穿過。綜筘升降時，只有被細孔圈住的經紗隨之移動，至於穿過狹長縫隙的經紗則不受綜筘動作的影響，於是經紗就會分從緯紗底下和上方交替穿過。

更複雜的織紋得動用比長板式綜筘更複雜的設計。有種設計是在一支

水平軸桿上吊掛一串細線，各具一線圈或金屬孔眼綜筘，桿和綜筘高度一樣，於是當桿抬升時，唯有穿過綜筘的經紗才會升起。各群經紗分別由本身的可抬升桿來控制，織紋越複雜，桿數也就更多，這樣才能控制經紗運動序列的綜筘。舉例來說，斜紋織的緯紗一次通過好幾條經紗（稱為浮織），而且浮線在各行間擺盪形成斜紋。由於經紗和緯紗交互浮織，交織次數較少，因此斜紋織布特具彈性和舒適度，同時卻也讓紗線緊緻聚合，因此織品也更為耐穿。好比牛仔布就是種1|3斜紋織布，經緯紗線先浮織三次接著才穿梭一次。

不論你的衣服是編結的皮革或是布匹，下一個問題是如何讓它們安穩附著在你的身上。先把拉鍊和魔鬼沾擺到一邊，這些設計都太複雜，重新啟動的文明是製造不出來的，容易穿脫的釦件種類並不多。最佳低科技解決方式，古代文明都不曾出現，時至今日卻是無所不在。卑微的鈕釦竟然是到十四世紀中葉才普及全歐，實在令人吃驚。沒錯，東方文化始終沒有發展出鈕釦，十六世紀當日本人頭一次看到葡萄牙貿易商炫耀鈕釦時，心中開心極了。儘管設計十分簡單，鈕釦卻帶來了翻天覆地的改變。由於製造十分容易，又很方便穿脫，不必再為了從頭頂套進去，把衣服縫製得寬鬆又沒有定形。新款衣服可以從前方穿上後扣好，就能設計得更為合身、舒適。這是時尚界貨真價實的一場革命。

重新啟動發展到了後來，一旦末日後族群開始增長，織造布匹的製程必使人感到耗費時日，對自動化機械的需求必然與日俱增，期能產量最大化，並將勞力需求減至最小。不過你會發現，不論是梳毛、紡紗和織布等不同步驟的自動化和機械動力應用，都要比穀類研磨或搗鎚木漿製紙等事項更難。和織品製造的相關程序都非常細膩，需要手指靈巧地動作，好比紡出纖纖細線而不把它扯斷。其他如織布等步驟，則必須依循複雜的工序，時機掌握必須十分精確。這一切都很難用簡陋的機械裝置來重現。

基本織布機的重大進步是飛梭的發明。把緯紗送過升降經紗梭口間隙的最簡單做法，是一手拿一捲紗線，跨過織布機遞到另一手上。不過這動作很緩慢，也把織品寬度局限在你伸臂能夠觸及的距離。飛梭是把一捲線裝在一件厚重的船形容器裡面，接著就用繩索猛拉，從織布機一側順著一條平滑溝槽向另一側滑去，於是梭子高速跨越，帶著緯紗發揮作用。這項革新不僅讓織工能夠處理的經紗寬度大幅擴增，還能大大加速工序，讓織布機徹底機械化，並改以水車、蒸汽引擎或電動馬達來推動，從而讓一位織工得以同時照料許多機器。早期動力織布機每秒能推動一列緯紗，現代機器則能以一百公里時速推動緯紗跨越織布機兩端。

除了為你自己生產糧食和衣物，優先要務就是全面恢復文明不可或缺的天然和衍生物質。下一章目標，同樣是教導末日後生還者如何為自己製造日常用品，而非如何從死亡社會的屍骸撿拾物資。那麼就讓我們看看如何從無到有，重新啟動化學產業。

第五章　物質：家事化學一把罩

「在野地築巢棲居的鳥兒發出的尖嘯，遠方海洋碾磨人工礁，沖刷鏽蝕汽車零件和雜亂磚塊，以及破瓦殘礫所發出的聲響，聽來幾乎就像假日車流。」

——瑪格麗特．愛特伍（Margaret Atwood），《末世男女》（*Oryx and Crake*）

化學成分在現代社會飽受汙蔑。我們不斷被告知，某些食品很健康，因為其中完全不含人工化學成分，我也看過瓶裝水標示說明裡面「全無化學成分」。然而純水本身實際上也就是種化學成分，而且我們身體也全都如此。就連人類在美索不達米亞建立最早的都市之前，我們早就在採取、製造並開採天然化學物質來維持生計。多少世紀以來，我們學會了種種新技術，讓不同物質相互反應，把身邊最容易取得的材料轉變成我們最迫切需要的東西，製造出我們用來創建文明的原料。人類之所以能成功，不單因為我們能通曉農耕和畜牧業，或者能夠使用工具和機械系統來減輕勞力負擔；同時還源自於我們能不斷供應足量的物質和製造材料。

就像木匠的工具箱，不同類別的化學複合物，適合用來進行特定工作。我們使用這些化學複合物，並運用不同工具，把原料變成需要的產物。我們會看到，長鏈狀碳氫化合物既是良好的能量儲備所，也是種優質防水劑，是抗風防雨的重要成分。我們會看見萃取、純化作業時所使用的不同溶劑，探究史上如何運用鹼和它們的配對物質——「酸」。我們還會審視某些化學物質如何藉由除去氧來「還原」其他物質——這是生產純金屬的一種基本技術——另有其他物質則稱為氧化劑，且作用相反——好比能加速燃燒。隨後在書中，我們還會檢視能發電，供我們抓住光線、拍攝照片的化學物質，還有能釋出能量，用來製造火藥的其他物質。

這裡我就集中討論幾項最具迫切性的物質製造過程，整體來看，這只屬少數。化學是個關聯綿密的浩瀚網絡，不同化合物之間的變換和轉化作用充滿各種可能，而且末日後為了重新探索這個領域，肯定有許多事項必須迎頭趕上，比如勘查最有效的化學反應做法，再次發現導入反應物的理想比率，並判定正確化學公式和分子結構。

提供熱能

人類歷經歲月，越來越精擅控制、使喚——火。文明社會的眾多基本製造方式，都仰賴受熱驅動的化學或物理變換作用：冶煉、鍛造和鑄造金屬；製作玻璃；精製鹽；製造肥皂；燒石灰；窯燒磚頭、屋瓦和黏土水管；漂白紡織品；烘焙麵包；釀造啤酒和蒸餾烈酒；並開發出先進的索爾維製鹼法（Solvay process）和哈伯－博施法（這些我們在後續章節還會討論到）。汽車和卡車賴以提供動力的內燃機活塞內火花的瞬時爆發，還有每次你打開家裡電燈開關時，你可能依然是在用火，不過這種火是在遠方某處，由電力公司擷取、轉化能量，然後電力就順著電線傳送到你家的電燈泡。我們文明的現代技術，還是高度依賴火，不下於人類祖先圍爐就火烹飪的時期。

今天我們所需熱能，大半都直接、間接（經由電力）源自燃燒化石燃料：原油、煤炭或天然氣。沒錯，催生出工業革命的主要技術之一，就是從煤製出炭，以及運用炭來推動上列眾多工業製程，特別是冶鐵和煉鋼。從此以後，我們的文明就不再依循消耗多少就再生多少的永續做法來推動進步，反而開始劫掠化石礦藏——歷經數百萬年逐步變換性質的植物能量。

當社會遭末日浩劫，必須回到生活基本面來思考，一旦加油站和瓦斯槽內的燃料全用光，所需能源難以為繼。容易取得的化石燃料已經大半耗竭：我們的聚寶盆，早先幫我們輕鬆熬過難關的便利能源已經沒了。原油不再見於淺藏油井，採煤礦工不得不向地球肚腹更深處，一步步再往下鑽掘，而且得用上越來越高明的排水、通風和防崩塌支撐技術。[1]今日煤炭的全球總量依然十分龐大：美國、俄羅斯和中

1　經濟學家計算能源投資回報率（Energy Return On Energy Invested）來評估燃料礦藏。這個數值告訴你，投入開採、提煉和處理的能量消耗總數，是從一處礦床可取得之能量的百分之幾。舉例來說，二十世紀早期德州最早開採的商用油田，都非常容易採得原油，能源投資回報率約為一百——每消耗一分能量投入開採，都能有約百倍回報。如今由於供量萎縮，必須投入越來越多努力（包括海上鑽探平臺的艱困使命），才能抽出並處理涓滴原油——能源投資回報率約降到十。

國的煤礦總量超過五億公噸，不過容易取得的煤炭已經大半用罄。有些末日後生還者群體有可能運氣很好，居所附近就有淺層煤炭礦藏，能露天開採取得，不過重新開始的文明，仍有可能被迫重開機。

我們在第一章便曾見過，大災變後頭數十年間，森林會逐步恢復，收回鄉間甚至荒棄的都市。逐步復原的小群生還者不會缺乏木柴，倘若他們栽種生長期短的矮樹，那就更沒有問題了。梣樹或柳樹經砍伐之後，殘樁都會重新發芽，五到十年之間，就能再次砍伐，護管林地每年每公頃平均能供應五到十公噸木材。圓木木料適合用來投入壁爐為住家取暖，不過就漫長恢復歷程的實際應用上面，你還需要一種燃燒溫度遠超過木柴的燃料。這時就有必要復興一種古法：製造木炭。

在木材燃燒時導入有限氣流，限制可用氧氣量，讓木材炭化而不完全燃燒。水和其他容易轉變成氣體的輕盈小分子會先揮發，接著木材的複雜化合物成分本身也受熱瓦解——木材已經熱解（pyrolysed）——留下一塊塊幾乎純粹的炭。這種木炭不只是燃燒時溫度遠超過木柴本身——因為它的水氣已經全部流失，只剩下炭燃料——而且重量還減輕一半，這就意味著它的細密程度和運輸便利性都遠勝木頭原料。

為了促使木材產生這種厭氧變換，傳統做法——煤炭燒製業者的專門技藝——是堆一落圓木並在中央留下一道豎井，接著把整個圓木堆密密塗抹黏土或泥炭。圓木堆從頂部開孔點火，接著讓它悶燒，並嚴密監控照料數日。另一種做法比較簡單，結果一樣：你可以挖一道寬闊壕溝，裡面填滿木材，然後點燃熊熊烈燄，接著拿撿來的鐵皮浪板覆蓋壕溝並堆土來隔絕氧氣。讓柴堆悶燒直到無火冷卻。木炭是能充分燃燒的乾淨燃料，也是重新啟動時許多重要產業不可或缺的能源：好比生產陶器、磚頭、玻璃和金屬，這些我們到下一章就會討論。倘若你發現自己所在區域就有能開採的煤田，這同樣也是一種不可抗拒的熱能源頭。一公噸煤就能提供相當於整整一英畝（約四十公畝）矮林林地定期輪伐年產柴木所含熱能。煤炭的問題在於，其燃燒熱度不如木炭。煤炭還十分骯髒——煤煙有可能污染用煤燒製的產品，好比麵包或玻璃，含硫雜質還會讓鋼鐵變得酥脆，也難以用來鍛造金屬。[2] 使用煤炭的訣竅在於首先製成焦炭：和把木材變換成木炭的做法兩相呼應。煤炭擺進爐灶並給予有限氧氣烘烤，逼出雜質和揮發性物質，而且就像林木乾餾產物（參見本章後面），各有不同用途，應該予以冷凝並收集起來。

燃燒也帶來光，就算復甦社會恢復電力網並重新發明電燈泡，生還者依然得仰賴油燈和蠟燭。[3] 基於植物油和動物脂肪的化學特性，兩類物質都特別適合當成燃燒能源。這類化合物的主要特徵是高度伸

---

2 所以就許多層面來看，木炭都是比煤更優越的燃料，也完全不局限於史書所載。就以巴西為例，該國擁有得天獨厚的豐沛林木資源，卻幾乎沒有煤礦——這種處境可能廣泛見於有再生森林的末日後世界——如今是世界上最大的木炭生產國。部分木炭用來為鼓風爐加熱，熔煉生鐵，輸出美國等地來煉鋼，接著再製造汽車和廚房器具。巴西的木炭大半源自護管林業，因此這也落實了「綠色鋼鐵」產業。

3 如今在我們眼中，防風燈和蠟燭都是儲備技術，保存起來當作可靠、容易養護的備用工具，以防更先進的設計失靈時使用。不過簡陋技術也帶來一種重要場合的感受，好比馬車葬禮或者浪漫的燭光晚宴。就這樣看來，有些老舊技術從來沒有真正淘汰：它們存續下來，卻用來發揮不同的基本功能。對生還者來講，這些做法在末日災後帶來了大大的指望。

展的碳氫化合物鏈：碳原子串接成很長的分子鏈，兩旁附著氫原子，像粗短毛蟲的腿肢般妝點兩脅。能量儲存在不同原子的化學鍵中，因此長形碳氫化合物就相當於靜候釋放的密集能量蓄水池。燃燒時，大型化合物被扯開，所有原子都和氧結合：氫與氧結合形成H_2O，也就是水，碳鏈斷成碎片，化為二氧化碳向外散逸。脂質長鏈分子在氧化時快速解體，釋出能量洪流——蠟燭火燄的溫暖光輝。

油燈最基本的構造只是一個黏土碗附一道壺嘴或管嘴，或甚至只是一個大貝殼。接著是一條燈芯，由亞麻或單以燈芯草等植物纖維製成，燈芯從貯油池吸取液體燃料，燃料在火燄熱度下蒸發並引燃。煤油自從一八五〇年代以來就是玻璃燈的常用燃油（如今還用來推動噴射客機在雲上高飛），然而煤油是原油的分餾產物，很難在現代技術文明解體之後生產製造。不過任何油質液體都能滿足所需：油菜籽油或橄欖油，甚至是取自精煉奶油的酥油。

蠟燭完全不必用上容器，因為燃料始終堅硬，直到點火才在火燄旁融成小池蠟液——所以蠟燭也不過就是一支呈圓柱形，柱心上下分布一條燭芯的固體燃料。當燭火向下燃燒，露出更大一截燭芯，於是火燄燒得更大，也冒出更多煙，所以你不時就得剪短燭芯。後來是一項革新才省去了這些麻煩，不過在一八二五年之前，卻始終沒有人想到這點。新式燭芯是條細扁帶子，會自然捲起，於是額外部分就會被火燄燒掉。

現代蠟燭的製造原料是從原油取得蠟，蜂蠟的供量始終有限，不過你可以熬煉動物脂肪，製成功能完好的蠟燭。把肉切碎放進鹽水沸煮，把浮上液面的硬脂肪舀起來。豬油製成的蠟燭會發出臭味又會冒煙，牛脂和羊脂都還過得去。把融解的牛、羊脂肪倒進模子，或甚至就拿一束燭芯垂進高熱獸脂裡面，沾上塗層，讓燭芯在空氣中冷卻、固定。接著反覆浸泡，累積一層又一層獸脂，直到你做出厚實的蠟燭。

石灰

末日後復甦社會第一種必須自行開採、加工的礦物是碳酸鈣，因為這種多用途物質，是任何文明不可或缺的元素。這種簡單的化合物和衍生產物，可以重振農業、保持衛生和淨化飲水，也是冶煉金屬和製造玻璃的要件。它還是種重要的材料，為重振化學產業提供重要反應試劑。

珊瑚和海貝就如白堊，同樣都是非常純粹的碳酸鈣來源。事實上，白堊也是種生物岩石——英國多佛（Dover）的白色懸崖，基本上就是古代海床的百公尺厚緻密海貝層。不過分布最廣的碳酸鈣是石灰岩。所幸石灰岩相當柔軟，只需使用鎚子、鑿子和鶴嘴鋤，不必太麻煩就能從採石場岩面鑿下來。另一種做法是拿撿來的車輛傳動鋼軸，鍛造出一個尖嘴，把它當成鑿頭（jump drill），反覆投落或搥擊岩面，鑿出一列孔眼。取木塞搥進孔眼並保持濕潤，讓木塞膨脹，最後就會脹裂岩石。不過很快你就會想要重新發明炸藥，火藥可以取代這種令人腰痠背痛的苦工。

碳酸鈣本身也經常拿來當成「農用石灰」，用來肥沃農田土壤，盡量提高作物產量。酸性土壤很值得撒上碎白堊或石灰岩，讓pH值回復中性。酸性土壤會減少第三章所述植物重要營養素的可用數量，特別是磷，它會讓你的作物開始挨餓。在農田撒石灰能強化你撒上的任何腐植土或化學肥料的效能。

不過石灰岩經歷受熱的化學產物，特別能滿足文明的需求。把碳酸鈣擺進窯爐——能加熱至起碼攝氏九百度——以充分高溫焙燒，礦物質就會分解，釋出二氧化碳氣體，並生成氧化鈣。這種物質俗稱燒石灰或生石灰。生石灰具有極高腐蝕性，用於亂葬崗——末日災後大有可能派上用場——預防疾病散播並控制惡臭。還有一種廣泛用途，是拿這種燒石灰小心地和水反應生成熟石灰。生石灰的英文quicklime出自古英文單詞*cwic*，意思是活生生的或存活的，這是由於燒石灰能和水產生劇烈反應，釋出沸騰高熱，看來就像活的。就化學角度而言，氧化鈣把水分子拆成兩半，並生成氫氧化鈣，也稱為水合石灰或熟石灰。

水合石灰具強鹼性和高度腐蝕性，用途很廣。若想為房子敷上白色塗層，好在酷熱天候下保持涼爽，你可以拿熟石灰混入白堊製成一種粉刷料。熟石灰還能用來處理廢水，協助聚集細小懸浮顆粒並沉澱，留下乾淨清水。它還是種重要的營建用料，這點我們在下一章就會談到。講句公道話，沒有熟石灰，我們根本建造不出眼前所見的城鎮。不過首先，你該怎樣把岩石變換成生石灰？

現代石灰廠使用旋轉鋼桶和燃油高溫噴喉（oil-fired heating jets）來焙燒生石灰，不過在末日災後世界，你受限於比較簡陋的方法。倘若你全心自力更生，那麼也可以挖坑擺進大量柴火，點火燒石灰岩，把產出的小批石灰碾碎、熟化，再製成砂漿，這就可以用來建造更有效的磚砌烤窯，並以更高效能產製石灰。

燒製石灰的最佳低科技選項是混合給料豎窯（mixed-feed shaft kiln），基本上就是支高大的煙囪，裡面交替填滿層疊燃料和有待鍛燒的石灰岩。這類建物一般都建造在陡峭山邊，一方面支撐結構，另一方面也可以絕緣。石灰岩在整支豎窯裝料妥當之後，首先導入熱氣預熱並乾燥，接著就在窯底燃燒區鍛燒後冷卻。碎裂生石灰可以從開口耙出來。燃料燒成灰燼，生石灰從窯底溢出之後，你就可以從頂部堆進更多層燃料和石灰岩，讓豎窯不停運作。

你還需要一池淺水來熟化生石灰，這時就可以使用撿來的浴缸。訣竅就在於不斷添加生石灰和水，讓混合物溫度保持在將近沸點，利用釋出的熱度來確保化學反應迅速進行。這樣生成的細小顆粒會把浴缸水轉為乳白色，接著就逐漸沉澱到缸底，逐漸吸收更多水分並聚集。這時倘若你把石灰水排乾，留下的就是一團黏稠的熟石灰泥。我們到第十一章就會談到，如何使用這種石灰水來製造火藥，不過這裡先讓我們看看熟石灰的一種特別實用的用途：製造化學武器來對付微生物。

肥皂

使用肥皂可預防疾病，而且可以用你身邊的基本物質輕鬆製成。在發展中世界的健康教育研究發現，只要經常洗手，將近半數腸胃和呼吸道傳染病都是可以避免的。

油和脂肪是所有肥皂的基本原料。所以有點諷刺，倘若你料理早餐時，不小心把培根脂肪濺到你的襯衫上，你用來洗掉油脂的東西，本身有可能也正是取自豬油。肥皂之所以能去除你衣物上的油脂污斑，洗掉你皮膚上沾滿細菌的油污，道理就在於它很容易就能與脂質化合物以及與水混合，而這兩種物質本身是不能相混的。要表現這種交際花行為，就必須仰賴一種特殊分子：碳氫化合物中能與脂肪和油脂混合的長鏈烷基，還有很容易溶於水的親水離子性基。油脂或脂肪分子本身，都是由三個「脂肪酸」碳氫化合物鏈共同組成，三鏈都黏附於一個鏈接段。製造肥皂的關鍵步驟稱為皂化反應，也就是打斷束縛三個脂肪酸的化學鍵。有一整類鹼性化合物都能引起皂化反應，「水解」連接鍵。鹼是與酸相對的物質，雙方相遇就會彼此中和，生成水和鹽類。舉例來說，食鹽氯化鈉就是鹼性的氫氧化鈉和鹽酸中和生成。

所以製造肥皂時，你必須用一種鹼來水解豬油，從而製造出一種脂肪酸鹽。油和水確實不相混合，脂肪酸鹽卻能把它的長條碳氫化合物尾端嵌入油中，並讓首端伸出溶於水中。當表面覆蓋一層這種長條分子，小滴油質就能安穩棲身在排斥它的水中，於是油脂就會脫離皮膚或織品並被水沖走。我的浴室裡面有一瓶「活力、清新、保濕、深度清潔的飛濺海浪」男性沐浴乳，標籤列出將近三十種成分。不過除了種種發泡劑、安定劑、防腐劑、凝膠劑和增稠劑、香料和顯色劑之外，其有效成分依然是一種以椰子油、橄欖油、棕櫚油或蓖麻油為基本原料的溫和界面活性劑。

所以最迫切的問題便是，在沒有試劑供應商的末日後世界，該到哪裡去找到鹼。好消息是，生還者可以回頭訴諸古代化學萃取技術，而且看來最有可能的源頭就是：灰。

柴火的乾燥餘燼，大半是不可燃的化合物，因此灰才呈白色。重新開始化學產業的第一步，簡單得誘人：把這種灰燼拋進一鍋水中。未燃燒的木炭黑灰會浮在水面上，木材許多礦物質成分都不溶於水，會沉澱在鍋底，形成沉積。不過你真正想萃取的是溶在水中的礦物質。

過濾木炭漂灰，把水溶液倒進另一個容器，小心別把未溶解的沉澱物也倒了進去。把新容器的水煮乾，倘若你住在炎熱氣候帶，就把溶液倒進寬廣淺盤，讓它在日曬高熱下乾燥。留下的就是一層白色結晶質殘渣，看來幾乎就像鹽或糖，俗稱「鉀鹼」（鉀鹼的最主要金屬元素成分是鉀，而鉀這個現代化學名稱，其實也正是得自這個俗稱）。關鍵要點在於，你用來萃取鉀鹼的柴火餘燼必須是自然熄滅，不能是灑水澆熄或淋雨熄滅的，否則我們感興趣的可溶礦物質，早都被水沖走了。

殘留的白色晶體其實混合了好幾種化合物，不過得自木灰的化合物，主要是碳酸鉀。倘若你燒化的是一堆海藻，接著進行相同萃取程序，那麼你就會採得俗稱蘇打灰或鹼灰（soda ash）的碳酸鈉。許多世紀以來，採集、燃燒海藻在蘇格蘭和愛爾蘭西部海岸沿線都是很重要的地方產業。海藻也能產出碘，這種深紫色元素是非常有效的傷口消毒劑，也是攝影化學的要角，這點我們稍後就會討論。

遵循前述程序，燒化木柴或海藻，每一公斤都能採集到約一克的碳酸鉀或碳酸鈉——約只占百分之零點一。不過鉀鹼和蘇打灰都是十分有用的化合物，很值得花工夫萃取並予以純化，而且請記得——你首先還可以利用焚燒的熱度來做其他用途。木材之所以封裝這些化合物，道理在於樹根網絡在過去幾十年來，不斷從土壤吸收水分和溶解礦物質，最後這些成分才可以透過火濃縮在一起。

鉀鹼和蘇打灰都是鹼性物質；而鹼的英文單詞 alkalis 也正是衍生自阿拉伯文的灰燼（發音 alqalīy）。現在只要把萃取產物混入沸油或沸騰脂肪桶中，你就可以把油脂皂化，製造出肥皂。只需用上豬油和木灰等鹼性物質和一點知識，你就可以在末日後世界保持乾淨並防止流行傳染病。

若想進一步強化水解反應，你也可以使用效果更強烈的鹼液。於是我們這就回到熟石灰和氫氧化鈣。別使用熟石灰進行皂化反應，因為含鈣肥皂不溶於水，也不會起美麗的泡沫，只會在水上形成皂垢。至於氫氧化鈣就能與鉀鹼或蘇打起反應，於是這種氫氧化物便交換夥伴，生成氫氧化鉀或氫氧化鈉：苛性鉀（腐蝕性鉀鹼）或苛性鈉（腐蝕性蘇打灰），兩種物質都稱為鹼液（lye）。苛性鈉具強鹼性（它能輕鬆水解你皮膚上的油脂，把你的皮膚化為人體肥皂，所以處理時必須極端謹慎），因此是促成皂化，製造硬肥皂塊的理想原料。[4]

還有一種非常容易製造的鹼性物質是氨。人體和所有哺乳動物的身體，同樣都會把額外的氮溶於水中排出體外，這種水溶性化合物稱為尿素，排出的液體稱為尿液。某些細菌滋長時會把尿素轉化為氨——它發出的特有惡臭，各位在沒打掃乾淨的公共廁所都經常聞到——所以重要的鹼性氨，也能以十分低科技的手法來製造：讓尿液發酵。這是歷史上以靛青染料（牛仔布的傳統藍色）生產藍染布料的重要工法，往後我們還會回頭討論氨的種種用途。

脂肪分子的皂化作用，還能為你帶來另一種副產品。脂質有種化學成分稱為甘油，具有鏈接作用，能緊緊抓住三個脂肪酸尾端，豬油變成肥皂之後，甘油便存留下來。甘油本身有絕佳用途，可以從發泡肥皂溶液輕鬆取得。肥皂的脂肪酸鹽本身溶於淡水，若放進鹽水，溶解性就比較差，所以加入鹽分會讓它們沉澱形成固態顆粒，在液體中留下甘油。甘油是製造塑膠和炸藥的重要原料（我們到第十一章就會談到）。

把動物脂肪變成肥皂的水解反應也能用來製造膠水。取動物的皮膚、肌腱、角和蹄來沸煮可取得膠水，凡是含堅韌膠質結締組織的部位都行，膠原成分會崩解為明膠。明膠溶於水，可以形成一種濕滑、黏稠糊狀物，接著讓它乾燥變硬。若是處於鹼性條件，這種必要的膠原水解分解作用，還會大幅加速——這又是鹼液的另一種用途——在酸性條件下也同樣如此（稍後我們就會談到這點）。

木材熱解

木材不只能生成碳燃料或從木灰產生鹼。事實上，木材一度是有機化合物的主要來源——為五花八門的反應過程中提供化學原料和前驅物質——最後是直到十九世紀晚期，才由煤焦油和後續開發出的石化原料取而代之。所以你在末日後世界，很可能在附近找不到煤，也沒有綿延供應的油料，這時就可以使用老技術，輔助化學產業。

製造木炭的重點完全在於排除木材的揮發性成分，留下能燒出高熱的純碳燃料，不過排除的這些廢氣其實也非常有用。只要把木炭製程稍作改良，逸出的蒸汽也能予以採集。到了十七世紀後半期，化學

4 **警告**：千萬別用鋁鍋或鋁製器具來製作肥皂。鋁會與強鹼起強烈反應，釋出爆炸性氫氣。

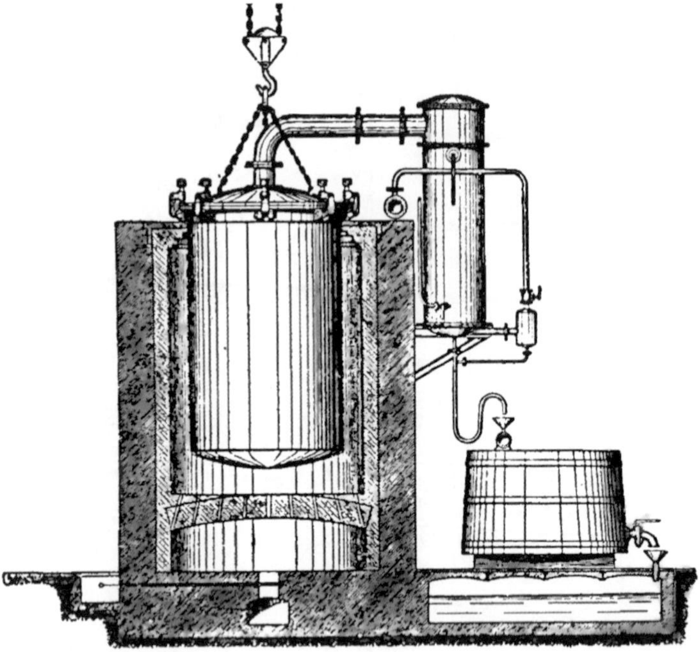

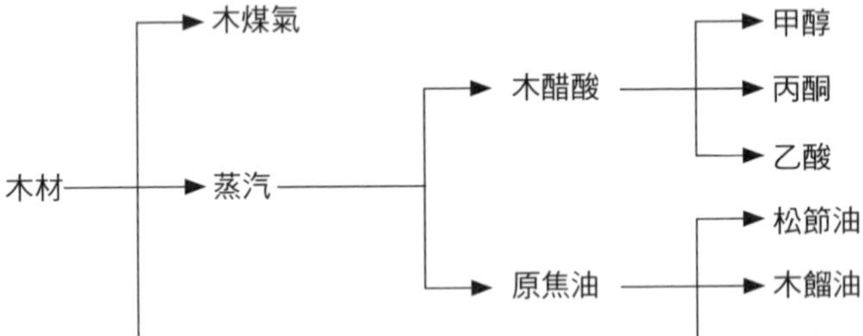

一種簡單的木材熱解裝置，能蒐集釋出的蒸汽（頂部），以及採用這種做法能夠取得的多種不同重要物質（底部）。

家已經注意到，在密閉容器內燃燒木材會釋出可燃氣體，還有好幾種能重新冷凝化為水樣液體的蒸汽。這類產物後來便稱為木醋液（pyroligneous，這是個希臘—拉丁混體字，代表火和木），指稱含有眾多化合物的複雜混合物質。就理想狀況，復甦社會當能直接蛙跳，把木柴擺進密閉金屬隔間來烘烤，旁邊接上一條管子，把釋出的煙氣抽出，順著盤旋管道穿過裝冷水的桶子，好讓蒸汽冷卻、凝結。釋出的氣體並不凝結，可以導到金屬隔間下的燃爐間做燃料。到第九章我們就會看到，這種木醋氣體甚至還能用來發動車輛。

冷凝液很容易提取，有一種焦油狀黏稠殘料也會被分離出來，兩種都是複雜的混合物，能以前面所描述的蒸餾作用分離出來。液體部分原本稱為木醋酸（pyroligneous acid），其主要成分為乙酸、丙酮和甲醇。

乙酸可以用來醃漬食物。前面便曾指出，醋基本上就是乙酸的稀釋溶液。乙酸會與鹼金屬成分起反應，生成多種有用的鹽。舉例來說，乙酸能與蘇打灰或苛性鈉起反應，生成醋酸鈉，這可以當成媒染劑來為衣物染料定色。醋酸銅是種真菌殺傷劑，也是自古沿用迄今的藍綠塗料色素。

丙酮是種優異溶劑，是塗料的基礎成分——指甲油的特有氣味就出自丙酮——也能用來去油污。丙酮在塑膠製造工業具有重要功能，並且在線狀無煙火藥（第一次世界大戰時期的槍砲用火藥推進劑）的製造過程派上用場。事實上，戰時英國還一度害怕國家因為丙酮嚴重短缺而打輸戰爭。由於線狀無煙火藥需求量太大，超過木材乾餾產能，就算從美國等林木資源豐富的國家進口溶劑仍無濟於事。後來是靠著一項發明，才得以維繫產量，也就是使用一種細菌，讓它在發酵期間泌出丙酮，當時還動員學童採集大量歐洲七葉樹果實，用來當成細菌食料。

甲醇原名木精，採木材乾餾法能大量生產（從木醋液中萃取）。每公噸木材的產量約為十公升。甲醇是最簡單的酒精分子，只含一個碳原子；而乙醇（飲用酒精）則是以兩個碳原子為骨架建構而成。甲醇可以當成燃料和溶劑，它具有防凍劑的功能，也是合成生質柴油的重要原料，這點我們到第九章就會討論。

木材受火炙烤時滲出的原焦油，經蒸餾可以分離出稀薄的液態松節油（浮於水）、濃稠的木餾油（沉於水）和深色的黏稠瀝青。松節油是種重要溶劑，史上經常用作色素，我們在第十章還會回頭討論。木餾油是種極佳防腐劑，用來塗刷或滲入木材，能保護不受風雨侵蝕，防止腐壞。木餾油還是種抗菌劑，能抑制微生物滋長，保存肉品：燻肉和燻魚的特有風味就是得自木餾油。瀝青是所有蒸餾產物當中最黏滑的一種，這種黏稠混合物含多種長鏈分子，點火可燃，是用來浸泡木棒製成火炬的理想材料。這種焦油狀物質還能防水，是製造水桶和鼓型木桶的好用水密填料，船身板條以瀝青填縫已有數千年歷史。

任何樹種的木材拿來乾餾，都能產出不等數量的這類化學物質，不過含樹脂的硬木，好比松、雲杉和冷杉等針葉木，能產出較多瀝青。樺樹皮是瀝青的絕佳來源，而且自石器時代以來，都用來把羽毛黏上箭桿。當然了，若是只想得出一些瀝青，你可以把含樹脂木材放進窯中烘烤，等它湧出便可採集，或甚至就把木材擺進馬口鐵盒子，並扔進火堆即可。

蒸餾是種相當普遍的技術，利用不同液體的高低沸點，把混雜流體分離，因此復甦社會最好盡早掌握這門技術。蒸餾把木材熱分解後的不同產物區隔開來，並從一團發酵泥糊萃取出濃縮酒精，這點我們已經談過了，蒸餾還能分離原油，萃取物從濃稠的黏性石油瀝青到汽油等輕質揮發性成分都有。一旦化學產業發展到相當水平，就連空氣也可以蒸餾。空氣可以反覆熱脹冷卻，降溫到約零下兩百度，並盛裝在真空絕緣容器裡，那種容器就像巨大的健行用隨身保溫水瓶。隨後液態空氣便可以逐步加溫，讓不同氣體各自沸騰蒸發，收集起來分作不同用途，好比純氧可以用來為醫院呼吸面罩供氧。

酸

目前為止，我們主要都著眼於鹼，因為種種不同強鹼都很容易製造。酸是鹼的化學對應類型，同樣普見於自然界，不過強效酸類並不像鹼液那麼容易遇上，人類到了晚近時代，才開始大量運用酸。我們已經看到，種種植物產品如何發酵生成酒精，而乙醇又如何能在空氣下氧化，生成醋。乙酸是人類最早能夠取得的酸，綜觀歷史大半時期，那也是我們的唯一選擇。文明向來總有好幾種鹼可供選用，含鉀鹼、蘇打灰、熟石灰和氨，然而數千年來，我們的化學實力，卻都局限於運用得廣泛，卻形隻影單的唯一弱酸。

人類開始運用的下一種酸是硫酸。這起初是取一種稱為礬（vitriol，即硫酸鹽）的玻璃狀稀有礦物，先經焙燒取得，隨後出現量產的做法，則是把黃色純硫和硝石擺進充滿蒸汽且內部襯鉛的箱子裡焙燒。如今我們的硫酸，則是精煉自原油和天然氣，在去除硫污染物時取得。所以在末日後世界，你有可能左右失據，沒辦法使用傳統做法來製造強酸，因為元素形式的硫，早都被人從表層火山沉積挖光了，同時又因為缺特定催化劑，無法使用更先進的技術。

訣竅便在於採行一種未曾實踐的化學路徑。取一般硫化礦石（這當中有一種黃鐵礦，素有「愚人金」諢名，硫化礦石還是一般鉛、錫礦石的構成要素）加熱就能烘烤出二氧化硫氣體，接著就讓它和（電解鹽水便能取得的）氯氣反應，過程並使用活性炭（一種滿布細孔的木炭）做為催化劑。這樣就能生成一種液態產物，稱為硫醯氯，接著蒸餾並予濃縮。這種化合物在水中分解，形成硫酸和氯化氫氣，而這種氣體可蒐集，再溶於更多水中，製成鹽酸。所幸還有種簡單的化學檢定法，能測出岩石是不是硫化礦物（硫化金屬化合物）：滴少許稀釋酸在岩石上，若嘶嘶出聲並發出腐蛋惡臭，那麼你就找到目標了。（不過硫化氫是種有毒氣體，別嗅聞過頭！）

如今我們製造的硫酸，數量超過其他任何化合物——這是現代化學產業的關鍵樞紐，也會是文明加速重開機不可或缺的要素。硫酸重要至極，因為它能妥善發揮好幾種化學作用。硫酸不只帶有強烈酸性，還是作用強大的脫水劑和氧化劑。今天合成的酸，多半用來生產人工肥料：它能溶解磷酸鹽岩（或骨頭），釋出重要的植物營養素——磷。不過酸的用途稱得上是無窮無盡：用來製備鞣酸鐵墨水、漂白棉花和亞麻紗、製造洗潔劑、清潔並製備鋼鐵表面供進一步加工、生成潤滑劑和合成纖維，也用作電池酸液。

一旦你重新取得硫酸，就可以拿它來製造其他的酸。硫酸和食鹽（氯化鈉）反應可以生成鹽酸，若與硝石反應則能生成硝酸。硝酸十分有用，因為它還是非常有效的氧化劑：它能氧化硫酸無力氧化的東西。因此硝酸珍貴無比，是製造炸藥和製備攝影用銀化合物的要素——這兩項重要工業製程，稍後我們都會回頭論述。

第六章　原物料：家裡就是工廠

「從前在這片大陸上還有比我們現在還更先進的文明——這點不容否認。你看留下的碎瓦礫和殘破金屬就知道了。你沿著一條褐色砂土向下挖，就可以找到曾經的破損道路。不過你們歷史學家跟我們說的，當年他們所使用的種種特殊機器，證據又在哪裡？自動車和飛行器的殘骸在哪裡？」

——小沃爾特・米勒（Walter M. Miller, Jr），《萊柏維茲的讚歌》（*A Canticle for Leibowitz*）

從上一章就能明顯看出，木頭的廣大用途，再怎麼說都不會講得過分。木頭的化學潛力暫且不提，木材是最古老建材之一，可以用作橫樑和營造用板材和桿材。不同樹木各具特色，可以派上不同用場，歷來累積至今的相關知識為數龐大，剛要起步的文明有必要重新發現。舉例來說，榆木有堅韌的交織纖維，很不容易裂開，是製造車輪的理想材料。山核桃木特別堅硬，適合用來製造風車、水車動力機具的傳動齒輪。松木和冷杉木長得特別筆直、高大，是船桅的理想用材。

除了適合作成機械零件，木材還能在中央暖氣系統停擺之後，用來生火禦寒，而且你用木柴烹煮食物，就能滅除微生物污染，並協助釋出營養素。上一章談到，在不通風情況下焙燒木炭，從最後生成的蒸汽，可以分離出好幾種成分，都是重新啟動化學產業所需的原料。我們也見到了，木炭還是濾清飲水的理想材料，一旦自來水乾涸，超市貨架上也找不到瓶裝水時，就可以派上用場。木材還是燒窯的高溫燃料，可以用來燒製陶器、磚頭，熔製玻璃和冶煉鋼鐵。

末日災後，你馬上就能直接占用建築，盡你所能投入修繕。不過災後頭幾十年間，無人居住、照料的建築，免不了都要破敗倒塌，隨著人口增長，新居需求也增加，你大概就會發現，重新造屋，會比試行修復古老文明的腐朽外殼還更容易。要想蓋房子，你就得先學會一些基本能力。磚頭、玻璃、混凝土和鋼鐵，都是貨真價實的建材。不過這些東西全都出身寒薄：髒污泥巴、柔軟石灰岩和礦石，從地下挖出來，用火讓它們變質，才化為歷史上最有用的物料。這種加工過程，我們從黏土看得最為真切，黏土趁軟捏塑成形，隨後進窯加熱，燒成堅硬陶瓷——我們依循想要的用途，刻意改變物質的特性。

黏土

我們很容易忽略黏土在現代生活中所扮演的角色——談到這種東西，你大概只會聯想到學校的藝術課。不過說真的，建立文明的先決條件，陶器是樞紐。黏土所製成的有蓋容器，讓我們得以儲存食物，保護它不受害蟲與寄生蟲侵染，還能用來烹調、保存和發酵，便利攜帶，讓我們得以帶著糧食旅行、貿易。黏土還可以製成塊狀，燒製成磚，成為極佳建材，可以起造城鎮、磨坊和工廠。

黏土層分布在全球各地，直接位於表土底下。黏土由非常細緻的鋁矽酸鹽顆粒組成——這種礦物質含片狀鋁和片狀矽，各與氧氣鍵結——從岩石風化脫落，通常再循河川或冰河輸運好一段距離才沉積下來。因此多種黏土，都可以挖坑直接從地面取得，並徒手塑造成形。最基本的容器可以取一團濕黏土捏塑成形，用拇指向中間壓進去，把它捏成平滑圓碗。若想進一步控制製造過程，你就必須重新開發出陶輪。最早期款式只是個自由旋轉的圓盤，製陶工匠可以把作品擺在圓盤上加工處理。「現代」陶輪起碼有五百年歷史了，有可能還更古老，這種裝置使用旋轉飛輪來儲存動能，好比厚重圓石，如此一來製陶工匠工作時可以讓飛輪順暢轉動，並雕塑作品形狀。製陶時要不時推、踢飛輪好保持轉速，倘若你能撿到電動馬達，也可以派上用場。

乾燥黏土相當耐用，不過最好是能燒製成陶瓷。加熱到攝氏三百到八百度，水分就會被永遠驅出黏土結構，礦物質便片片緊貼在一起，不過依然保有細孔。再繼續加溫到超過攝氏九百度，黏土粒子本身也開始熔融在一起，黏土所含少量雜質也隨之熔化。這些熔化的化合物滲入整件作品，冷卻時便固化形成玻璃狀基質，把黏土晶體牢牢熔接在一起，並填滿所有氣孔，形成一種堅硬的防水物質。若刻意先把作品泡進這種鋁矽酸鹽物質，隨後才以高溫焙燒來密封表面間隙，這種技藝便稱為上釉。你還可以拿一些鹽，直接撒進窯內：當毀滅性高熱解離了鹽，鈉蒸汽與黏土所含矽相混，形成玻璃狀外層（不過這個過程會釋出有毒的氯氣）。這是史上常用來為黏土管塗敷防水層的簡易做法，成品可用來鋪設管路或下水道系統。

黏土經焙燒後，不只變得相當堅硬又能防水，還是種極端抗熱的「耐火」材料。鋁矽酸鹽的熔點極高，更由於所含成分早都與氧鍵結，因此受熱時並不燃燒。這種耐火磚是鋪砌窯爐內裡的理想建材。為了圍阻火燄，也為了善用用火技術，你需要能夠把高熱隔絕在窯內，同時又能夠耐受高溫本身的材料。這是復甦文明自力更生，振衰起蔽的好例子：在大火中焙燒黏土，製成耐火材料，讓生還者得以建造更多窯爐，燒製更多磚頭。文明本身的故事，就是一段使用高明手段，來圍阻、駕馭火，從而燃燒溫度越來越高的史詩。自原始篝火之後，從陶窯到青銅時代冶煉爐、鐵器時代熔爐和工業革命時期的鼓風爐——這一切進展都歸功於耐火磚。

經焙燒的黏土也是很普遍的結構材料。若是住在乾旱氣候帶，你可以將就使用曬乾的泥巴（泥磚）來搭蓋簡陋牆壁，不過萬一遇上大雨，建物就可能被水沖垮。還有一種磚的耐受能力就遠勝泥磚，製作時需要大量用上一把把黏土，把它擺進模具壓成方塊狀，接著就進窯燒，驅動化學變化，製成堅硬、耐用的陶瓷。不過要重建文明，你需要的不只幾把黏土。鋪砌結實的牆壁時，必須把一行行磚頭膠結在一起——這樣一來我們就必須回頭談起石灰。

石灰砂漿

我們在上一章見到，一旦現有社會殘留的日常用品耗盡，必須重新採礦，這時首先需要的材料，很可能就是石灰岩。我們還看到，石灰岩如何在文明所需多種物質的合成作業上，扮演核心要角。現在我們就檢視一下，同樣這種奇妙物料，如何為災後重建工作奠定根基。石灰岩塊是種有用的建築材料——它的變質產物大理石也同樣如此，大理石是石灰岩在地底深處高壓高熱狀況下變化而成——不過這種岩石之所以有用，卻是由於它能轉變成其他寶貴的建材。

熟石灰能從一種可以延展的泥糊，變換成堅硬如石的物料。拿一些沙子、石頭和熟石灰相混便形成砂漿，接著這就可以用來把磚頭牢牢膠結，砌成屹立數千年的結實承重牆。減少混入沙量，說不定再拌進若干馬毛等纖維質材料，你就能調出一種灰泥，可以塗抹在牆上並形成光滑表面。

石灰砂漿已經使用了好幾千年，後來卻是羅馬人首先量產一種新物質，才改變了營造業。羅馬人注意到，在熟石灰中混入火山灰，或甚至於磨碎的磚頭或陶器粉末，所製成的水泥（cementum），固化速度遠高於石灰砂漿，而且強度也勝過數倍。有了水泥這種強效礦物膠，你就不只可以把整齊排列的磚頭黏起來。你還能把雜亂石堆或瓦礫堆固定在一起，也就是說你能製造混凝土。這項營造技術的發明，讓羅馬人能建造出競技場等令人張口結舌的經典建物，還有羅馬萬神殿的壯闊穹頂，迄今依然是世界上最大的單件式混凝土圓頂。

不過水泥還有另一種幾乎稱得上神奇的特性，就是這點真正幫助羅馬帝國建立他們非凡的貿易和航海勢力：用火山灰或碾碎陶器製成的混凝土，就算完全被水淹沒也能固化。水泥不同於石灰砂漿，屬於水硬式材料，並依循不同的化學路線來固化。火山灰含鋁和矽石（二氧化矽）——前面討論過這也是黏土所含成分——能和熟石灰起反應，而它們水合時便生成一種極強硬的材料。水硬式材料促成一項重要的技術進展。火山灰水泥使羅馬海洋工程建設有了革命性的進展，因為這時羅馬人不再只能把大石塊拋進水中，現在他們能直接把混凝土倒進海中搭建獨立結構物，蓋成碼頭、防波堤、海堤和燈塔地基。有了這項技術，羅馬人便能因應軍事、經濟需求，在任何地方建設港口，甚至在北非海岸等非常欠缺天然港的區域，都難不倒他們。所以羅馬船艦才能宰制地中海。

羅馬帝國衰亡之後，這項有關強效水泥、多功能混凝土和防水灰泥的重要知識，也幾乎完全湮沒在歷史當中。沒有任何中世紀文獻提到水泥，於是宏偉的歌德式教堂，便全都只使用石灰砂漿來搭蓋。然而，這項知識似乎在某些地方保存了下來，因為縱貫中世紀全期，出現了好幾處使用水硬式水泥建造的要塞和港口。

不過水泥的現代製造方法，卻是直到一七九四年才問世。「普通波特蘭水泥」並不像羅馬的火山灰類型利用火山熱度來燒製，而是把石灰岩和黏土混合料擺進特製燒窯，加溫焙燒至約攝氏一千四百五十度。這樣生成的堅硬爐渣還得添入少量石膏並磨成粉末，石膏是種柔軟的灰白色礦物，也用來製造俗稱「巴黎石膏」（plaster of Paris）的熟石膏，還能用來為傷患打石膏固定骨折處。爐渣添入石膏，硬化得比較緩慢，這樣你就比較有時間來處理濕水泥。

我知道混凝土是種灰暗呆滯得恐怖的建材，也知道歷來都有一些看了就討厭的混凝土建物。不過且讓我們後退一步，稍加思索，想想這種東西其實是多麼出色。混凝土基本上就是種人造石頭。而且配方簡單得令人不敢相信：把一桶波特蘭水泥和兩桶砂石攪拌在一起，加入足量水，調出濃稠泥糊。接著以木板做出任意造型，把這種液體石頭倒進木模，等它固化，就形成一種出奇堅硬、耐久的材料。我們不難看出，為什麼混凝土能促使二戰後飽受戰火蹂躪的歐洲都市快速重生，而且迄今依然是主要的建設原料——它是現代的表徵，不過基本製程在兩千多年前就已經發明了。

不過混凝土有個問題，儘管做成地基或柱子，能耐受極高重壓，面對張力時，它卻非常脆弱。遇上拉伸力時，混凝土就會破裂，後果極端嚴重，因此不能用它來搭蓋橫樑、橋樑和多層建物的樓板等大型結構元件。解決做法是在混凝土中嵌入鋼筋。這兩種材料能完美互補：混凝土的抗壓強度和鋼的抗張強度兩相結合。鋼筋混凝土是在一八五三年由一位泥水匠偶然發現，當時他是拿拉直的木桶金屬箍，插入等候固化的混凝土樓板。最後一項革新，真正釋出了混凝土的潛力。

混凝土是種用途出奇廣泛的建材，不過具耐火特性的瓷磚，才是你用來約束物質轉換之高溫所需的材料，而且這也成就了冶金學。

金屬

金屬具有完全不見於其他材料的種種特性。有些十分堅硬、強韌，適合用來製造工具、武器或結構零件，好比釘子或完整大樑。不過金屬也具有可塑性，不像陶瓷那麼脆——金屬受壓時會變形，不會碎裂，還可以拉成細絲，能用來固定、製造圍籬或傳導電力。多種金屬還能耐受非常高的溫度，是打造高性能機器的理想材料。

你在「大墜落」過後，必須盡快重新養成的能力，不只是掌握用鐵，還得加上鐵碳合金：鋼。鋼含有鐵和碳兩種原子，而且遠遠超過各部分的加總。把碳原子納入，大幅改變了金屬的特性，而且你可以因應不同用途，改變碳原子比例，從而控制鋼的強度和硬度。

我們到後面才會檢視，該如何從無到有，開始製造鐵和鋼，因為緊接災後，你肯定很容易就能撿到鋼鐵材料。只要重新學會鐵匠的傳統技能，這些撿來的物品就可以活化再利用：在平爐（編按：有蓄熱室的煉鋼爐）或鍛造爐上的砧板上，一邊作品用鎚子和鐵砧改造外形，一邊讓它保持灼熱。綜觀整段文明史，人類之所以有辦法利用堅硬的鐵，理由便在於鐵受熱會暫時改變物理特性，質地軟化並具展延性，得以搥打塑造成形，輾軋成薄片或者抽成管、線。這很重要，因為這表示你可以使用鐵製工具來處理鐵材，製造出更多工具。

用鐵製造工具，最重要的知識就是有關於如何讓鐵硬化的原理——淬火和回火。要讓鐵硬化，可以把它加熱至火紅，好讓內部鐵碳晶體，轉化為硬組態的同素異形體（編按：同一元素因為分子式排列方式不同而有不同的物理形態，但化學性質相似）（它沒有磁性——這可以在加熱時檢測）。不過隨後若是讓它緩慢冷卻，這種晶體就會恢復原來形式，所以必須急速冷卻，才能得到你想要的。採淬火加工，再把高熱鐵件泡進水中或油中。然而堅硬的物質也會很脆——容易碎裂的鋼鎚、劍或彈簧都毫無用處——所以製品淬火之後還必須回火。這種做法是再加熱，維持較低溫度一段時間，讓某個比例的分子結構鬆弛開來——刻意犧牲材料的部分強度，換回一些柔軟度。你可以經由回火來調節鐵的材料特性，而這就是因應功能來需求改造金屬的基本要點。

還有一項重要技術到比較晚近才發展成形，那就是銲接，用已融金屬來膠合金屬。乙炔能產生的熱度，凌駕所有可燃氣體，在氧氣流中的燃燒溫度超過攝氏三千二百度。要產生銲接氣炬，可以經由一支點燃的噴嘴，分別控制加壓氧和乙炔氣流。純氧可以藉由電解水取得（第十一章），或者往後將液化氣體分餾後來取得（第五章）。乙炔可以取水與碳化鈣塊相互反應後釋出，而碳化鈣本身，則是取生石灰和木炭（或焦炭）一起擺進火爐加熱生成，這兩種物質我們已經介紹過了。除了膠合金屬，氧乙炔火燄還能做為鋼鐵的切割氣炬，產生氧氣噴流來燒熱金屬，再切出整齊的線條。

電弧銲機所產生的溫度還更高，約可達到攝氏六千度——如舞動閃電的威力。串接一批電池或使用一臺發電機，就能產生充足電壓，持續觸發火花（或電弧），躍過目標金屬和碳電極的間隙，讓電極在金屬表面移動，就能銲熔或切割。這種臨時湊合的氧乙炔氣炬或電弧切割機，是拾荒小組奉派進入死寂城市時不可或缺的設備，可以用來拆解廢棄殘骸，拾回最有用的物資。使用電弧爐是熔化廢鋼料，回收再利用的有效做法。電熔爐基本上就是臺巨型電弧銲機，電從大型碳電極湧現，通過並熔化金屬，裡面還有石灰岩助銲劑，用來去除雜質，並在表面化為熔渣，熔鋼則如水壺倒水般傾倒出來。使用可再生電源來運作的電弧爐是一門必須掌握的重要技術，這樣才能紓解末日後世界對熱能燃料的需求。

不過取得金屬物資的能力，只做對一半，你還必須能夠熟練處理這類材料，依你所需樣式打造成形。假使你找不到還能操作的工具機，那麼你有多少機會，可以從頭製造出新機具？

一九八〇年代，一位機械師提出了一項優雅的例證，他打造出一個支具齊備的五金工作坊——包括車床、金屬成型機、直立鑽床和銑床等一應俱全——使用的材料不過就是黏土、沙、木炭和幾塊廢金屬。鋁是個不錯的選擇，因為鋁熔點低，方便鑄造，而且非常不容易腐蝕，因此就

簡陋的鑄造設施：把撿來的鋁擺進一個（左）小型火爐熔化，接著就可以倒進（右）沙範鑄造成形。

算在末日災變過後許久，依然可以找到。

這項出色計畫的核心是個小型鑄造設備。在撿來的金屬桶裡面鋪上一層黏土耐火內襯，使用木炭焙燒，並從桶側導入氣流來強化燃燒作用。用這臺火爐熔化撿來的鋁，已經綽綽有餘，接著就可以把熔融金屬倒入模範裡，鑄造出五花八門的機具零件。外範的製造原料可以採用細沙混入黏土（做為黏著劑）並添點水，接著讓它緊緊包覆內模，外框則是個兩件式木盒。

要打造的第一臺機器是車床。簡單的車床含一件平坦長樑，稱為床座，頭座固定於一端，另一端則是尾座，能鬆開鎖具並沿著床軌左右滑動。工件裝置於頭座上的心軸——或栓在面板上，或以可動爪夾頭鉗住——接著整個工件由一套滑輪或齒輪系統帶動，繞著這個中心軸旋轉，至於原動力就看你已經駕馭了哪些類型（水車、蒸汽機或馬達）。尾座可以用來支撐工件的另一端，並能因應不同長度沿著床座滑動，也可以裝上鑽頭等工具，於是你就可以旋轉工件並沿著

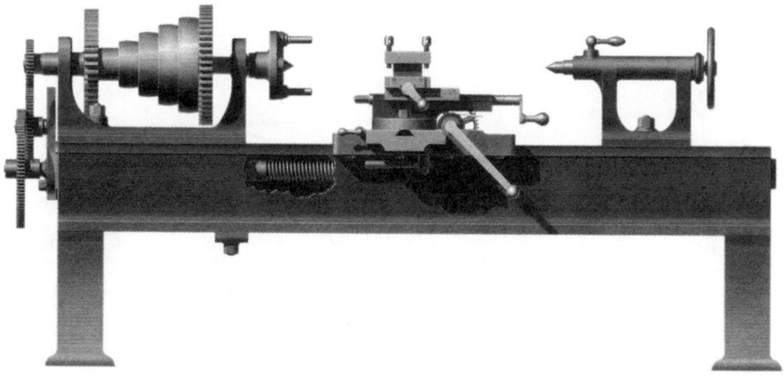

車床，含左側用來固定工件的頭座（主軸臺）和旋轉心軸，以及右側的尾座，還有中間承托切削工具的活動式刀座。

中心軸線鑽孔。車床還有個刀座，上面安裝切削工具，同樣能沿著床座滑動，由於採用橫滑臺，能精準調校工件位置，邊轉動邊切削，雕琢出合宜的剖面。最令人稱奇的是，這臺車床不只能夠複製出它本身的所有零組件，打造出更多車床，而且當你憑空徒手製造這第一臺車床，還在初步階段之時，已經可以利用它來打造出其餘必要零件，完成這項設備。

為了能在工件上切出精確螺紋，你必須沿著床座方向安裝一根長條導螺桿，就能順暢移動刀座，而且最好是與頭座、心軸的齒輪耦合，讓雙方動作完美協調。你在末日後世界真正得期盼能撿到已經做好的長條導螺桿，因為要切削出螺距固定的螺紋，可說難如登天。依我們的歷史經驗，第一道精密的金屬螺紋是歷經反覆改良，走過漫長進程，才終於打造成形，接著才以此製造出其他眾多成品，你肯定希望不必再次走過這趟路程。

一旦車床到手，你就可以運用它來製造組件，完成其他遠遠更為複雜的工具機，好比銑床。車床的用途是利用車刀來處理在夾頭上旋轉的工件，銑床則是用轉動車刀，切削固定在夾頭上的工件，具有十分廣泛的功能——有了銑床之後，你大致就能打造出其他零件。所以這項示範，也就相當於技術史的縮影：簡單的工具製造出比較複雜的工具，包括自己的進化版，並反覆這個循環，一步步向上推展。

不過萬一你找不到純化金屬供鍛造或鑄造，或者你能撿到的都已經用光了呢？你該怎樣從岩石煉出金屬？冶煉的原則是去除礦石中金屬化合物的氧、硫或其他元素。這必須消耗一種燃料來達到高溫，還要一種還原劑和一種助熔劑。木炭（或焦炭）是發揮頭兩樣功能的極佳用料，它能燒出猛烈火燄，在熔爐中燃燒時，還會釋出一氧化碳，這種強效還原劑能去除氧氣，留下純金屬。簡陋煉鐵爐的藍圖，看來就像燒製石灰的窯爐設計。爐內裝填了一層層木炭燃料和粉碎的鐵礦石。礦石混入一些石灰岩，做為助熔劑來降低耐火脈石（無利用價值的固體礦物）的熔點，讓它在爐內化為液體並吸收金屬雜質。助熔劑形成熔渣並流掉，於是你就可以從爐中提取純金屬珍寶。

倘若熔爐的運作溫度，達不到足以熔鐵的高溫，那麼你就必須取出海綿團狀固體金屬，擺在鐵砧上搥打，讓鐵融合在一起並打出殘留熔渣。這種純熟鐵還不夠堅硬，不能用來製造工具，必須再次用木炭猛烈加熱，吸出一些碳並形成鋼材，接著又一次擺上鐵砧處理。這樣反覆摺疊、打扁，基本上就是在攪拌固態材料，產生出均勻的鋼材，最後便可以拿來鍛造成最後形式。這是會令鐵匠腰痠背痛的苦工，而且鋼材產量也嚴重受限。發展出現代文明的關鍵，是養成有效大量製鋼的產能。底下就告訴你該怎麼做。

解決之道是強力鼓風讓空氣向上流過層疊爐料，增強燃燒。中國人在公元前五世紀就發明了鼓風爐（比歐洲早了一千五百多年），隨後並改良設計，使用水車驅動活塞風箱。為達到更高效能，加熱到更高溫度，可以使用從熔爐煙道逸出的高熱燃燒廢氣來預熱空氣，鼓風入爐。鼓風爐中剛熔煉完成的鐵材吸收了許多碳原子，於是熔點便降到攝氏一千二百度。金屬液化從爐底流出，沿著地面的溝渠，再注入一列鑄範。最終成品就是生鐵（pig iron，直譯為「豬鐵」）——起這個名字是由於，中世紀鑄造工匠認為，那一個個鑄範，看來就像一窩新生小豬依附著母豬吸奶。

這種含碳量高的鐵，熔點降低了，必要時可以重新熔化，像熱蠟一般倒入範中。因此鑄鐵工序變得

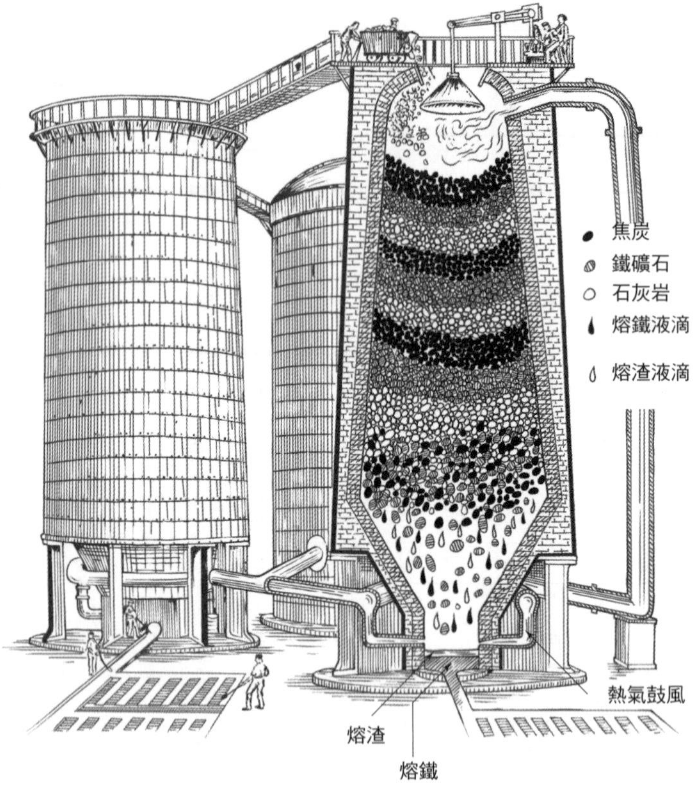

煉鐵鼓風爐。礦石、燃料和助熔劑從爐頂往下流，接著從爐底注入強烈高熱氣流，施壓向上流過層疊爐料。

非常便利，能快速鑄造出種種品項，如鍋子、管路或機械組件等，維多利亞時代的人，還製造出許多鑄鐵大樑。不過鑄鐵有一項嚴重缺陷：由於含碳量高，質地很脆，舉例來說，鑄鐵橋樑有個缺點，一旦結構元件受力彎折或拉伸，整座橋樑往往就會崩塌。

後來是一項革新發明，才真正使工業革命後期不斷發展下去，採這種做法，就能把鼓風爐所煉出的生鐵，輕鬆變換成鋼材。就碳含量而言，鋼的比例介於純熟鐵和酥脆的生鐵或鑄鐵（百分之三到四）之間，從含碳量約百分之零點二，用來打造機器齒輪或結構鋼材的堅韌鋼料，到含碳量約百分之一點二，用來打造滾珠軸承和車床切削工具的堅硬鋼料。所以你該怎樣將碳從含碳生鐵中脫除？

貝塞麥煉鋼轉爐（Bessemer converter）是個梨狀巨桶，內襯耐火磚，安裝在支軸上，因此桶子可以傾倒。先熔融生鐵，注入容器，隨後從桶底幾個開孔把空氣打進桶內，和冒出氣泡的水族箱幫浦增氧機相似。額外的碳原子和氧反應，化為二氧化碳逸出，其他雜質也經氧化，合成熔渣後清出。這裡有個很幸運的現象，碳原子燃燒時會釋出充分熱量，讓鐵裡外都保持熔融狀態。

這時會遇上難題，因為熔煉時必須把碳原子成分幾乎全部去除，卻仍得留下將近百分之一，實際操作時，很難準確判斷。掌握最後成分的訣竅，要靠事後反溯法，先進行轉化，直到你有十足把握，肯定所有碳原子都已經去除，接著就把你想放回純鐵裡面的最後碳原子依比例混入。這種貝塞麥煉鋼法是史上頭一種廉價的大量煉鋼法，你最好是盡快蛙跳返回這個時間點。

玻璃

儘管鐵和鋼都是現代工業世界的知名建築材料，然而很容易被人輕忽的（或起碼很容易看穿的）玻璃，卻也是要角。約在公元前三千年，玻璃發明於美索不達米亞地區最早發展的都市，這也是人類該盡早製造的材料。稍後我們就會知道，玻璃的特性如何構成科學發展的樞紐。不過且讓我們從如何製造玻璃的基本知識開始。

各位大概知道，玻璃的製作原料是熔砂，更精確的說法是純化的矽石（二氧化矽）。不過要是抓幾把沙子拋進火中，除了把你的火撲滅之外，並不能產出任何成果。問題在於，矽石的熔點極高，可達攝氏一千六百五十度。這已經遠超過簡單窯爐所及能力，所以單只是知道玻璃的成分，並不能幫你實際造出玻璃。玻璃有時候會自然生成：在沙漠中四處挖沙，運氣好的話，你有可能挖出奇特的熔凝矽石中空長管，一般很像是樹木的複雜分支根系。這是閃電擊中乾燥沙地時生成，稱為「閃電熔岩」（fulgurite）或「石化閃電」（petrified lightning）。電流在地下流竄，溫度高到足以把矽石顆粒熔凝在一起，形成玻璃質長管。

由於你沒辦法直接駕馭閃電，因此要製造玻璃，你就必須添加合宜的助熔劑，讓矽石熔點降低到窯爐性能所及範圍。鉀鹼和蘇打灰都是製造玻璃的優良助熔劑，不過我們在第十一章就會見到，只要動用一點化學知識，蘇打灰遠比鉀鹼更容易大量製造。所以今天用作窗玻璃或瓶子的玻璃，絕大多數都是「蘇打石灰玻璃」（soda-lime glass，也稱鈉鈣玻璃）——這是蘇打和石灰溶於沙中形成溶液，隨後在常溫下凍結而成。

取陶瓷坩鍋，裝滿矽石顆粒和蘇打晶體，擺進窯中。碳酸鈉在高溫下分解（釋出二氧化碳）並溶於矽石，也把熔點降低到足以製成玻璃的程度。二氧化碳釋出後，與氧和束縛在原始混合料中的氮結合，形成一種發泡起沫的軟熔體。應該使用能耐高溫的窯爐，讓材料保持熔融狀態，而且坩鍋必須擺在窯內夠久，泡沫才能逸出，生成清澈的玻璃。不幸的是，單採矽石加助熔劑所製成的玻璃會溶於水，大大局限了用途。要讓玻璃不溶於水，解決做法是在坩鍋中擺進第二種添加劑：生石灰——我們在前一章見過的氧化鈣——用在這裡效果很好。

矽石是玻璃的基本原料，占了地函和地殼總量的四成多；在我們這顆星球上的岩石成分當中，含量遠勝其他種類化合物。不過矽石一般都和其他許多東西相混（包括金屬——矽石是冶煉金屬所生熔渣廢料的主要成分），要製成透明、無色的玻璃，就必須盡可能提高純度。舉例來說，沙子多半帶點褐色，得自氧化鐵，所以製出的玻璃會染上綠色——用來製造酒瓶沒問題，不過這樣的窗子或望遠鏡就惹人不快。透明玻璃的最佳源頭是燦白色沙子，其他未受污染的矽石也行，好比用來製作著名的威尼斯「水晶」玻璃的白色石英卵石，或者用來製作「鉛水晶」玻璃的原料，從英國白堊挑揀出的燧石（嚴格來講，這兩種玻璃品名都是誤稱，因為所有玻璃的原子排列都完全無序，呈非晶質凌亂狀態）。

當然了，老文明肯定留下了大量玻璃。凡是完整保存下來的都可以再拿來用，打碎的玻璃也可以清洗後再予熔化。沒錯，玻璃是如今最容易回收再用的材料之一。玻璃只需進窯熔化，就可以重新塑造成形；這可以一次又一次反覆進行，完全不會變質（塑膠就會）。不過到了文明恢復歷程後期，或者倘若你遇上船難，困陷在荒島上，這時你就有必要知道，需要什麼配方，才能從無到有，著手製造玻璃。實際上，熱帶海灘非常有可能是採集玻璃原料的理想地點，因為這裡有製造高品質透明玻璃所需的三種原料：不含鐵的燦白沙子、用來萃取蘇打灰的海藻，還有用來鍛燒製作生石灰的貝殼或珊瑚。

熔融態玻璃可以從坩鍋直接倒入模具。不過另有種製造工法，利用了玻璃的一種古怪特性，而且還更實用得多。玻璃有個罕見特點，它沒有一個固定的熔點。由於玻璃的黏度（或流動性）在不同溫度區間有很大的落差，因此你可以趁溫度落入容許範圍時動手處理，這時材料很柔軟，流動性又不會太高——因此才能吹玻璃。拿一根黏土或金屬長管，一端沾一團原料，接著你就可以吹進空氣，把玻璃吹脹，你可以懸空吹出想要的形狀，或吹進模具，迅速製出瓶子等物件。

如今窗子是我們的住家和摩天大樓都不可或缺的裝置，能提供採光，讓陽光灑進我們的人工洞穴，並提供屏蔽，把自然天候擋在外面。約在公元一世紀，羅馬人首先為他們的窗子裝上玻璃，當年使用的是小片鑄製玻璃，到了公元後第一個千年尾聲，中國的窗子依然使用塗油會變透明的紙張。許多世紀以來，窗玻璃都是先吹好，然後趁質地柔軟時轉動拉平——古老鄉村房屋或俱樂部的窗玻璃，中央常有個很特別的凹窩，那就是玻璃工匠的吹管脫離玻璃的位置。如今完全平坦的大型窗玻璃，都是把玻璃原料倒成一池熔液，讓它漂浮攤開，成為厚度一致的平滑薄片，隨後才冷卻固化。玻璃在末日災後世界，還有其他種種基本用途。

玻璃是製造窗子的好用材料，因為玻璃是透明的，這本身就是種罕見的材料特性。不過玻璃其實也擁有其他物質沒有的種種特徵。玻璃是科學研究的關鍵要素：玻璃讓我們得以研究自然現象，測量種種作用，也促使更進步的技術逐步被開發出來。舉例來說，氣壓計和溫度計是最早發明的兩種科學儀器，其運作原理都是以液柱高度來顯示變化。若沒有玻璃這樣透明、堅硬的材料，也就不可能看到這類起伏變化。

顯微鏡載玻片同樣得仰賴一項事實，那就是細薄樣本可以黏在一種透光底材上。玻璃還十分牢靠，可以製造出能真空的氣密隔間。真空管是發射X光的要件（參見第七章），也是發現電子等次原子的要素。氣密玻璃燈泡也是燈絲燈泡或日光燈的核心運作要項：包圍內部的特殊大氣，同時也讓發出的光芒得以射出。

除了透明、耐熱，又足夠強固，可以製成薄壁容器之外，玻璃大體上就是種惰性物質。而這也是化學研究所有層面的核心。玻璃可以模製或吹製成種種實驗儀器的各式造型：試管、燒瓶、燒杯、滴定管、定量吸管、滴管、冷凝管、分餾管、氣體注射器、量筒和錶玻璃。我們我們很難想像，倘若無法運用具惰性又能透視的材料，讓我們不需等待材料敗壞，當場就能看到反應現象，化學又怎麼能夠進步。

不過玻璃的最高強本領，或許就是它可以用來控制、操作光線。這讓我們不只能夠將大自然納入小範圍，隔離起來，好好研究，而且還能擴展我們自己的感官。

羅馬人身為玻璃製造大師，早就注意到玻璃球體似乎能放大後方物體。不過他們從來沒有踏出下一步，取一塊玻璃，研磨成彎曲形狀並製出透鏡。透鏡功能取決於折射原理，光線從一種透明介質進入另一種時，傳播路徑就會彎折。拿一根直棍伸入池塘，就能看出這點——棍子的水線以下部分看來是彎折的。這是由於光線在湖面（水和空氣的交界面）折射所致。玻璃做成特定形狀——中間隆起的雙凸透鏡狀，兩側都呈碗形（凸面）曲面——就能控制通過光線的折射。射抵透鏡外緣附近的光線，以廣角觸及表面，因此傳播路徑會大角度向內偏折；從比較靠近中央位置穿越的光線，彎折角度就比較小；至於直接從透鏡正中央突穿的光線，則以正向觸及彎曲面，所以會保持筆直。所有光路徑全都匯聚來到單一定點：焦點。這就是放大鏡的原理。

第一種光學技術發明是眼鏡，約公元一二八五年出現在義大利。遠視有可能在生命較晚時期出現，導致雙眼難以對焦於身邊物體，於是凸透鏡可幫助遠視民眾看清東西。矯正近視則需要凹透鏡。要正確研磨凹透鏡，產生這種對立樣式——兩個面朝中間內凹，好讓光線叉開偏離——會稍微棘手一點。

真正的突破是在領悟一項事實之後方才出現，那就是透過透鏡看東西，就能放大影像，還有仔細安排透鏡組合，就能看到遠方物體——望遠鏡的根本道理。這種奇巧器具最早是供船長使用，不過很快就被拿來指朝天際，觸發另一場偉大革命，徹底改變我們對這個宇宙，還有對我們在宇宙間所占地位的認識。不過玻璃透鏡也讓你放大非常小的事物，顯微鏡絕對是理解微生物學和細菌理論、檢視晶體和礦物結構，以及改進冶金術等方面不可或缺的要件。

玻璃是最早的人工合成的物質之一，人類早在五千五百多年前就製造出玻璃，它讓我們得以探究自然，建構出種種新技術，從第一副眼鏡到哈伯太空望遠鏡。促成十七世紀現代科學事業發展不可或缺的六種儀器——鐘擺、溫度計、氣壓計、望遠鏡和氣泵真空室——到了末日災後，也都會成為重新探究世界的必備要素，這當中除了擺鐘，每種都完全仰賴玻璃獨有的特性。

想起來還真令人驚訝，能把我們的視力延伸到宇宙的望遠鏡，還有用來探究物質微小結構的顯微鏡，追根究柢竟然都只是一團彎成簡單弧形的沙子。玻璃貨真價實地改變了我們對世界的看法。玻璃是文明成功復興至關重大的要項，可以用作建材，也是引領科學發展的重要門戶技術。溫度計、氣壓計和顯微鏡，也都是檢視人體狀態的重要儀器，這就牽涉到醫藥，所以底下就讓我們討論一番。

第七章 醫學：對抗體內看不見的敵人

「城市荒無人煙。沒有這支種族的遺民在廢墟遊蕩，沒有人把傳統父傳子，代代相傳……這片殘跡，是由一支文明優越、素養深厚的奇特民族所留下來的，他們歷經家邦盛衰伴隨而來的所有階段；成就他們的黃金時代，接著沉淪……世界史浪漫傳奇當中，最讓我深感震撼，超過其他一切景象的就是，這座一度雄偉、可愛的城市，就這樣傾覆、荒蕪，亡佚的場面……如今周圍數里長滿參天巨木，城市卻連個識別的名稱都沒有。」

——約翰．斯蒂芬斯（John Lloyd Stephens），發現馬雅文明遺蹟的探險家

隨著技術文明崩頹，肯定會見識到現代醫學的瓦解。已開發國家的民眾只需一通電話，就能召來救護車。這種原本令人安心泰然的健康照護煙消雲散，以往的祥和氛圍不再，這會是相當令人憂懼的處境。現在任何傷害都有可能讓人喪命。萬一在荒棄城市瓦礫堆上絆了一跤，造成複雜性腿骨骨折，卻得不到妥適醫療照顧，你就可能性命不保。就連小病都可能相當於死刑——好比手指戳傷引發感染，毒物

入血。因此緊接劇變災後，單單由於傷病死亡率高於出生率，人口數就有可能持續不斷下降。沒有了抗生素、外科治療和延緩身體老化的醫藥，生還者可以料想，他們的預期壽命肯定大幅縮短，不會再是如今已開發世界常見的七十五至八十歲了。就算有許多護理師和內外科醫師存活下來，然而少了診斷設備和血液檢查儀器，或不再有現代醫療藥劑，他們擁有的細膩知識和技能，很快就會失去用途。還有，萬一這門高度專業化的醫療學識本身也失傳了呢？你該怎樣加速恢復用好幾個世紀才累積下來的知識及專業技能？

就如本書談到的其他大半課題，要想有意義地描述現有醫學知識，就算只是沾上一點邊，都是完全辦不到的，因為這得牽涉到器官、組織複雜體系和管理健全人體的分子機制，還有它們如何受到特定傷病煩擾等，比如我們使用的巨量藥品，以及合成藥物的做法，還有數不清的複雜外科手術。不過我希望這裡能夠清楚解釋最基本的知識，讓各位災後能有機會奮力一搏，並提到時不可或缺的基本要項，好幫你加速從頭發現醫學的一切。

今天的西方人，一旦身體機能開始隨年齡增長而逐漸退化，最終多數人都會罹患心臟病或癌症等慢性疾病，不過就我們的歷史經驗以及當今開發中國家所示，末日災後世界人類的天譴禍患，想必會是傳染性疾病。

許多疾病都是文明本身帶來的直接後果。特別是馴養動物並與牠們住得十分接近，這讓疾病得以跨越物種藩籬感染人類。牛會傳播結核病和天花，將這類病毒納入人類病原體的來源，馬會帶給我們鼻病毒（rhinovirus，普通感冒病毒），麻疹來自犬和牛，豬和家禽會把牠們的流感傳染給我們。還有，住在城市肯定會助長疾病傳布，在人口稠密區，接觸型或空氣傳播型傳染病會加速散布，若是衛生條件不良，環境骯髒，還會導致水媒疾病普遍流行。晚近之前，都市死亡率還相當高，完全靠鄉間居民不斷移入，才能維持一定的城市人口。儘管有風險，但居住在一起能促進貿易及商業活動，以及迅速傳布遠遠更為重要的東西：想法。隨著末日災後人口逐漸恢復，也必然再次促使各具不同技能專才的人們集合一處，彼此合作，相互啟發，也肯定大大加速技術重新發展。

所以讓我們首先看看，如何讓倖存社會保持健康，並屏障疾病，還有如何確保安全分娩，來協助人口以最高速率增長。

傳染病

倘若你在我們所知的世界終結之時，僥倖存活下來，卻在幾個月過後，死於能輕易防範的感染，那豈不令人啼笑皆非？在沒有抗生素或抗病毒劑的世界，你會竭盡心力，設法避免感染。入侵的微生物如何壓制身體防衛機能，從而引發傳染，種種過程最好都要知道。衛生保健常識是緊接末日災後最能拯救你性命，且效用超過其他單一資訊的關鍵。

如今我們對霍亂的致病機制知之甚深。霍亂弧菌在小腸中能夠迅速繁衍，以一種霍亂毒素攻擊腸壁，觸發下痢，協助細菌自身的傳播，入侵新宿主。許多腸內感染的犯案手法都很相似，以醫師們津津樂道的「糞口傳播」方式輕鬆散布。預防傳染有個簡單的訣竅，那就是打斷傳染的路徑。

就個體層級而言，要保護自己免受潛在致命疾病和寄生蟲侵染，最有效的做法就是經常洗手（並使用我們在第五章學會製造的肥皂）。這可不是什麼現代文明的儀式性遺風，也不是只為了保持玉手漂亮的優良習慣，而是種存活的基本——這是種自助式健康照護。除此之外，就整個社會來講，你必須確保你的飲水不受排泄物污染。這些就是現代公共衛生的核心，守住細菌理論（說明許多疾病都是微生物引起的，而且會在人與人之間傳播的理論），就可以在末日災後社會保持健康，甚至還勝過我們的祖先晚近至一八五〇年代的處境。

萬一你患上了腸道傳染病，好消息是，這通常不會要你的命。就連霍亂這般嚴重的歷史禍患，也不會直接奪人性命：患者是死於迅速脫水，因為霍亂引發過度腹瀉，導致每日喪失體液多達二十公升。治療方法簡明得令人吃驚，卻直到一九七〇年代才廣泛採行。口服脫水補充液療法（Oral Rehydration Therapy）是使用不超過一公升清水添加一匙鹽和三匙糖攪勻，來補償生病所失去的水分，恢復電解質平衡。你患了霍亂只需留心看護，不必先進藥物也能存活。

分娩和新生兒照護

分娩時不再有現代醫學介入，肯定又會成為母子雙方的危險時刻。如今，生產時的嚴重併發症通常都採行剖腹產來解決：外科醫師切開腹壁肌肉層，進入子宮，取出嬰兒。這在今天是常規程序，甚至還有些母親在沒有醫學指徵必要狀況下要求進行，然而在更早的幾個世紀，剖腹產都只在母親死亡或毫無指望，為了拯救孩子，萬不得已方才採行。孕婦熬過手術存活下來的案例，已知直到一七九〇年代才第一次出現，到了一八六〇年代，死亡率依然超過八成。剖腹產一直是非常複雜，而且會造成創傷的手術，在末日災後不會是自然產的替代做法。

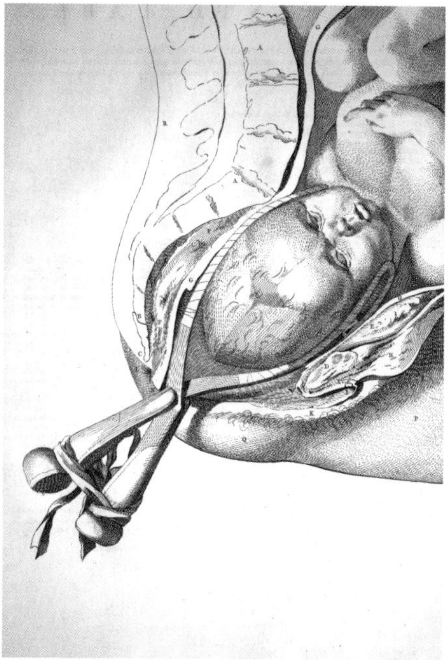

產鉗。

十七世紀早期，發展出了一種非手術式做法，來協助嬰兒及孕婦熬過難產。產鉗代表產科醫學的一項重大進展，讓助產士或醫師得以深入產道，謹慎、牢牢地鉗住胎兒頭顱，重新校準頭位，或輕柔地把嬰兒拉出來。[1]隨後推出的一種款式，導入一項重大改進，那款產鉗的兩臂，可以在支軸處拆開，於是兩臂可以分別滑入定

1 發明產鉗的醫學世家守密守了一個多世紀，這項器材讓他們比其他產科醫師占了優勢，也賺了很多錢。為保守祕密，產鉗都裝進有內襯的箱子，要無人旁觀，並讓孕婦戴上眼罩之後才開箱取用。

位，再過一段時期，設計逐步演進，於是產鉗兩臂便得以依循母親骨盆形狀所製成（而且和肌肉收縮協同作業），而且夾鉗前端還能順應嬰兒顱骨外形來打造。

早產兒和出生體重太輕的嬰兒必須放進醫院保溫箱，直到他們能自行調節體溫為止，不然他們就會死亡。現代保溫箱是相當昂貴的複雜機器，而且就像如今其他許多醫學設備，一旦捐給開發中國家的醫院，它們往往會由於電力突波、缺乏備用零件或者沒有專業技師來修復而喪失功能。有些研究發現，捐給某些醫院的醫療設備，達九成五在頭五年期間就無法使用。有一家「重要設計」（Design that Matters）公司便嘗試處理這道課題，他們別出心裁想出了解決做法。這是個很好的例子，由此就能知道，末日災後情節需要的合宜技術會是什麼樣子。他們的保溫箱設計使用標準汽車零組件：加溫元件採用常見的密封式光束頭燈，使用儀表板風扇來流通過濾空氣，裝個門鈴來當作警報器，還以一個摩托車電池來提供後備電源，停電或搬動保溫箱時就能派上用場。這所有組件在災後都可以輕鬆取得，而且以當地技工的知識技能就能修護。

身體檢查和診斷

醫師的關鍵技能是診斷——能夠確認患者罹患了什麼疾病或狀況，從而選定妥當的療程或手術。醫師要患者說明他們的症狀是如何開始，還有背景經歷等細節。接下來就把這項資訊和身體檢查時發現的徵候兩相結合，用來協助醫師判定病因，還有該繼續追蹤哪些項目，好比血液檢查，從身體採樣做顯微鏡檢查，或者採用X光或電腦斷層掃描等內部顯像技術。這些調查結果，便可以提供線索來落實診斷。

到了末日災後，不只是先進的檢查和掃描設備全都失能，連醫療專門知識本身也要失傳。不論內外科醫學，都高度仰賴內隱知識（或默會知識），難度比本書內容討論的眾多領域都更高，有些事情就算你學會了怎麼做，最後卻發現，單憑語言、圖說要把所知傳授給別人，依然是困難至極。英國的執照醫師得走過醫學院課程和醫院在職訓練，花十年才能養成，這一切都得由箇中專家來進行訓練和親身示範。倘若這個知識傳授循環，在文明瓦解後中斷，單憑教科書，你不可能自學成材。所以就讓我們看看，內外科醫學的基本要義：萬一所有專業認識和設備器材全都消流失了，到時你該如何恢復基礎知識和技能？

有憑有據的診斷必須靠種種不同檢查為佐證，然而在十九世紀早期之前，醫學專業完全沒有可供醫師用來評估體內狀況的器材。他們必須靠觀察外部徵候，用手指探測腫大的器官或腫塊，或者輕敲腹部和胸膛，傾聽內裡空氣或液體發出的不同聲音（這種扣診技術是一位客棧老闆的兒子發明的，他扣擊酒桶來判斷殘餘酒量）。

讓內診改頭換面的工具，簡單得令人驚訝。聽診器只需用上一根中空木管就行，把管子貼近耳朵，另一端抵住患者身體，甚至拿紙張捲起來也行，這就是一八一六年這項工具發明時的原貌。何內．雷奈克（René Laennec）覺得，讓自己的耳朵和臉頰貼上體態特別豐滿的女性，心中很不自在，於是他臨機應變：他發現這種湊合使用的管子，完全可以用來聽心跳聲，甚至還能放大心音。聽診器可以透露身體內部的聲音：從心跳聲異狀到肺病的指示性喘鳴或不連續音、腸道阻塞定點的無聲狀況，或胎兒的微弱心跳聲。

十九世紀結束之前，不只聽診器納入了醫師的裝備袋，連用來測量體溫的小型溫度計，和連接血壓計的充氣式袖套，也同樣成為醫師的標準器材。診斷溫度計可以測出高燒，若定時測定體溫並標繪成圖，甚至還能由此推估病人患了什麼病。不過，在末日後文明重新學會如何發出高能量光線之前，聽診器依然會是你評估人體內部狀況的主要工具。底下就說明箇中道理。

十九世紀最後幾十年間，發現了兩種奇特的放射現象。其中第一種是種負電極射束，在兩片金屬板之間輸送很高的電壓時就會湧現。這種發射稱為陰極射線，如今我們認定它們就是電子：在電線中傳輸電流的媒介，而且會在電壓產生的急遽起伏電場中加速離去。飛竄離去的電子很快會被吸收，就連空氣這般稀薄的物質，也能把它們攔下，於是陰極射線也只有在真空的容器中，才能移行一段可觀測的距離。所以陰極射線唯有在科學家製造出有效的真空泵，把小型密閉玻璃筒中的空氣幾乎完全抽空之後，才能被人察覺。

早期真空管中殘留了少量氣體，一旦受了快速移動的電子撞擊，就會發出一種詭異的輝光（如今用來發出霓虹燈光）。德國物理學家威廉．倫琴（Wilhelm Röntgen）希望屏除這種光，這樣他才能研究穿透真空管壁的陰極射線，於是他在管子外面包了一層黑色卡紙。這時他注意到實驗室工作臺另一側的螢光屏幕發出黯淡綠光。這段距離太遠了，不是陰極射線能照射到的，於是倫琴把這種看不見的新型輻射，起了個「X射線」的暱稱，來強調它的神祕屬性。如今我們知道，這種X射線是加速電子轟擊真空管中的正電極時，所放射出的超高能電磁波。

倫琴訝然察覺，X光能讓你看穿實心物體，好比蓋起的木箱裡面裝的東西，最詭異的是，一八九五年他還發現，他竟能使用X光拍下妻子的手骨照片。由於X光比較容易被骨頭吸收，遇柔軟組織便直接穿透，因此以直接穿透她身體的高能光線拍下的影像，基本上便以亮色來顯示她的骨頭陰影。X光所含能量足以觸發突變，引致癌症，是種危險的射線，患者應該只短暫接觸一陣曝射，在感光膠卷上拍下一個鏡頭，至於醫師則應該藏身鉛屏後方以為防護。雖說有這些健康風險，X光攝影仍為我們帶來機會，瞧見活生生身體內部的情況，檢查重要器官，評估骨折或局部腫瘤狀況，並提供遠比聽診器還更精確的診斷能力。

不過，設法從外部檢查體內狀況，只是你在末日災後要面臨的問題之一半。患者檢查還必須與我們對人體實際結構的準確認識串連起來：我們必須名符其實從內到外透徹認識自己。所以，倘若這門有關於本身內部繁複結構的知識流失了，到時我們又該如何從頭重新發現，並認清什麼叫做健康，什麼叫做異常？

動物的內部建構靠屠宰就能熟悉，然而人體和動物有很重大的結構差異，所以到時勢必得藉由人體解剖，來重新熟識解剖構造。解剖學和大體解剖，是重新發展出病理學（研究疾病根源起因的學問）的核心要務。進行大體解剖時，可以把患者生前的外部疾病徵候，和只能在死後評估的內部解剖構造失常或缺陷進行比對。當我們知道，特定疾病的起因，往往是由於某種器官出了問題，而非系統性問題所致（近代之前體液失衡觀念，正是抱持後者看法，認為疾病是血液、黏液、黑膽汁和黃膽汁失去均衡所致），這也就建立起病理學的樞紐，這項體認至關緊要，知道了這點，我們才能設法處理疾病的底層起因，而不單只是嘗試處理症狀。

一旦基本病因確認，下一步就是開立處方，投藥醫治或進行外科介入。

藥品

針對疾病做出正確診斷還不夠，你還必須開發出一套對特定病痛具有療效的藥品。這在人類歷史大半時期都是個難以跨越的絆腳石，而且在二十世紀之前，醫師的袋中藥品，大半都屬無效：想像眼睜睜看著疾病殺死你的患者，卻又無力制止，那會是多麼挫折。

許多現代藥物和療法都得自植物，而且草藥傳統和民俗療法，和文明本身同樣古老。將近兩千五百年前，（以醫師倫理準則「希波克拉底誓詞」著稱的）希波克拉底推薦咀嚼柳樹皮來紓減疼痛，而中國草藥療法也把柳樹皮納入為解熱藥方。薰衣草精油能抗菌和消炎，可以當成切割挫傷的外用塗敷藥，茶樹油也是傳統用藥，具有抗菌和抗真菌的效用。從毛地黃萃取的毛地黃素，能減緩快速不規則脈搏患者的心跳速率，而金雞納樹皮則含有能對抗瘧疾的鹼性藥物奎寧，也讓通寧水（**譯註：摻入奎寧為調味料的水**）**帶了特有的苦味（還讓英國殖民地居民沾染上啜飲琴酒和通寧水的習性）**。

有一類藥物，我們會多花點時間來討論。這類藥物全都是具有鎮痛或止痛作用的紓解型藥品，只針對症狀而非病因，也是全世界最常使用的藥物，處理的症狀包含從頭痛到比較嚴重的傷害。止痛作用是外科醫學重新發展的先決要件。咀嚼柳樹皮可以發揮有限的鎮痛效能，辣椒具局部止痛作用，適合在處理表淺傷害或輕度手術療程，如切縫瘀瘡時使用。紅番椒入口產生虛假燒灼感受，起因在於辣椒素分子，這種成分號稱反興奮劑，而且就像萃取自薄荷植株的薄荷腦，具有反向的清涼效果，辣椒素也可以擦抹在皮膚上，用來遮掩疼痛信號（辣椒素和薄荷腦都是肌肉鬆弛溫熱貼布，或虎標萬金油一類軟膏的成分）。

不過，自古以來就普遍使用的通用型鎮痛劑，則是取自罌粟。鴉片是種乳狀粉紅色汁液，取自罌粟花，具有相當程度的鎮痛功能。傳統上，鴉片都採自罌粟植株腫大如高爾夫球尺寸的種莢，採收作業可以每日為之，在莢上劃一道淺痕，讓汁液淌出，並讓它乾燥，化為黑色乳膠質硬殼，隔天上午便可以刮取。鴉片所含麻醉性鎮痛劑，主要是嗎啡和可待因：汁液乾燥後，嗎啡含量可達兩成。這類鴉片劑的乙醇溶解性遠超過水溶性，也是種強效（卻也具有成癮性的）鴉片酊劑，稱為鴉片酊（laudanum），製作時取鴉片乾粉溶於酒精，調成酊劑。另一套沒那麼費力的體系，是在一九三〇年代發展出的，使用好幾道水洗程序（通常帶微酸，可提高溶水性），來從罌粟萃取鴉片劑。罌粟原料事先收割，並採用類似穀類脫穀、篩選的過程來處理。罌粟籽可保存供取食或再次種植。事實上，如今醫療使用的鴉片劑，依然有九成採收自罌粟草稈。

然而，以簡陋手法萃取植物，製成煎劑或酊劑，卻仍有其風險，因為缺了化學分析能力，你並不知道有效濃度，而服用過多是很危險的（特別是會干擾心跳速率的毛地黃素等成分）。劑量容許範圍有可能很窄小：劑量要足夠產生藥效，也要不至於過多致危害生命。

若情況非常嚴重，甚至會奪人性命，好比從廣泛感染和敗血症，乃至於癌症等，絕大多數都不是簡單的草藥調和劑所能處置的。第二次世界大戰過後，一項啟動驚人革命的關鍵實用技術問世，那就是有機化學離析、操控製藥化合物的高強能力。如今的藥物推出時，都含有精確的已知濃度，製作時不是採人工合成，就是使用有機化學來改動植物萃取物成分，從而提增藥效或減輕該化合物的副作用。舉例來說，柳樹皮所含有效成分——水楊酸（又稱柳酸），便經過了一種比較簡單的化學改動處理，來保留它的解熱鎮痛藥效，同時減輕刺激胃部的副作用。結果便製成了阿斯匹靈，史上使用最廣泛的藥物。

實證醫學有個你必須重新發現的關鍵做法：如何針對特定化合物或治療法進行公平試驗，檢視是否有實際作用——或者是否應該隨著沒有用的蛇油、巫醫藥劑和順勢療法調和劑等一併拋棄。[2]在理想狀況下，採臨床試驗來客觀檢測藥劑的有效性，必須用上相當大量的患者，並區分兩組：一組接受假設的療法，另一組是控制組，形成對照基準，不是接受安慰劑就是服用最佳用藥。臨床試驗的兩大成功臺柱，一是把受試者隨機分派到兩組，目的是去除偏誤，二是使用「雙盲」做法：患者和醫師都不知道，誰分派到哪一組，直到結果分析之後方才揭曉。重新發展醫藥科學沒有捷徑可走，只能一絲不苟循序漸進，說不定也必須進行動物試驗等討厭的實務作業，以求減輕人類的痛苦。

外科手術

就某些狀況，最好的行動方案就是外科手術：實際動手矯治、移除出了差錯或惹來麻煩的身體部位。不過暫且不要動念頭來進行手術（你得確保患者有機會存活）——刻意劃出一道傷口，打開身體，看看裡面情況，像個修車技工那樣動手修修補補——因為末日後社會必須先發展出一些必備要件。這就是三A條件：解剖學（anatomy）、無菌法（asepsis）和麻醉學（anaesthesia）。

我們已經見到，你必須先認識人體的建構方式，才能分辨出哪個器官生了病，哪個則是健康的。沒有深入掌握解剖學，你的外科醫師根本就是瞎子摸象。你必須通盤認識身體內部組成，熟悉各個組成部位的正常形式和結構；你必須了解它們的功能，知道主要血管和神經的通路，這樣你才不會在無意間把它們割斷。

無菌法是防範微生物在手術期間侵入身體的一套準則，這樣就不需等事後才用碘或乙醇溶液等抗菌劑來清潔傷口（遇意外事故造成的骯髒傷口，你的唯一選擇就是抗菌劑）。為保持無菌，首先得徹底清潔手術室並過濾空氣。手術部位切開前，可以使用百分之七十的乙醇溶液來清潔，並用滅菌覆布蓋住患者的身體。外科醫師必須穿著乾淨的手術袍和口罩，擦洗雙手和前臂，手術用外科器具也必須高溫消毒。

2 歷史上最早期的臨床試驗之一，是在一七四七年，目的在驗證柑橘類水果，是否確實含有保護壞血病患者的成分。

第三項必備要素是麻醉學。麻醉劑不能用來治病，卻也是同樣寶貴的藥物：能暫時中止對疼痛的所有感受，甚至誘發完全無意識狀態。外科手術不施用麻醉，就會成為令人憎惡的慘痛經驗，只能在萬不得已情況下，才不得不為。外科醫師必須迅速行動，在患者痛苦不堪，肌肉緊繃、抽搐之下切開身體，而且也只能考慮施行很簡單的程序：移除腎結石，或使用一把屠宰鋸，殘忍地進行截肢。不過只要患者全無感覺，外科醫師就能大幅減慢速度，謹慎進行手術，也能冒險深入胸腔和腹腔，施行侵入性手術，還可以進行探察，來勘驗病痛的根本起因可能為何。

第一種經確認具有麻醉性質的氣體是一氧化二氮（即「笑氣」），吸入劑量夠高，它會引發一種振奮感受，從而使受術者進入真正的無意識狀態，這時就可以進行外科手術或牙科治療。一氧化二氮是以硝酸銨加熱生成的分解產物。不過得小心，因為這種化合物並不安定，若溫度超過攝氏兩百四十度，就有可能爆炸。麻醉氣體生成之後，就可以讓它冷卻，導入水中冒泡，去除其他雜質。硝酸銨本身可以使用氨和硝酸反應生成（見第十一章）。一氧化二氮單獨使用就可以讓痛感變得遲鈍，卻也不是非常強力的麻醉劑。不過若是同時也施用其他麻醉劑，好比二乙醚（diethyl ether，簡稱乙醚），笑氣就會發揮誘導作用，強化效用。製造乙醚時，可以取乙醇和一種強酸（如硫酸）混合，加熱接著蒸餾生成。這是種可靠的吸入式麻醉劑，儘管乙醚的作用相當緩慢，還會令人作嘔，用在醫療上卻很安全（不過既然是氣體，也就有可能爆炸）。乙醚的好處是，它不只會誘發無意識狀態，還可以在手術期間鬆弛受術者肌肉，紓緩疼痛。

微生物學

不過萬一末日災後，經過了好幾代，社會退化十分嚴重，細菌理論等重要知識失傳，疫病又一次歸咎於壞空氣（瘴癘之氣）或乖戾天神呢？文明該怎樣重新發現，世上存有纖小不可想像、肉眼看不見的生物，而且牠們會導致食物敗壞、傷口潰爛、屍體腐臭，並釀成傳染病？

事實上，只要用上簡單得可笑的設備，細菌和其他單細胞寄生生物，都是可以見到的。要從無到有，打造出簡易版顯微鏡，其實是出奇地容易。你一開始會需要一些透明的高品質玻璃。加熱後從玻璃抽出一條細束，接著用烈燄燒熔前端，讓它滴落。一球球玻璃邊下墜邊降溫，運氣好的話，你就會製造出非常纖小的正圓形玻璃珠，找片細薄金屬條或硬紙卡，中間打個洞來安裝你的球形透鏡，握持在樣本上空。這具簡式顯微鏡之所以能發揮作用，是由於這粒纖小的玻璃球，具有非常緊緻的球面曲率，能對透過的光線產生非常強大的聚焦作用。不過這也就代表焦距非常短，你的透鏡和眼珠都必須擺在非常貼近目標的位置。[3]

3 一六八一年時，安東尼・雷文霍克（Antonie van Leeuwenhoek）就是使用這款設計，成為史上第一位看見細菌的人。雷文霍克得了腹瀉，忍不住想用他的新顯微鏡來檢視自己的排泄物。他事後表示自己看到了「微動物優雅地四處移動」，並說「身長略大於寬度，而且牠們的腹部……長了各式各樣的細爪」。他看到的是如今我們會判歸梨形鞭毛蟲屬（*Giardia*）的原生動物，也是引發下痢的常見病原體。沒過多久，雷文霍克就開始觀察水滴中的微生物，還有糞便中的細菌群和腐敗的牙齒。有一次他檢視自己的精液，結果發現了活潑扭動的精子，所有動物有性生殖的基礎（不過他也堅稱，他並沒有以「任何邪惡手法」來取得他自己的樣本，還說那是「大自然為我的夫妻關係超額供應的剩餘品」）。

你的感官經由儀器強化之後，一種領悟也應運而生，那就是底下那裡存有一個紛擾宇宙，裡面擠滿整群看不見的細小生物體——品類出奇繁多的新穎野生生物，可供末日後微觀博物學家辨識，並予分門別類，歸納出相關家族和群體。科學論證有嚴苛的要求，由此你就能證明，受感染的傷口或腐敗的牛奶當中，都存有微生物，不過只要不存在微生物，食物就能妥善保存。倘若你把營養湯汁或容易腐敗的肉品封存在氣密罐中，並加熱來殺滅已經存在的微生物，接著也就不會發生腐敗現象。東西不會自行敗壞。望遠鏡是以多片透鏡組合製成，相同道理，更好的多透鏡顯微鏡也指日可待，一陣時日之後，你就能夠把出現特定微生物和患上特定傳染病兩現象串連在一起。[4]

你甚至還能圈養、研究這些微生物，讓它們在燒瓶裡面的液體湯汁中，或者在固態營養物的表面上生長。培養皿可以用玻璃打造，再把富含養分的洋菜倒進去，凝結成形，接著安上個蓋子來防範污染。洋菜是沸煮紅藻或海藻而成的凝膠物質（也是亞洲常見食材），和取自牛骨的明膠很像，不過多數微生物並不能消化它。

我們在前面幾章談過，這項基本微生物原理是多項生產程序的要素，好比製造發酵麵包、釀造啤酒、保存食品和製造丙酮等。不過就改進末日災後人類處境方面，最重要的影響或許就是，微生物學能提供知識基礎，使人發現更多具針對性的方法來殺滅細菌、治療感染，並不再局限使用有害的抗菌化學製劑。

一九二八年，亞歷山大·佛萊明（Alexander Fleming）從受感染者體液（如鼻黏液和皮下膿腫）採得細菌並予培養，隨後他放假休息一陣子。收假後他開始整理實驗室工作臺，清洗先前使用的培養皿。他從堆在洗滌槽內的培養皿中，隨意撿起最上方的一個，那個並沒有用消毒劑處理，表面蔓生細菌，不過他也注意到皿中還有一小片黴斑，周圍一圈卻完全沒有細菌。看來黴菌分泌出某種物質，抑制了細菌滋長，那種黴菌後來便經確認為青黴菌屬（*Penicillium*）的一個種。黴菌泌出的化合物稱為青黴素（盤尼西林），此後又發現或合成出其他多種抗生素，用於治療微生物感染，其藥效果甚強，每年拯救了好幾百萬條生命。

科幻作家以撒·艾西莫夫（Isaac Asimov）說過，「科學界最令人振奮的詞句，宣布新發現的那句話，其實「並不是『我發現了！』（Eureka!），而是『唔……那真有趣……』。」佛萊明的偶然發現，肯定正是如此，還有其他許多僥倖發現也是，不過首先仍得掌握箇中寓意才能成就發現。沒錯，在佛萊明發現盤尼西林的五十年之前，也曾有些微生物學家注意到，青黴菌屬會抑制細菌滋長，卻都沒有成就新概念，從這項觀察結果抽絲剝繭，發展出新藥品。

---

4 在第一臺顯微鏡發明之前許久，早就有人推斷，世上可能存有看不見的細小生物體。公元前三十六年，羅馬作家馬庫斯·瓦羅（Marcus Terentius Varro）提出他的信念，說明「有一批肉眼看不到的纖小生物，牠們在空氣中飄浮，從口、鼻進入身體，在那裡引發嚴重疾病」。確實，倘若瓦羅早知道如何製造原始的玻璃球顯微鏡，用來驗證直覺，歷史便有可能上演非常不同的情節。想想看，倘若細菌理論能提早一千五百多年發展出現，能夠避免多少疫病和苦難。

不過若是知道以往事例，也明白有這種作用存在，重新啟動的社會，是否能複製相仿實驗，刻意搜尋有效黴菌，並快速重新發現抗生素？基本微生物學相當簡潔明瞭。在培養皿中鋪填牛肉萃取物，連同用海藻萃取的洋菜硬化成形，接著從你的鼻子採集葡萄球菌並塗抹在上頭，完成後讓不同洋菜培養皿盡可能分別接觸最多種真菌孢子來源，好比空氣濾清器、土壤樣本或腐敗的蔬果等。一、兩週過後，仔細尋覓能抑制身邊細菌滋長的黴菌（以及其他細菌群落：許多抗生素都是細菌製造的，因為它們和其他細菌陷入一場演化軍武競賽）。把它們挑揀、分離出來，讓它們在培養液中滋長，這樣就比較能夠取得泌出的抗生素。我們使用這項技術，業已發現眾多得自真菌和細菌的抗生素合成物，不過青黴菌屬的黴菌十分普遍，大有可能成為末日災後最早重新分離出來的種類之一。它們是導致食物腐敗的主要起因之一：事實上，如今全世界的盤尼西林抗生素製品，大部分都出自一個青黴菌屬品系，而那個品系，最早則是從伊利諾州一處市場的一顆發霉香瓜分離出來的。

然而，就算只是末日後的一種簡略療法，你也不能就直接使用含有抗生素的「黴菌汁」，因為沒有經過提煉就為患者施打，裡面的雜質就會觸發急性過敏性休克。霍華德·弗洛里（Howard Florey）的研究團隊在一九三〇年代尾聲，從生長液萃取出純化青黴素，他們利用的原理，是抗生素分子油溶性優於其水溶性。過濾滋長的菌群，去除黴菌斑塊和碎屑，濾清後添入少許酸液，接著混入乙醚並予以晃動（我們在本章前面已經談過，如何製作這種多用途溶劑）。多數青黴素會從水溶液體轉而溶入乙醚。於是青黴素就會浮到頂部乙醚層，再把底部水層排掉，然後取一些鹼水添入乙醚並晃動它，促使抗生素化合物轉頭溶回水溶液，這時生長液中的渣滓已經大半清除。

如今，治療一位患者所需青黴素單日劑量，必須取得多達兩千公升黴菌汁液來進行處理，因此末日災後抗生素生產，必須協同大型組織一起努力。到了一九四一年年末，佛萊明的團隊產能擴增，已能足量供應臨床試驗用的青黴素，卻由於戰時器材短缺，逼得他們只能將就湊合。青黴菌菌種培養在滿架子的淺便盆中，萃取設備則是使用一個老舊浴盆、幾個垃圾桶、攪乳器、撿來的銅管和門鈴拼湊成形，然後用大學圖書館不要的櫟木書架製成外框，固定起來——這大概可以啟發末日災後的拾荒和拼裝湊合做法。

所以儘管一般總說青黴素是個意外發現，得來全不費工夫，其實佛萊明的觀察結果不過是第一步，往後還有研究、發展、實驗和優化等漫漫長路，接著才能從「黴菌汁」萃取、純化出青黴素，並創造出一種安全、可靠的藥品。到最後是美國提供了大規模發酵設施，才能提供足量藥物。相同道理，就算認識了所需科學，末日後文明仍需足夠先進，才有辦法製造出足量抗生素，從而對全人類發揮影響。

第八章　動力：蒸汽機來了，正常供電或許不遠

「白光閃過，轉成東南方一顆紅球。他們全都知道那是什麼。那是奧蘭多，或者麥考伊基地，或者都是。那是泰馬庫安郡的動力供應站。光線就這樣熄滅，於是就在這個片刻，黎帕斯堡的文明倒退了一百年。於是『那一天』就這樣結束了。」

——帕特・法蘭克（Pat Frank），《唉，巴比倫》（*Alas, Babylon*）

回頭翻閱我北倫敦公寓住家的水電帳單，算出我去年的能量總消耗量，略少於一萬四千瓩時。倘若沒有化石燃料，而且所有能量全都由養護林地來提供的話，我每年就需要燃燒將近三公噸乾柴（或一點七公噸比較細密的木炭），而這就必須動用超過半英畝（約二十公畝）短期輪作的養護矮林。而且還得假定我們可能把禁錮在原木裡頭的能量，百分之百轉換成從插座流出的電力。事實上，燃料發電的程序先天就很沒有效率，就連現代發電站，也只能把燃料中的三到五成能量轉換成電力。

當然了，這個數值只計算住家內部直接用來保暖、照明和啟動電器所耗的能量。這個算法完全沒有把我應該分攤的，用來支持我所棲身的工業文明所需能量的每人平均分額算進去——包括築路和營造用能量、供應我寫作的紙張製造成本，還有洗衣粉所需工業製程所消耗的能量，加上用來生產、運輸衣物或沙發，以及合成肥料和犁田來為我供應餐食所用掉的能量，還有供我搭乘上班的火車所燃燒的燃料。當你把全國能量消耗除以總人口數，你就會發現，住在美國的民眾，每人每年耗用將近九萬瓩時能量，而住在歐洲的民眾，消耗量則只略超過四萬瓩時。

❖

中世紀的機械革命預示水車和風車的廣泛使用，隨後的工業革命則啟動以化石燃料為基礎的時代，在此之前，農耕、製造和運輸所需勞力，都只由人力來提供。把這筆現代能量消耗看個仔細，九萬瓩時就相當於每個美國人都有一隊十四匹馬，或超過一百個人，全力以赴，全年無休，全天候為他們工作。

一旦工業文明崩墜，這股能量供給也會瓦解，接著當社會重新恢復時，就必須再次學習，如何為它的能量需求預作準備。文明進步的根本，乃在於能夠徵用規模越來越大的能源，好比習得把熱轉換成機械動力的本領。

機械力

文明不只需要熱能，這部分我們在第五章已經見過，還必須能駕馭機械，文明才能擺脫只使用人力的處境。

羅馬的一項重大創新是開發出豎直的齒輪傳動水車：一個帶梳板的大水輪，底部浸在溪河水中，靠水流力量來轉動。這種水力在古代主要是用來轉動磨石碾磨麵粉，而促成這項技術的關鍵機械裝置，則是約公元前二七〇年發明的軸齒輪，這能改變運動方向，從水車的垂直旋轉，轉換成磨石的水平轉動。最簡單的做法是在水車主動軸上裝一個大型冠狀輪（從平坦表面突伸一些短樁的齒輪），並與一件稱為燈籠齒輪（lantern gear）的短桿筒輪耦合，接著短桿筒輪再與磨石相連。你可以改變冠狀輪和燈籠齒輪的相對尺寸，讓研磨所需轉速和不同河川的水流流速兩相配合。這類水磨是已知第一種以齒輪裝置來轉換動力的應用實例，是機械力的最早根源。

下射式水車是水流沖擊水車底部斗子的款式，幾乎可以應用在所有河岸，甚至安裝在錨泊河流中的磨坊船船邊，然而這種水車的效能卻低落得可悲，以最簡單款式來講，河川水位變動時，它就會遇上麻煩。所幸不需太多實用技術知識，就能建造出一款功能、力量遠遠更強的款式，也就是上射水車。羅馬帝國衰亡之後，就在照理講應該無知無識、發展停滯的那段黑暗時期，上射水車卻在歐洲全境廣泛運用，其整體外觀和原始型下射水車十分雷同，運作原理卻完全不同。

上射水車。正齒輪把垂直運動轉換成適合驅動磨石來碾磨麵粉的水平轉動。

上射水車的底部高懸尾水渠上方，並不浸入水流，流水是沿著一條瀉槽，從水車頂部注入。上射水車的轉矩並不自水流沖激，而是得自流水下墜放出的能量。這款設計能大幅提增效能，可以取得運用高達四分之三的水頭能量。瀉槽可以裝個水門，來控制導往水車的流量，倘若溪流蓋了攔水壩，形成一池磨坊水塘，這樣就能儲備能量，供需要時取用（這種構想是在頭一款直立式水車投入使用之後五百年，直到公元六世紀才試行採用，不過在重新啟動時，就可以直接跳步到這階段）。

駕馭風力比運用水力更是棘手得多，也因此這項技術，直到非常久遠之後，才在我們的歷史中出現（不過掛帆駁風航行的船隻，則可以追溯至公元前三〇〇〇年）。水這種介質的密度遠高於空氣，即便是溫和的水流，也帶了大量能量，也因此水才是容易利用的資源，就算零件設計不如理想，木質傳動裝置效能低落，依然能夠派上用場。裝個水門就可以調節水流，至於風力強度，你就完全無法控制，所以一旦風速太高，風車扇葉或驅動機械裝置就有可能受損。因此風車必須有煞車系統，還得有一套做法，好比疊捲帆布風帆來控制扇葉效能。不過，最根本的挑戰則是風向會不斷改變，因此風車必須能夠迅速重新定向。

基本款風車可以架設在一根豎竿上，採手動將整個結構轉向迎風面，若是動力較強的較大型固定式風車，就必須把扇葉安裝於竿頂轉臺，隨著轉臺環繞驅動軸，就能朝風向旋動。這裡採用的機械裝置設計巧妙，出奇簡單：在主翼板組後方安一組小扇葉，並與之垂直，小扇葉組以齒輪帶動，順著鋪設在轉臺頂緣的帶齒軌道運轉，於是不論吹過這組尾扇的風向如何改變，它都會自行繞著轉臺旋動，直到其定向又與風向完全一致為止。[1]

成就這整套裝置，必須具備十分先進的機械水平，甚至還遠超過最大型水車等級。不過一旦你能掌

1 到了十九世紀晚期，風車發展先進，其運轉也開始借助一種離心式調速器來控制——兩顆沉重球體，分別安在臂上，並能旋轉外擺——這能因應不等風速，自動調節磨石間隙。今天我們一聽說這種控制系統，馬上會聯想起蒸汽機，其作用是在機器轉速過高時關閉節流閥，截斷注入活塞的高壓蒸汽，不過詹姆斯．瓦特（James Watt）其實是從風車技術把這整套裝置借用過來。

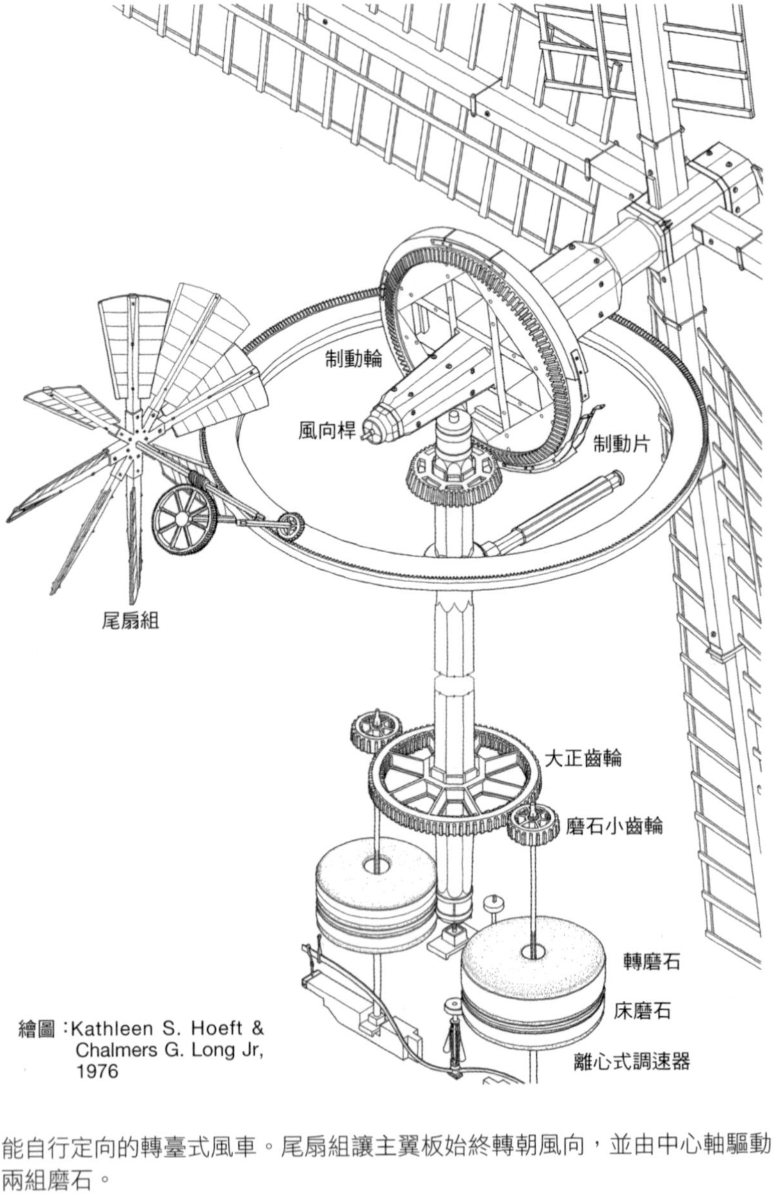

繪圖：Kathleen S. Hoeft & Chalmers G. Long Jr, 1976

能自行定向的轉臺式風車。尾扇組讓主翼板始終轉朝風向，並由中心軸驅動兩組磨石。

控風力，往後就不再受限於水流河道，而你的生產地點，甚至還能散布到地勢平坦的範圍（如荷蘭），或不具備大量水資源的地區（如西班牙），或者長年冰封的區域（如北歐）。

駕馭風和水這兩種野性力量，加上對動物牽引力的運用也越見效能（我們在第九章還會回頭討論），對我們的社會產生了深遠的影響，在重新啟動期間，你也必須盡速回到相同水平。中世紀歐洲成為人類史上第一個開發自然動力資源做為生產力基礎的文明，從此人類的肌肉力量——苦力或奴隸的勞動力——便不再是生產主力。從十一到十三世紀這段期間，機械革命的力道逐漸增強，遠遠超出磨坊磨麵粉的程度。水車和風車的強勁轉矩，成為隨處可見的動力來源，用途多元：輾壓橄欖、亞麻籽或油菜籽來榨油；驅動鑽木鑽頭；拋光玻璃；紡織絲綢或棉花；並推動金屬滾子來壓製鐵條。基本機械組件曲柄臂能把旋轉運動變換成往復式機械能，可用於鋸木廠、為礦井通風，或者從礦坑或淹水低地抽水（好比在荷蘭就大大派上用場）。不過功能最變化多端的用途，或許就是轉動凸輪，反覆抬起、放下搗錘——粉碎金屬礦石、錘打熟鐵、擊碎石灰岩來製成農業用石灰或砂漿、錘打骯髒羊毛讓毛變得乾淨、緊實，還可搥打麥芽漿來製造啤酒、搥打紙漿來造紙、搥打樹皮來鞣製皮革，以及搥打菘藍葉來製造藍色染料。

以凸輪機械裝置抬高搗錘的做法，沿用了七個世紀，直到工業革命時期，才被蒸汽動力版本取代，不過如今它仍舊留存在我們的汽車、卡車引擎蓋底下，負責依正確順序，開闔引擎閥門（參見第九章）。

所以，有了合宜的內部機械裝置，來把主旋轉軸（principal rotation）產生的力轉化成機械能，中世紀水車和風車，也就成為最原始的動力工具。儘管中世紀世界並不是工業社會，卻肯定也相當勤奮。倘若我們的文明遭逢劇變瓦解，這項技術也很有指望能再次派上用場，快速提升產量。

任何文明都必須成功徵用熱能和機械能。不過你該怎樣把一種能量轉變成另一種？把機械能變換成熱能並不稀罕——想想天冷時你摩擦雙手的作用——沒錯，設法減弱摩擦力，把有用能量的損失量降到最低，正是使用引擎潤滑劑和滾珠軸承的要點所在。不過倘若能反向變換，那就會非常有用了。有需要時，燃燒好幾種燃料都能供應熱能，若是能夠把熱能轉換成機械能，那麼你就不再需要仰賴變幻無常的風或水，還可以拿它來當成機械交通工具的動力機。史上頭一種能落實能源變換——把熱能轉換成有用運動的機器——就是蒸汽機。

蒸汽機的核心概念源遠流長，可以追溯至一道

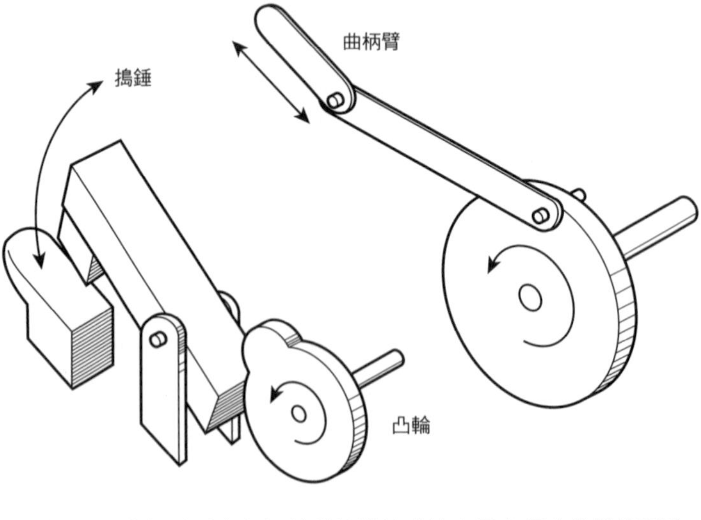

基本機械作用：曲柄臂（右）把轉動能變換成適合用來鋸木的前後運動，凸輪（左）則反覆抬起、放下搗錘。

古老的謎團，而且十六世紀晚期的伽利略，對此也耳熟能詳：用抽氣泵抽水時，管中水位沒辦法抬高超過十米左右。這個現象的原理是，空氣本身會施加壓力，這種力量會擠壓地表一切事物，包括水柱。這裡面的含意是，你可以讓大氣本身為你幹活。你只需在雕鑿平滑的圓筒裡面產生真空，接著安上一個能自由移動的活塞，外界的空氣壓力就會強力把活塞猛壓進去。這種動作可以和機械裝置耦合，輕鬆取得勞力。問題在於：你該怎樣重複在圓筒內產生真空？答案是：使用蒸汽。

從鍋爐把高熱蒸汽導入圓筒，然後讓它冷卻——當蒸汽冷凝化為液態水，施加的壓力便隨之陡降，不再能與大氣壓力抗衡。活塞受外界空氣壓力驅使向內移動，為你做功，接下來你還可以反覆這種循環，先開啟一道閥門，讓活塞回到原位，然後再次注入蒸汽。這就是十九世紀最早期「燒火發動機」的基本運作原理，你還可以提增效率，好比添加另一具冷凝器，這樣你就不必一再冷卻圓筒並再次加熱。不過，倘若你能製造出比較結實的圓筒和鍋爐，拾荒撿來的原料說不定就很適用，或者投入重新開發冶金技能，那麼你就能大大改良成果。你可以不使用蒸汽在圓筒中冷凝所產生的吸引作用，改讓蒸汽先累積，形成較高壓力，並使用熱空氣的擴張力量——也就是濃縮咖啡機那種嘶嘶噴氣力道——來驅動活塞，先讓它在圓筒中朝其中一方向移動，接著掉轉回頭，再向另一側運行。

蒸汽機的主要輸出，就是活塞的高速往返動作（所有活塞型熱氣引擎也都如此，好比第九章我們會討論的汽車發動機）。這種動作已經足夠用來從礦坑抽水，不過就多數用途而言，你必須把作用於活塞的往復直線運動，換成平順的旋轉動作。曲柄可以用來改變運動方向，對外輸出機械能，我們從風車就能見到，這能產生適合驅動機器或汽車車輪的動作。

你大概會認為，蒸汽機是你能夠蛙跳躍過的過渡技術，可以直接跨向稍後我們會詳細說明的內燃機或蒸汽渦輪機。不過蒸汽機其實具有兩大優勢，勝過比較先進的替代技術，所以你或許有必要重現這個發展階段。首先，蒸汽機屬於外燃機，不需要精煉的汽油、柴油或瓦斯氣就能運轉——外燃機不需那麼講究，只要能燃燒的，幾乎都可以用來啟動鍋爐，包括碎木料或農業廢棄物。其次，簡單型蒸汽機只需十分簡陋的工具機和原料就能製造完成，可容許的誤差遠比其他複雜精密的機械裝置還寬容得多。稍後我們還會回頭討論機械動力，現在就讓我們看看，重新啟動現代世界的核心：電力。

電力

電力（講得更精確一點，其實就包括全套電磁學）是十分重要的技術，因此你在重新啟動時期，應該以此為第一要項。電磁學的發現，顯示一個偶然開創的全新科學領域，如何能夠帶來各式各樣的發現，以及後續開發的可能。種種新的技術應用方式又開啟了從事科學基本研究的新途徑。

最早產生的電力，是種穩定的持續電流，適合用來製造電池。電池的製造方法出奇簡單。你只需要兩種金屬，將它們都浸入或插進導電的流質或膏糊中（稱為電解質），就能產生安定電流。[2]所有金屬對於名叫電子的粒子，都具有特定親和力，當兩種不同的金屬湊在一起，其中之一就會釋出電子，給對電子更飢渴的另一種金屬，連接雙方的線因而產生一股電流。不論是供行動電話、手電筒或心律調節器使用的電池，裡面都封裝了一種化學反應，而且唯有電線接合才能運作，這時電子流便沿著一條迴旋的電線路徑前行，為我們幹活。兩種金屬的反應性高低差能決定產生的電位差，也就是電壓。

把銀或銅與鐵或鋅等較高反應性金屬耦合，便能發出合宜的電壓。最早的電池在一八〇〇年以銀、鋅圓盤交替堆疊而成，稱為伏打電堆（voltaic pile），各圓盤間還以浸了鹽水的紙板墊隔開。銀、銅和鐵都早在伏打電堆發明之前千年就為人所知，其中鋅比較不容易離析出來，儘管如此，古代青銅合金卻已經含鋅，而且純鋅在十八世紀中葉也已經出現。電線可以輾壓或拉抽軟銅就能製成。所以，要在古典時期發現電，似乎也不會遇上克服不了的障礙。

說不定當時也確實發現了電。

一九三〇年代，伊朗巴格達附近一處考古挖掘現場，發掘出好幾件古怪的人造工藝品。那批黏土罐各約十二公分高，年代可以推溯至帕提亞時代（Parthian era，約公元前二〇〇年至公元二〇〇年）。不過這批陶器是因為內容物才顯得非同小可。每個罐中都有一根鐵棒，周圍是一件捲成圓柱形的銅片，而且跡象顯示，罐子裡面裝過像醋這樣的酸液。兩件金屬保持分離，彼此不相碰觸，罐口還以天然瀝青隔離材料密封。一項假設是，這種古老遺物構成一款電池，可能曾經用來為珠寶鍍金，或也可能是電流會

2 假使你有老式補牙填充料，你就可以用自己的嘴巴來做個示範。咀嚼一片鋁箔紙，也就是引進了第二種金屬，它就會與汞銀填充料起反應，同時你自己的唾液，也就成為一種電解質。不過做這個試驗時要當心，因為生成的電流會直接導往你填了填充料那顆牙齒的神經末梢！

引發刺痛，被視為具有醫療功能。「巴格達電池」的複製品，確實能發出約半伏特電力，不過持平而論，電鍍方面的證據力很弱，有關這些神祕陶罐的解釋仍有爭議。然而，倘若這些文物的用意是為了提供電力，而這也確有可能，那麼它們的出現時期，便領先伏打電堆一千多年。

❖

倘若脫除極端電子，轉交給正電極的化學反應是可逆的，那麼你也就製造出了特別有用的品項：可充電電池。最早製造出的可充電電池是鉛電池，常見於現今的汽車。每件電極都使用一片鉛，還有一池硫酸電解質。兩端電極與酸液起反應，生成硫酸鉛，不過在充電時，正極就會轉化為氧化鉛（鉛鏽），負極則生成金屬鉛，電池放電時，這道程序便巧妙逆轉過來。這類電池單元各能發出略超過兩伏特電力，用電線把六個串聯起來，就能發出汽車電池的十二伏特電力。[3]

不過問題在於，儘管電池是種能隨身攜帶的奇妙電源，而且我們的筆記型電腦、智慧型手機和其他現代奇巧器具都得靠它來運轉，其實你不過是讓不同金屬當中的化學能相互作用（就如燃燒原木也只不過是釋出了碳和氧反應生成的化學能）。你會需要先投入許多能量來精煉金屬，或者從其他地方輸出電力，來充飽你的可充電電池。電池是種庫存，並不是種能源。

我們的現代生活高度仰賴電力，但從一八二〇年代開始才碰巧連續發現電磁現象。把羅盤擺在接通了電池電流的導線旁邊，你就會注意到羅盤針向旁偏轉。導線發出一個磁場，在局域範圍內的強度壓倒地球的總體磁場，於是羅盤針便重新定向。你可以拿一條電線緊緊纏繞一根鐵棒軸心來檢視這種作用；電線發出的小磁場結合生成強大電磁，你可以撥動電閘來開啟、切斷電磁，用它來永久磁化其他鐵器。

既然電力能產生磁力，反過來是否也能成立：磁體能不能在導線裡面變出電流？確實可以。拉動磁體前後移動或旋轉，甚至把電磁體開了又關，都會讓鄰近線圈生成電流。磁場橫越導線的速度越高，生成的電流越大。所以電力和磁力是糾結不可分割的力：同一股電磁力的兩面。

這項有關磁力生成電流的簡單觀察結果，開啟了豐沛浩瀚的現代技術：只要用上磁體，運動本身就能轉化成電力能源。你不再受限於昂貴金屬，還有電池不斷耗損減弱：你可以在線圈內裝個磁體，需要用多少電，就轉動發出多少電，不然也可以逆向進行。反過來講也能成立，因為電磁力能產生運動。倘若你拿一個強磁體和導線並列，啟動電源之後，你就會注意到導線抽動。這就是電動機作用，做個小實驗，你就能研究出該如何配置有電導線和磁體（或甚至電磁），來驅動轉軸高速自旋。當今的電動馬達能驅動工業機具、鋸木，還能磨麵粉，而且你家裡就有好幾十具馬達：推動真空吸塵器、帶動浴室抽風機，或讓ＤＶＤ播放機轉動。這些微型勞動力，讓我們當今的生活變得輕鬆，如今馬達已經無所不在，而且基本上都是隱匿看不見的。

3 一個個電池相連而成的集合體稱為電池組（battery），這個單詞源出軍事術語：一處部署好幾尊重砲的重地，這樣的安排稱為火炮陣列（artillery battery）。

利用電磁力運動的原理，你就能製造出種種儀器，準確測量電力的基本屬性：有多少電流流過，還有電壓有多高。（最早期的電工是給自己舌頭通電，以電擊疼痛程度測量！）我們在第十三章就會見到，可靠量化數據是很重要的，這樣才能認識現象，接著也才能駕馭現象，利用科學知識發展新技術。

電燈在我們的生活當中，同樣扮演著一個非常重要的角色，能因應需求提供照明，而且基本上這也就改變了我們的睡眠模式和工作生活；如今我們的建築物和街道，滿布幾十億個微小太陽，發出燦爛光芒。電力照明的最簡單型式是弧光燈。這是在十九世紀早期發明的，電源來自伏打電堆，基本上那只是兩個碳電極之間，一陣接連不斷的電花，也就是一種人造閃電。弧光燈的問題在於亮度強得令人無法忍受，所以並不適合做為室內照明。儘管使用電力來發光相當簡單，但使用電力來產生實用的白熱光，卻是棘手至極。

燈泡設計所運用的自然現象十分簡單。當電流通過細絲，電阻就會讓它升溫，這就是你可以利用的物理特性。物質溫度升高就會開始發出本身特有的光芒——白熾光：把鐵條插入火中，會先燒成櫻桃紅色。接著是橘色和黃色，最後就發出明亮白光。不過魔鬼藏在細節中。倘若碳化絲線或金屬，在空氣中燒得白熱，它很快就會與氧反應，燒得精光。你可以把細絲封閉在氣密玻璃球內，並以真空泵抽光裡面的所有空氣，然而高熱物質在真空中卻很容易蒸發消散。在燈泡中填充惰性氣體，好比氮或氬，並保持低壓，可以取得良好效果，不過你仍需要做點研發，拿不同碳化物質線股或金屬細絲來嘗試錯誤，找出哪種材料能成為可靠的燈絲。

發電與配電

我們已經見到，發電機如何把運動轉化成電力，不過一開始你又該如何產生那種旋轉？最直接的辦法，就是把發電機安裝在你製造的簡陋風車或水車上頭。發電機每分鐘旋轉好幾百圈時效果最好，所以你還會需要一組齒輪，或一套滑輪與傳動帶系統，將驅動軸緩慢的高力矩轉動速率提增數倍。重新啟動的文明，大有可能就像以不協調技術拼湊出的蒸汽龐克大雜燴，有傳統外觀的四帆風車或水車，卻不是用來駕馭自然力，以碾磨穀物或驅動搗錘為用途，而是用來發電並導入區域電力網。

在二〇〇五年完成的一項可行研究計算得出，翻修一座傳統型四帆風車，取下磨石，換上齒輪箱和發電機，每年可以發出超過五萬瓩時電力——相當我的公寓所需用電四倍有餘。不過，以簡陋做法所能達成的振奮事例，或許就是美國發明家查爾斯·布拉什（Charles Francis Brush）做出的成果。一八八七年，布拉什在自己地產上蓋了一座塔，安上一具十七公尺寬的風扇，風扇由一百四十四片扭轉造型雪松木細薄螺旋槳葉組成。這能發出超過千瓦電力，用來推動他的宅第各處約百枚白熾燈泡——這種燈泡本身就是當年的尖端技術——若有多餘電力，則全部儲入地下室四百多顆可充電電池。

這種設計的問題在於，用來提增轉動速度數倍的龐大齒輪系統，本身就會浪費能量。要解決問題，得從根本上改變風車設計。現代風力發動機不再部署寬闊的風帆，這種構造能攔下大量氣流，卻也會產生許多亂流和阻力，因而始終無法轉得非常快，新機型使用一組三片式修長槳葉。這種槳葉是開發飛機螺旋槳而學來的空氣動力學，儘管表面積大幅縮小，風速低時便很難開始轉動，遇上比較強勁風勢時，卻能以出奇高速旋轉，從而將更多疾風能量轉化為電力。

水車動力輸出也很有限。溪河水流可以運用的能量取決於出水量和水頭落差。出水量就是流率，而水力就是水流的下落總高度——送水瀉槽和引水道之間的落差（就上射水車來講）。水車有個嚴重局限，因為它們能運用的最大水頭受限於水車輪徑，而你又完全造不出超過二十公尺寬的水車，因為尺寸太大會太重，轉動效率也會變得很差。

不過水力渦輪機就沒有這種限制。長江三峽大壩是全世界規模最大的水力發電廠，從壩頂蓄水池到壩底渦輪機處，水位

查爾斯．布拉什於一八八七年建造的發電風車，扇葉直徑為十七公尺。

差達八十公尺，所以能發出巨大能量。

你能製造的水力渦輪機款式當中，以佩爾頓式水輪機（Pelton turbine）最適用於水頭落差大、低速水流率的水流（例如能產生高壓噴射水流的細窄水管），這款渦輪機以列置轉子中心邊緣的一圈杯子組成（看來有點像是一圈外展的湯匙）。重點在於，注水噴流並不在各杯當中停頓，而是很聰明地轉向，又從前方潑濺出來。各杯設計成平滑曲面水斗，並劃分兩半，中央縱貫一道尖峰稜線，於是直接衝擊水杯的水柱噴流便由中央稜脊整齊區隔開來，分別旋繞兩半曲線，又從前端湧出。正是這股逆向水流對杯子施以強勁力量，轉動渦輪機，於是噴流便隨著中心轂轉動，輪流衝擊杯子。

就反面的情況，當可用水流的水頭落差很小，流速又很高時，橫流式水輪機（cross-flow turbine）比較適用。水是從一款以曲面短葉片放射列置的水

佩爾頓式水輪機。

輪頂部導入，葉片經水流從側邊衝擊，接著當水從輪底流出時，還會再次衝擊輪葉。橫流式水輪機外表看來就像傳統式水車，不過重點在於，它並不是靠落入水斗的水重來推動旋轉，而是靠水流衝擊水車彎曲葉片的作用來推動。

佩爾頓式和橫流式水輪機，以基本金屬加工就能輕鬆製造，如今在發展中世界也被廣為採用。這對末日災後社會很有幫助。

儘管風力發動機和水力渦輪機的效能優越，而且能駕馭再生能源，然而我們今天的電力，大半卻不是這樣生成的。事實上，蒸汽時代始終沒有真正結束。我們不再把蒸汽機當成推動機械或車輛的主要動力，不過如今全球超過八成用電，卻仍然使用蒸汽生成。也就是燃煤或燃燒瓦斯生熱來為鍋爐加熱，也有些是使用核分裂反應器，讓不安定的重金屬衰變生熱來發電。

前面我們已經看到，生產熱能相當直截了當，把熱能轉化成運動能，則是比較棘手的程序。蒸汽機可以為你辦到這點，不過緩慢推送活塞，卻沒辦法有效轉化成適合供發電機運用的快速旋轉運動。

解決之道是蒸汽渦輪機，這是以一類成功的水力渦輪機設計為本，並因應高壓蒸汽完成的優化款式。想從蒸汽衝流取得動力，可以讓輪葉背面攔集水流，靠水衝擊來推動（如佩爾頓式或橫流式水輪機），或者就讓水偏斜衝擊彎曲表面，於是它就會被反作用力向前拉動，就如飛機機翼。蒸汽和水的關鍵差別在於，它會膨脹，衝激速度較快，壓力卻較低，所以蒸汽渦輪機多半結合一個高壓蒸汽反作用階段，在轉軸更深處安裝衝擊轉子，靠膨脹的蒸汽推動來產生動力。這種多階段蒸汽渦輪機能高效發電，也迎來了現代電力時代。

不過，不論採用哪種發動機來發電，你都必須能夠把發出的電力，配送到需要的地方。

儘管你可以拼裝出一臺發電機，來供應安定的直流電（也就是電池提供的電力），不過你也可以更輕鬆製造出一臺能隨轉子旋轉，供應高速週期變化式交流電的發電機。線圈發出的電壓，在正負極之間往返擺盪，於是它驅動的電流也一再逆轉方向，像潮汐般在導線中往返。交流電有一項勝過直流電的絕大優勢：它為我們解決電力傳輸問題，能把發電站發出的電力，傳輸到需要用電的工業區或城鎮。

一旦你開始嘗試讓電子在配電力網絡中四處分流，你就會遇上一個根本問題。電力輸送的功率，等於電流乘上電壓所得乘積。若是你使用很大的電流，導線電阻不免就會導致線路升溫，而你發出的寶貴能量，也絕大多數都要浪費掉了。（就另方一面來講，電阻也是電熱水壺、烤麵包機或吹風機加熱組件所採用，並刻意最大化的原理。還有，倘若你可以讓細絲溫度提高，開始發光，同時並不燒斷，那麼你就破解了燈泡的基本道理，詳如前述。）除此之外，要想供應高功率水平的電力，唯一的做法就是讓電流保持低數值，同時衝高電壓。這樣做的問題在於，高電壓極端危險：把導線架在高塔上橫越鄉間是可以接受的，不過你肯定不會想把高壓電電線連到你的住家。交流電妙就妙在，你可以使用變壓器，輕鬆推高、壓低電壓。

變壓器基本上不過就是兩組大型線圈，相互並列在同一個環扣磁路鐵核上，於是一次繞組線圈拋出的磁場，就會衝激跨越二次繞組。運用前面討論過的電磁感應原理，流經主線圈的交流電，就會產生快速波動的電磁場——每秒擴增、瓦解超過百次——接著這就會在副線圈感應生成交流電。然後這裡就有個巧妙之處。倘若你的副線圈比主線圈多繞個幾圈，電壓就會攀高，電流則會變小：變壓器就像電力的貨幣交換所，交互兌換電流和電壓。所以你就可以在配電力網絡的不同段落，運用變壓器來改變電壓，把高電流的低效能電阻和高電壓的安全風險都降到最低。

電力妙就妙在，你不再需要仿效十九世紀祖先的做法，把產業全都蓋在多風山丘頂，或設置在高速水流河川附近，或者能從森林或煤田輕鬆輸出的距離。你只需要把發電機擺在這些地點，然後就讓電能順著導線，飆往需要用電的地方即可。這是我們習以為常的做法。短短一個世紀之前，家戶所需能源，還都必須實際動手運送：燃油燈用油、烹飪和暖房所需木炭或煤炭——維多利亞時代的房屋，還得附設戶外儲煤倉庫，才夠儲放過冬所需暖房燃料。如今電力都直接輸送到整間住家，供應能量到定點；乾淨、無聲，也完全不需倉庫。

要讓社會在大災變之後東山再起，直流電是個合宜選項，可以用來泵送電力跨越短距離，或存蓄在以風車和住家組成的小規模地方電力網等電池儲放所。不過，倘若你希望在災後復興時期，借助經濟規模和集中式大型發電站的優勢，那麼你就必須發展出交流電配電力網。同時當你所棲身世界的社會大眾，有可能感到能源拮据困窘，供量遠低於需求，這時你就必須盡可能善用燃料的熱能。發電廠有種荒誕的做法，竟然把大量熱氣，直接從冷卻塔排出拋棄，然而周遭城鎮的建築物，卻還得燃燒更多燃料來為自己取暖，汽電共生（combined heat and power，又稱熱電聯產）式發電廠就是為了解決這種怪象才應運而生。瑞典和丹麥在汽電共生的運用方面領先全球，他們驅動渦輪發動機來發電，並將高熱蒸汽轉作其他用途，好比為當地建築供應暖氣。渦輪發動機使用的燃料，除了天然氣之外，也包括種種生質燃料，好比木材廢料、永續森林取得的木頭，還有農業廢料，發電和產熱的加總能源效率將近百分之九十。

重新啟動期間，我們很可能經常看到動物拉車載貨，甚至採用氣化爐的卡車，從定期輪伐矮林運出一車車林木，或從周圍鄉間運來農業廢料，全部輸往汽電共生廠區，這種汽電共生廠能善用我們收集來的能量，涓滴用來發電產熱，供附近社區和產業使用。底下就讓我們看看運輸的技術。

第九章　運輸：有車幹嘛還要走路？

「汽油引擎完全是種神奇魔法。想想那種本領，拿一千件不同金屬……如果你用一種很特別的方式組合它們……接著只要你給它們一點點汽油……然後按下一個小開關……突然之間，那些金屬全都活了過來，它們會發出呼呼聲、嗡嗡聲和轟鳴聲……它們會讓輪子颼颼轉動，車子開來開去，速度快得嚇人。」

——羅德・達爾（Roald Dahl），《世界冠軍丹尼》（*Danny the Champion of the World*）

一個國家的公路網，必須投入高額經費和時間養護，而末日災後儘管交通全都停頓，不再有車流時時損耗路面，各地的公路網恐怕仍會高速劣化。溫帶每遇冷凍—解凍週期，會持續破壞路面，讓細小縫隙和破口不斷擴大，種籽隨風吹入裂縫，很快就會長成低矮灌木叢和樹木，樹根還會讓路面柏油裂得更為嚴重。

事實上，鋪上柏油瀝青的現代大路，儘管車輛能以上百公里時速在路上頭轟隆隆疾馳，卻比不上古羅馬扎實耐用的路面。他們的公共道路，表層鋪了厚厚一層堅硬石板，如今，當年造路的文明已經衰亡千年，許多道路依然能夠通行無礙。我們現有的運輸網絡，恐怕不會有這種情形。過沒多久，就連主要幹道，舊文明的動脈，都會完全無法通行。到時單是進入死亡城市探索，你都會需要堅固耐用的越野車輛：史上第一遭，這種多用途車輛，會成為出入都市的必備要件。

堅實的鋼製鐵軌遠比柏油路更耐久，不過最終仍會鏽蝕。末日災後頭幾十年間，遠距離陸路貿易，大概採用老舊鐵道路線比較容易進行，不過你得隨時清除沿線新長的植物。

現代運輸工具的機械裝置，大半都屬於內燃機引擎，這是家用小客車、火車與輕型飛機的動力來源。不過許多工業用機械和產業用交通工具，也扮演支持社會的重要角色，好比拖拉機、聯合收割機、漁船和送貨卡車。你必須讓這些車輛盡可能長久運轉。首先讓我們看看，如何供應工業用機械基本消耗品——燃料和橡膠——隨後再來探討，倘若社會沒辦法機械化，更進一步倒退，到時還有哪些備用選項。

保持車輛運轉

稍後我們還會回頭討論汽油和柴油引擎略微不同的運作模式，不過眼前只需了解這兩類引擎需要不同的液體燃料就夠了。汽油和柴油都是碳氫化合物混合液體——和第五章的植物油有相仿的分子。汽油成分混雜種種碳氫化合物，其骨架長度相當於五到十顆碳原子，至於柴油燃料則稍重一些，黏度也稍高，其構成化合物較長，約相當於十到二十顆碳原子。前面我們也看過，文明崩潰之後，仍會留下相當數量的燃料庫存，分別儲藏在加油站、油庫或廢棄車輛的油箱裡。然而過沒多久，生還者就有必要開始自行生產，維持機械化農耕或運輸。

今天燃料都源自原油加工製程。處理原油來生產汽油和柴油，方法相當直截了當，也可以小規模進行。用來分離出液體各種成分的做法是分餾，和蒸餾酒精的原理是相同的。可以將分子量較大的碳氫化合物「裂解」，也就是添入氧化鋁催化劑（例如碾碎的礬土）一同加熱，使其分解成效率較高的小分子燃料。

維持燃料正常供應，問題不在於化學加工的難度，而是沒有先進鑽油設備或離岸鑽井平臺，如何從地下取得原油。就算不使用原油做為原料，我們仍有可能提煉出汽車燃料，而且末日後社會有可能從今天的綠色運動（Green Movement）學到許多事情。誠如魯道夫・狄塞爾（Rudolf Diesel）本人在二十世紀早期所述，「能量可以從陽光熱能中生成，供農業使用的動力也是，就算所有天然固體和液體燃料全都耗盡也一樣」。

汽油動力車輛的一種可行替代能源是乙醇（我們在第四章就看過，可以藉由發酵生成乙醇）。巴西是大量採用杯中物燃料車輛的先驅：該國路上的汽車，每輛都靠燃燒乙醇混合燃料來發動，從添了百分之二十乙醇的混合汽油到百分之百純乙醇燃料都有。就連美國也有多州規定，所有汽油的酒精成分需達百分之十，因為這可以直接使用，不需修改引擎。沒錯，最早的大量生產車型「福特T型車」，便是設計成能使用汽油或酒精兩種燃料，而且美國當時還有好幾家釀酒廠，專門把作物轉化成乙醇燃料，最後是到了禁酒時期，這種做法才遭扼殺。

大規模生產乙醇燃料來推動運輸系統，會遇上一個問題：必須取得充裕的醣來餵養微生物，使其發酵。巴西的永續生質燃料經濟的基礎是甘蔗作物，然而出了熱帶地區便無法栽植。儘管所有植物全都含醣，構成植物結構的一股股纖維素十分堅韌，化學安定性很高，維生所需醣分都被緊緊鎖住，無從取得。與其嘗試精煉成生質燃料，不如讓它在沼氣池中腐敗，生成甲烷氣（見第三章），或者乾脆把它擺進鍋爐裡面燒，說不定還更為可行。

話說回來，柴油引擎的轟鳴聲，末日災後幾乎肯定還能聽到。柴油引擎的用途廣泛，還能以加工製成生質柴油的植物油料運轉：煉製時讓油和甲醇（最簡單的醇類）跟鹼反應（如第五章所述，只需添入鹼液——氫氧化鈉或氫氧化鉀都行——即可）。甲醇也稱為木精，可取木材乾餾製成（參見第五章），不過採發酵生成的乙醇也可以使用。殘存的甲醇或鹼液，還有甘油和肥皂等無用副產品，也都可以注水清除，最後取得的生質柴油還得煮乾水分，最後才能用作燃料。

基本上任何植物油都可以使用。油菜在英國是種優良作物，因為依單位面積計算，油菜籽能產出大量油料（超過葵花籽或大豆等來源）。油菜籽很容易榨出油，殘餘莖梗可以當成營養的動物飼料。真需要的話，動物脂肪也可以。牛羊脂肪是取牛羊碎肉或屍骸熬煮提煉而得，脂肪經高溫熔融，分離漂到液面，冷卻後可以刮起。牛羊脂肪可以像植物油，加工製成生質柴油，不過由於所含碳氫化合物分子較長，遇上較冷天氣，就有可能在油箱內凝固。

這類生質燃料的問題在於，它們都是從作物轉換成燃料才能運作，單只讓一臺小汽車上路，都得消耗起碼半英畝（約二十公畝）的農業產出。由於災後倖存民眾可能缺糧，當然這得看復甦情況，不過果真如此，那麼燃料能不能從非食物來源取得？

所有內燃機其實都是靠燃燒氣體，並不是靠燃燒液體燃料。汽油或柴油首先變成細霧，注入汽缸後會先蒸發，之後才引燃。所以機械化運輸要能持續，另有選項，就是把可燃氣體裝進加壓瓦斯筒並直接注入引擎。這就是現代壓縮天然氣（compressed natural gas，甲烷）或液化石油氣（liquefied petroleum gas，丙烷和丁烷的混合氣）車輛的行進方式。

災後要把瓦斯打進數百倍大氣壓力的氣罐，難度恐怕太高，一種適合末日後使用的低科技替代方案就是給車輛加裝儲氣囊。這種裝置常見於第一次和第二次世界大戰燃料短缺時期，氣囊是種橡膠氣密型織布氣球，裡面盛裝煤氣或甲烷氣，兩、三立方公尺瓦斯就相當於一公升汽油。

另一種稍微不方便的選項是一邊開車一邊產生燃料氣體——製造一款木材能動力車（wood-powered car）。

關鍵原理稱為氣化作用（gasification）。點燃一根火柴，緊盯著它看，就能知道箇中道理。你會注意到，搖曳發光的黃色火燄和木棍並不相觸，中間隔著一道明確的暗色間隙。火燄燃燒的物質，其實不

第一次大戰期間用氣囊裝燃料的蘇格蘭公共汽車。

是火柴棒，而是木頭複雜有機分子受熱分解成可燃氣體，而且唯有和空氣中的氧氣接觸時，才會引燃，燒出一團熊熊烈燄。這就是前面談過的熱解作用，那時我們探討的是木頭乾餾程序，描述蒸汽如何冷凝，生成種種有用的液體（見第五章），不過為引擎提供動力時，我們就必須將可燃氣體生成瓦斯的轉化率提到最高，並將經高溫分解的木料和火燄的相隔距離加寬。最後生成的瓦斯必須預防意外點燃，直到沿管線導入引擎，才能與氧氣混合，並在汽缸裡面引燃。

第二次世界大戰期間，歐洲全境出現將近百萬輛氣化爐動力車，讓民間基本運輸得以順暢進行。德國推出一款木材氣化爐的福斯金龜車，全套設備巧妙安裝在車身裡，不過引擎蓋開了個孔，用來添加柴火，也留下它特殊動力源的唯一線索。此外在一九四四年，德國陸軍還部署了超

靠木材氣化爐動力發動的車輛。

過五十輛木材氣化爐動力型虎式戰車。

氣化爐基本上就是個氣密圓柱，頂部裝了個蓋子，使用撿來的材料也可以製成——好比拿一個鍍鋅垃圾桶安裝在油罐鐵桶上，加上水管。木料堆在氣化爐的上半部，木材會先乾燥，接著被桶中的高溫熱解，並在有限氧氣中局部燃燒，達到操作所需溫度。重點在於，桶柱底部會形成一層高熱木炭，和蒸汽起反應，並經由熱解作用完成化學轉化，釋出種種瓦斯。最後再從氣化爐底部抽出生成瓦斯，裡面富含可燃氫、甲烷和一氧化碳——這是種有毒氣體，所以你必須確保操作環境通風良好——還有高達百分之六十的惰性氮氣。讓氣化爐瓦斯冷卻，也讓蒸汽凝結，以免污染引擎，接著就可以注入汽缸。

三公斤左右木材就相當於一公升汽油（實際則取決於密度和乾燥程度），所以瓦斯的燃料消耗值，並不是每公升多少公里，而是每公斤多少公里——戰時氣化爐每公斤木材能提供約二點五公里能量。

汽車要正常運轉，不只需要燃料。橡膠也不可或缺，用來製造不斷耗損的輪胎，還有吹脹像甜甜圈氣球模樣，用來緩衝的內胎。

橡膠要能發揮實際用途，原料首先必須經過硫化處理，改變物質特性。先在橡膠上噴灑硫磺，讓它熔化，接著倒入模具固化。橡膠的盤繞分子鏈被破壞，就會糾結在一起，由硫磺綿密織成堅韌又有彈性的質團。這會產生出一種幾乎無法被破壞的物質，比天然乳膠更具彈性，而且在高溫下不會變黏，低溫時也不會變脆。

橡膠的問題在於，一旦硫化之後，它就不能直接熔化，二次利用。末日後社會不能仰賴資源回收，供應胎紋清晰的輪胎，還有滿足對橡膠的所有需求，好比活門和內胎等。必須找到全新的橡膠資源。

傳統上，橡膠都以採自橡膠樹屬（*Hevea*）橡膠樹的乳膠製成，不過那種樹木只在潮濕熱帶環境生長，局限於赤道附近的狹窄地帶。另一種替代來源是灰白銀膠菊（Guayule）的枝幹、莖和根。相較於橡膠樹，這種矮小灌木是德州和墨西哥半乾旱高原的原生植物。灰白銀膠菊在第二次世界大戰期間受到注目，起因是日本攻進東南亞，同盟國喪失了九成橡膠資源。製造合成橡膠的化學原理十分棘手，復甦早期要執行，技術層面肯定難如登天，所以倘若你家附近欠缺天然資源，一旦先前留下的橡膠過了保存期限，開始變質劣化，重建遠距貿易就會成為你的考量。

機械化喪失之後，這種拼裝成形的馬拉式日常拖車，有可能變得司空見慣。

即便你能滿足燃料和橡膠需求，你也沒辦法讓車輛永遠運轉不壞。留下來的所有機器，零件不免都會磨損、劣化，儘管你也可以拆備用品度過一段時期，最後總歸仍得自行製造。為現代引擎製造替換品，必須有高水平冶金技術，才能混成恰當的合金，製造出合用的工具機，生產出符合標準的零件——這個課題我們在第六章已有著墨。所以，若是沒有搶在最後一臺還能使用的引擎出毛病之前，重新取得製造技術，社會就要失去機械化動力，進一步退化。在這種情況下，還有哪些備案能確保運輸和農耕運作？

機械能流失後該怎麼辦？

若是機械化技術失傳，就得重新起用動物牽引力。史上第一批使役動物是牛——閹牛——負責拉車耕種，拖曳大小車輛、犁、耙和播種機，一旦拖拉機失靈，就可以重新徵用牠們。輓馬的前身是中世紀歐洲培育重裝盔甲騎士的座騎，如現今體型最大的夏爾馬（Shire horse），牠們速度更快、更強壯，也不像牛容易疲累。不過若想用馬來替代牛，那麼首先你就必須重新發明馬具，這重要配件把古代文明都給難倒了。

給牛套軛十分簡單，取一木樑橫置牛頸上方，再於頸部兩側各置一棍來固定軛樑。還有一種是頭軛，安置在牛角前方。但馬的情形比較複雜，基於外形，馬必須先套上一組束帶。最簡單的束帶系統稱為頸前肚帶挽具（throat-and-girth harness），一條束帶橫越肩上，繞過厚實馬頸，另一條則環過腹部，使繫著點位於馬背中央。這款挽具在古代很廣泛，為亞述、埃及、希臘和羅馬的雙輪戰車服務了好幾百年。然而這種挽具和馬匹的解剖結構其實並不相稱，也不能用來從事拉犁或其他繁重勞役。問題在於，喉前束帶橫切過馬匹的頸靜脈和氣管，倘若拉得太用力，基本上馬就會勒死。解決之道是重新設計挽具，改換束帶施力點。

胸帶挽具，在金屬環或木環下妥善鋪設軟墊，能貼身環繞馬的胸部，牽引點並不位於後頸，而是位於身體兩側較低位置，所以能以胸骨區為承壓點，把荷重平均分散到馬的胸部和肩部。這款符合生理構造的胸帶——早期生物工學設計的一項應用——是公元五世紀時在中國發展出現，不過直到十二世紀，歐洲才廣為採用。這款馬具讓馬匹能施出全力——馬匹施出的拉力，三倍於佩戴不當挽具時的表現——也因此以馬拉犁耕種，成為中世紀農業革命的核心。

動物牽引力和廢棄車兩相結合，景象就會變得很詭異。失靈汽車或卡車的後軸和後輪操作單元，外出撿回來後可以修改，構成一臺有木製側邊的拖車的基礎。更簡單的做法是把汽車切割成兩半，把前端連同失靈引擎一併拋棄，只保留後座和後輪。添加一對鷹架用管，當成把手，套上驢子或牛，由牠們負責拖車。機械化動力喪失之後，這種拼裝的日用品，有可能變得司空見慣。

然而要回復動物力，就必須把部分收成拿來飼養牲口，不再能用來餵養人類。英國和美國在運用動物從事農耕的高峰期間，整整三分之一耕地都專門用來飼育馬匹，而這情形的發生年代竟然是在一九一五年（即便移動式蒸汽機早就問世五十年，而汽油動力拖拉機也已經問世）。[1]

除了提供農耕工具和陸路運輸的動力之外，重回海洋也是重建漁業和貿易的優先要務，不過倘若機械化動力的技術業已流失，那麼你就得靠帆船了。

任何人只要看過床單掛在曬衣繩上晾乾，在風中翻騰的情景，就能直覺想到最基本的風帆是什麼樣子。在船隻中央垂直立起一根桿子來當成桅杆，杆頂吊上一根橫樑，懸掛方位和船身垂直，這就是帆桁。在帆桁垂掛一幅大型帆布，底部以繩索固定，這樣你就造出了一艘在歷史上多次獨立出現的簡單橫

1 最近有先例，顯示這種技術退化，如何在機械動力崩解之後跟著出現，接著便是緊急重新啟用動物牽引力。加勒比海島國古巴在卡斯楚發動革命之後，成為蘇聯附庸國，隨後從一九六〇年代早期開始，蘇聯和東歐國家對該國提供農耕機械和補給，從此改變了古巴的農耕體系。一九八九年蘇聯集團解體之後，共產古巴陷入窘境，他們的化石燃料和設備進口霎時終止，全國運輸、農耕機械全都癱瘓，肥料和殺蟲劑生產也完全瓦解。古巴被迫迅速重新發展動物牽引力，來取代四萬臺拖拉機，並緊急啟動飼育、訓練計畫。不到十年，古巴的牛隻總計已經增長至將近四十萬頭，馬匹數量也逐漸恢復，並投入農耕。

帆（square sail，方形船帆）帆船。船帆能捕捉後方風力，就連原始的船隻，也都能順風前行。不過這樣的裝置，永遠無法小於六十度角逆向搶風航行，所以旅程中恐怕只能任憑變幻莫測的風勢支配。

另一種比較複雜的裝置是縱帆（fore-and-aft sail，艏艉向船帆）。這種帆的懸掛方位並不與船身垂直，而是沿著船體，從一端固定於桅杆的斜桁，懸掛斜向繩索。船隻採這種裝置，更好操作，還能以小角度搶風逆航——現代遊艇能以不到二十度角逆風航行——性能遠超過橫帆帆船，不過大型船隻多半採用縱帆。縱帆可以上溯至羅馬帝國縱橫地中海的時代，不過直到了「地理大發現」，它才真正成就大業，由葡萄牙和西班牙帶頭，鼓風推動歐洲探險船隻，跨越世界各大海洋，接觸遙遠的新土地，建立遠程的貿易航路。

讓縱帆斜向迎風，一種全新的作用就會出現。船帆迎風鼓脹，表現出類似機翼剖面的作用——氣流急速越過彎曲表面，偏轉使帆前產生一片低壓區。橫帆受風吹襲會產生風曳力，順著風向滑過水面，縱帆就不會這樣，反而產生升力，以吸力向前航行。所以，當麥哲倫探險隊在一五二二年首度環球航行之時，便用上了空氣動力學，不過他們並不完全了解當中牽涉到物理學，而這也是機翼和反作用式水輪機的根本原理。

然而，使用縱帆迎向橫越船身的氣流，卻會帶來一個問題，船隻有可能翻滾傾覆。解決辦法是在船內底層裝載壓艙物，讓它能不斷自行扶正，並在船身底下安裝一片龍骨，模樣就像倒置的鯊魚背鰭，用來抵抗船帆的傾斜作用力。不過倘若你能控制這些相互抗衡的力量，小心操控索具，調節縱帆形成最佳曲面，那麼縱帆翼剖面效應背後的物理學原理，就會帶來驚人結果，甚至航速還能超過風速。

若是你沒辦法回收利用仍能航行的船，就必須自行打造。傳統造船業有個步驟是把厚板縱向安裝到骨架上，並在縫隙填入浸過松脂的植物纖維以防滲水。倘若你能撿到或煉出熟鐵板或鋼板，也可以把這些材料鉚接在一起。船帆基本上就是一大匹布料，可以運用第四章的編織技術製成。製造船帆可以採平織法，不過要注意，所有織品都以順著緯線方向最耐拉扯，因為這些紡線都已經比經線筆直，若斜向拉扯，布料就很容易扭曲，還可能破損（你可以現在就拿你身上襯衫的一角試試看）。相同道理，製造繩索時也是先把纖維紡成紗線，接著捻成絞股，然後才編結成繩，接著必要時還可以再把繩束編成纜索。控制船帆所需滑輪和滑車組，和營造工地把重物拉上鷹架，還有起重機拉起重物的做法，都沒有兩樣。

但願過沒多久，復甦的文明又能精通金屬加工，熟練運用工具機。不過已經沒有動力機械的世界，倒是可以採行一種簡單的個人交通運輸載具，那就是腳踏車。腳踏車的核心是一款曲柄，把上下踩動所產生的能量作用於車輪的旋轉。不過還需要解決一項重大的問題：當腳踏車的構造長得就像兒童自行車（沒有變速裝置），腳蹬固定在輪軸上時，先踩腳蹬也無法使車輪轉動加速，若想要加快速度，你的雙腿就得像著魔般瘋狂踩踏。

因此最簡單的做法就是裝個大型前輪，就算只稍微旋轉，巨大圓周就會帶出可觀的速度；這就是模樣可笑的大小輪腳踏車和它的四英尺巨輪背後的原理。另一個解決做法效果會好很多——如今在我們看來是顯而易見，卻是直到一八八五年，才由一位腳踏車製造商付諸實現——使用齒輪組這種古老的機械系統，並以鏈條相連。裝了兩個尺寸不等的鏈輪，受驅動車輪就能轉得比腳蹬曲柄快得多，這是以一條滾子鏈，讓兩個鏈輪連動（滾子鏈本身和十六世紀達文西的一幅設計手稿非常相像）。另一項重要運作原理則是，連接轂和把手的支架，應該稍稍向後傾斜，這樣一來，前輪朝任一邊自然偏轉時都會回傾，從而賦予腳踏車穩定性。[2]

重新發明動力運輸工具

到了某個時間點，復甦文明的冶金、工程水平，都會達到能夠製造引擎的程度。倘若社會退化到必須仰賴動物牽引力和船帆的層次，再假設它沒有實例可供參考，又該如何重新發明內燃機？我們的車輛的心臟，在引擎蓋下跳動的機件，構造長什麼樣子？

內燃機是個很好的例子，顯示複雜機器不過就是一些基本機械的集合體，這些組件各具不同的功能，但只要採行新安排，就能解決特定問題。假使你能剝開家用小客車的金屬外皮，把它當成有機生物來解剖，那麼你就會發現無窮的次級機制，像人體五花八門的器官和組織那樣彼此互動。

所以汽車運作背後的關鍵原理是什麼，該怎樣從頭開始設計？

我們在第八章談過一款內燃機的操作原理：蒸汽機是靠燃燒燃料為鍋爐加熱，產生壓力將蒸汽注入汽缸。還有一種做法可以善用燃料中的化學能，而且效能遠勝蒸汽機，那便是省掉中間步驟，直接使用燃燒本身產生的高熱氣體壓力來驅動機器。若是先把微量燃料導入一處密閉空間，隨後再點火，就可以利用燃燒所產生的高熱氣體爆炸膨脹，讓爆炸把活塞推開，並為你幹活。整組動作每秒進行數次，你就擁有規律的動力源。若要重設汽缸來進行另一次爆炸，可以鑿開一個開口，把活塞推回原位，像注射器那樣把廢氣擠出來。接著再次抽出，從第二個活門吸入含有氧氣並摻雜新鮮燃料的空氣。開始壓縮混合氣，讓它變得緻密又熾熱，隨後再次點火。這種四步驟循環，正是如今地表多數內燃機的高速心跳。

燃料注入汽缸之後，有兩種做法能觸發燃燒反應，而這也是汽油、柴油引擎的差別所在。乙醇（或汽油）一類揮發性液體，可

2 大家總認為，腳踏車的穩定性，得歸功於旋轉車輪的陀螺效應，其實當中幾無絲毫關聯，特別是當轉速很慢時。

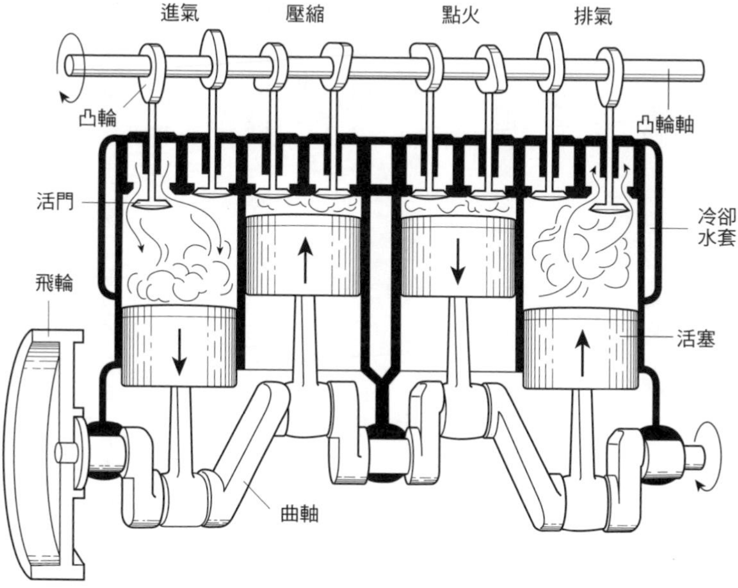

四衝程內燃機的組件包括汽缸和活塞、一支將動力傳給飛輪的曲軸，還有一支用來調節活門開闔的凸輪軸。

以在化油器內與空氣混合化為蒸汽，隨後才導入汽缸，接著就由電力火星塞點燃。柴油含較重的碳氫化合物分子，先化為細霧，接著在壓縮階段結束時，才噴進汽缸蒸發，最後再極度加壓空氣，生成的高熱衝將激發自燃。（為自己的車胎灌飽氣之後，只要感受一下腳踏打氣筒噴嘴的氣流，大家都能注意到，空氣壓縮能把溫度提高到什麼程度。）或者有辦法的話，你也可以如本章開頭所述，為你的引擎供應氣體燃料，用導管直接注入汽缸。

到了這個階段，為車輛提供動力的挑戰，便是如何把汽缸的直線前後動能，變換成可以用來轉動車輪或螺旋槳的平滑旋轉能。進行這項運動轉化的裝置是曲柄，我們在談腳踏車時曾經提到。曲柄是機械常用部件，含一曲軸，把往復組件和轉軸連結在一起（就腳踏車而言，你的雙腿便構成和腳蹬曲柄連動的連桿）。已知最早出現的這種關鍵機械裝置，是安裝在三世紀一座羅馬水車上，用來把河川動能變換成長木鋸的前後機械能。

現代引擎集結多具點火活塞的動力，使用的曲柄已經稍有改動，稱為曲軸。曲軸裝了系列柄狀差排構造，縱向間隔列置，於是整列活塞就能同時驅動同一根心軸。即便有好幾具汽缸交錯接連點火，轉動心軸的爆炸衝擊依然晃動不穩，必須設法讓轉動變得均勻。這次的解決方法，出自古代製陶技術。在曲軸尾端裝了個飛輪，其作用和陶輪的厚重石盤完全一樣，能儲存旋轉動量並讓旋轉平順。

這裡還需要另一項傳統機械零件，用來在動力循環時調節活門開闔，好讓燃料注入汽缸並排除廢氣。凸輪呈延伸拉長的偏心造型，環繞心軸旋轉時，可以用來抬升或推開槓桿。以往凸輪曾用在搗錘上，水車動力反覆抬高重錘，接著在凸輪的上頂時釋開，於是錘子墜落下敲。古希臘已經知道凸輪，後來重新出現在十四世紀的中世紀機械裝置。現代燃燒式引擎裝設一組凸輪，由主曲軸驅動，讓進氣閥和出氣閥的開闔時機，能與活塞循環完美搭配。

假使你想用引擎發動車子，而不單是要轉動船上螺旋槳，那麼你就必須再克服好幾項技術挑戰才行。檢視了引擎的核心設計之後，下一項機械問題，就是如何把驅動力量傳給車輪。汽車動力裝置最直覺易解的組件之一是傳動裝置：這不過就是個讓你更動由哪對齒輪組彼此嚙合的盒子，其基本操作原理和上溯至公元前三世紀的鏈齒輪是一樣的。內燃機以高轉速運轉，所以使用低速檔（和驅動軸嚙合的齒輪，小於引擎軸齒輪的情況）以轉速交換轉動力量。這股較強的力矩，在加速或爬坡時尤其適用。

促成齒輪轉換的裝置是離合器。許多汽車的這個組件，都經由一件粗化圓盤來和飛輪緊密接觸，並藉此來傳送引擎動力——這很諷刺，讓發動機順暢運作的功臣，竟然是摩擦力。接著圓盤和飛輪就可以分開，讓引擎和驅動軸斷開。早期木工工具，如車床等，也使用類似的系統，讓機械裝置能與動力源頭斷開。

最早的車輛是直接借用腳踏車原理，以鏈條和鏈輪來驅動後輪軸。傳遞引擎動力的更有效做法是旋轉驅動軸，不過這種裝置必須具有相當程度的可撓性（柔軟性），才不會因為路面顛簸而斷裂。那麼你該怎樣讓一根剛硬的桿子，朝任意方向彎折或屈撓，同時卻依然能傳輸動力？解決做法是順著連動桿，安裝兩個萬向接頭。各以一對相連的鉸鏈組成，這種概念最早在一五四五年便已提出。

一旦你能夠讓車輛向前猛衝，下一個迫切課題，就是設計出一種可以從駕駛座輕鬆操控車輪轉向的做法。最早的車輛使用一支舵柄，直接借用操控船舵的技術。不過後來又稍經深思，便想出了一種效果遠勝前者的做法，這次吸收的技術源出古代水鐘，年代可以追溯至公元前二七〇年前後。齒條與小齒輪（rack and pinion）是以一個小齒輪和一根削切出對應輪齒的長條棒，共同組合而成的機械裝置。駕駛方向盤以一軸和小齒輪聯動，小齒輪帶動齒條橫向左右運動，來調節前輪角度。

現在你有兩個輪子固定於同一根軸上，接下來就要解決最後一項工程問題。當汽車繞過彎角，外側輪必須比內側輪轉得稍快一些，倘若兩輪鎖定一起轉向，最後就會滑移或拖移，導致轉向困難或損壞輪胎。於是一套稱為差速器的系統應運而生，這套組件以最多四個齒輪組成，可以讓兩輪在轉向時，由引擎各以不同速度驅動。這項巧妙裝置從一七二〇年起就應用在歐洲的機械裝置，在中國則有可能遠溯至公元前一〇〇〇年。

所以倘若你把一輛簇新跑車的引擎蓋掀開，那麼在這款或可稱為現代技術顛峰代表作中，你就會瞧見穿越久遠歲月，四處吸收來的各式組件大雜燴：陶輪、羅馬鋸木廠、搗錘、木工車床和水鐘。

內燃機是種神奇的機械裝置，能把蘊藏在燃料中的化學能，轉換成順暢的運動，也構成今天大半運輸作業的基礎（其他要素還包括高速飛機的噴射引擎，還有大型船舶的蒸汽渦輪機）。前面我們檢視了氣體或液體燃料的生成，以供這類引擎運用的種種做法，也見識了滿滿一油箱燃料，能提供何等出奇細密的能量儲備，旅行何等長遠的距離，隨後才需要重新補充燃料，當末日災後社會復甦得相當成熟，這種運用方式，肯定會又一次在長程陸路、海陸運輸上扮演重要的角色。然而問題在於，隨我們之後出現的文明，並不會那麼容易取得原油，燃料來源很可能大受限制：自一九二〇年代開始，由於煉油廠供應廉價汽油，才促成機動車輛數量增長。所以，從零開始重建的社會，有可能採行哪種不一樣的路徑，來重新建立運輸基礎設施？

或許他們不必在耕作收成之後只揀出植物的一部分，壓榨取得生質柴油或發酵製成乙醇，說不定在作物收成之後整個點火燃燒還更容易。他們可以燒熱鍋爐，驅動蒸汽渦輪機來產生電力，這樣運用陽光能量的效率還遠遠更高，特別是快速生長如柳枝稷、芒草或定期輪伐的矮林等生質作物。生質燃料、風力與水力發電所能維繫的電力供量，可以經由架空導線分流，來為火車和有軌電車提供動力，沿著固定路徑行駛，或者為電池充電供小型車輛移動。拿相等單位農地上種出的作物，直接燃燒就能讓電動汽車跑得更遠，若以這等收成量來製造生質燃料，加入內燃機車輛油箱，反而開不了那麼遠。再者，驅動蒸汽渦輪機所需要的植物柴火，遠低於合成生質燃料所需的原料。還有，假如你是使用汽電共生設施來發電，那麼你還可以利用廢熱，來為附近建築供應暖氣。能量供量有限的社會，有必要使用聯合思考方式，讓燃料使用達到最高效率，而且看來末日災後文明的都市運輸，很可能會以電力為主。

事實上，電動車輛一度相當常見。在二十世紀早期階段，汽車技術原本區分三個不同類型，競相爭逐主宰地位，電動車以強勁實力，對抗蒸汽和汽油動力類型，而且除了安靜、不冒煙之外，電動車的機械裝置簡單又可靠，遠勝另兩個對手。它們甚至還主宰芝加哥汽車市場。一九一二年，電動車輛的產量達到高峰，美國各地有三萬輛車在街上悄悄平順行駛，歐洲全境還另有四千輛。一九一八年時，柏林的計程車，有五分之一使用電動車。

本身配備電池的電動車（至於火車或有軌電車，則是以鋪在軌道上的導線來供電）有個缺點：就連一個大型、沉重的電池，都儲存不了多少能量，而且一旦電池耗光，還得花很長時間充電。早期這些電動車的最高行駛里程約一百六十公里[3]，不過這已經跑得比馬匹更遠，在都市移動也夠了。解決辦法是不坐等電池充好電，而是直接開進服務站，以舊換新。一九〇〇年時，曼哈頓成功經營一支電動計程車隊，還設了個中央服務站，可以快速取下耗光的電池，換上一個充飽的。

所以，結合運用生質燃料的內燃機和電動車輛，末日災後的先進社會，即便不具備我們開發時享有的大量原油，肯定仍能滿足他們的運輸需求。討論了人和物的運輸，現在也該換個題材，改談理念的傳播。我們在下一章要探索通訊技術。

3 諷刺的是，現代電動車的單次最高行駛里程依然是一百六十公里左右：電池儲存和電動馬達的技術進步，恰好被汽車尺寸、重量的提增抵銷了，讓電動車駕駛患上了「充電焦慮症」。

第十章　溝通：如何記下萬事萬物？

「我見了一位從古國歸來的旅人，
那人說：兩條失了軀幹的巨大石腿矗立在沙漠中。
腿邊，沙地上頭，半埋著一張破碎的臉孔，從那蹙起的眉頭，
緊抿的嘴唇，還有那冷酷下令的輕蔑，
看得出那雕塑家深諳箇中情感，神態留存迄今，
刻畫在那無生命的事物上頭，塑像的手藝和像中人的內心：
基座上刻了字：『我是萬王之王，奧西曼迭斯：
仰望我的功業，強者啊，折服吧！』
而今環顧蕩然，只見破敗廢墟。
巨像殘軀，莽莽蒼涼孤寂平沙，伸向遠方。」

——珀西・雪萊（Percy Bysshe Shelley），〈奧西曼迭斯〉（Ozymandias）

如今有了網際網路，到處都可以上網，還有智慧型手機，和全世界溝通毫不費力，而且瞬間可達。我們靠電郵、Skype和推特來保持聯絡，還能轉貼網頁，傳播新聞和資訊，而且我們還能在指掌之間，聯通取得人類知識寶庫。然而到了末日後世界，你就必須回頭採用比較傳統的溝通方法。

書寫

書寫發明之前，知識都只以口述傳達，在活人之間輾轉流通。然而口述歷史所能儲存的資料有其限制，而且還有個風險——一旦人死了，理念也就永遠流失。不過只要登載在實體媒介上頭，思想就能儲存下來，多年之後還能回頭參考，並可隨時間累積。一個文化發展出了書寫，它所能累積的知識，便遠遠超過集體記憶得以儲存的數量。

書寫是文明的基本技術，牽涉到把口述文字變換成連串圖形的概念躍遷。要不是採用代表語言個別聲音的任意字母（好比英文的音素），不然就是象徵特定物品或概念的字（如中文的象形字）。就基礎層面而論，書寫讓你將約定永久記錄下來，包括交易條件、土地租約或法律準則。不過讓社會的文化、科學和技術進步的要素，則是知識的累積。

在現代世界，我們對於紙筆這類文明必需品，早都習以為常，也唯有當我們想找個信封，好在背面寫下購物清單，卻遍尋不得，或者當我們才把原子筆放下，過沒兩分鐘它卻莫名其妙消失不見，這時我們才會驚覺紙筆是多麼重要。即便我們的文明會留下許多紙張，紙張卻是種特別容易損毀的東西，很容易在野火席捲荒廢城市時燒個精光，或者遇上濕氣、洪水而完全腐壞。你有什麼簡便做法來自行大量生產紙張，並跳過其他製造費時的舊時材料，如紙莎草紙和羊皮紙等？

紙張是中國約在公元一〇〇年發明的，後來卻花了超過千年時間，才傳到歐洲。然而使用樹漿來造紙這項變革，竟然是近代才出現。十九世紀晚期之前，紙張原料主要都還是回收的破損亞麻紗碎片。亞麻紗是以亞麻纖維織造的布（參見第四章），基本上，凡是含纖維的植物，全都可以轉變成紙，包括：麻、蕁麻、燈芯草類和其他粗質禾草。不過隨著需求增長，（稍後我們就會看到，這是肇因於印刷機大量印書、報紙所致），大家也熱切投入，尋覓其他合用的纖維。木頭是高品質製紙纖維的優異來源，不過你該怎樣把厚實的樹幹，分解成柔軟短絲的細緻粥糊材料，而且製作時，還不至於讓你腰痠背痛？

讓紙張那麼輕盈、堅韌的纖維，都是纖維素組成的。從化學角度來看，這是種長鏈化合物，也是所有植物的主要結構分子，能把它們的細胞連結在一起，尤以植物的莖幹和側枝更是如此——你吃芹菜時，會塞牙縫的東西，就是它的髓質纖維（用以儲存營養物質）。然而，樹木或灌木的粗短樹幹所含纖維素，都包含另一種結構分子，稱為木質素。木質素具有強化作用，能把纖維素束縛在一起，形成木材。這為樹木提供一種理想原料，形成一支強韌的承重心柱，也讓它寬廣的外展分枝，得以向外張開樹葉，迎向陽光，可惜卻也讓纖維素變得無法為我們所用。

傳統上，要分離植物纖維時，都必須把樹幹搗碎，接著進行漚麻（retting，在水中浸漬數週，讓微生物開始分解結構），隨後再猛力搗擊，軟化莖稈，以蠻力釋出纖維素纖維。好消息是，你可以直接採行另一種效率更高的方案，省下大量時間和力氣。

把樹木的纖維素和木質素束縛在一起的分子連接構造，抵擋不了水解作用。這正是製造肥皂時用上的皂化作用，我們在這裡做法完全相同：加入各種鹼。樹木或植物最合用的部位是莖、幹和枝——根和葉都沒有太多纖維。把原料斬切成碎片，盡可能增大暴露表面積，接著把材料浸入大型缸槽，泡進沸騰的鹼性溶液數小時。這能破壞束縛聚合物的化學鍵結，導致植物結構軟化、瓦解。苛性鹼溶液會侵蝕纖維素和木質素，不過木質素的水解作用較快，因此你才得以在木質素降解、溶解之時，仍能毫髮無損的取得寶貴的製紙纖維。最後纖維素的白色短纖維就會浮上液面，底下則是被木質素染成褐色的混濁湯液。

我們在第五章著墨討論的任何一種鹼——鉀鹼、蘇打、石灰——全都能用，不過綜觀歷史，上選做法則是使用熟石灰（氫氧化鈣），因為這只需沸煮石灰岩就能大量製造，而浸泡木灰來製造鉀鹼就相當耗費勞力。不過一旦你破解蘇打的人工合成法（我們到第十一章就會談到這點），那麼最好的化學製漿工法，肯定就是使用苛性鈉（氫氧化鈉），強力催化水解作用。你可以把熟石灰和蘇打混在一起，直接在製漿缸槽裡面促成這項化學反應。

使用篩網來取得纖維，接著漂洗數次，直到完全洗脫了木質素所帶有的色素。若要讓完工的紙張呈亮白色澤，你可以在這時把紙漿泡進漂白水中。次氯酸鈣和次氯酸鈉都是有效的漂白藥劑，可以拿氯氣（可電解海水取得——見第十一章）依序與熟石灰或苛性鈉反應生成。漂白現象背後的化學原理是氧化作用：有色化合物中的鍵結被破壞，摧毀分子或把它轉為無色。漂白不只是造紙的重要步驟，也是生產紡織品的要項，所以在重新啟動時期，說不定就會是驅動化學產業的一項關鍵力量。

取一張金屬細篩網或濾布，做個邊框把四周圍起來，接著把一份這種纖維素稀薄湯汁倒進篩網，讓湯汁流過，水分排除之後，纖維就會形成一幅錯雜纏結的蓆子。施壓把殘水擠出，用心做出平坦、平滑的紙張，接著就靜置讓它乾燥。你會發現，倘若你能撿到殞落文明留下的幾項製品，小規模造紙作業就會容易得多。你可以使用碎木機或甚至於大型食品攪拌器，省時省力完成工作，搗碎植物材料，攪成濃稠的植物汁液；不過你也可以使用風車或水車，驅動搗錘搥打原料。

然而，造出潔淨、平滑的紙張，只是書寫的一半，要能以文字溝通，把知識寶庫永久記錄下來，還得完成另一項重要工作。一旦原子筆全都乾涸或消失不見，這時就得製造出可靠的墨水，以此來形成書面文字。

基本上，凡是不小心沾上你棉布襯衫就會留下染色痕跡的討厭事物，全都可以湊合當成墨水使用。好比你可以拿一把色彩鮮豔的成熟漿果，碾碎後濾除果泥，接著就在溶液裡溶入一些鹽來防腐。萃取植物所製成的墨水，多半時效短暫。為了讓你的文字和復甦社會新近累積的知識永久保存下來，你真正需要一種不會遇水就輕易掉色、或者見了陽光就褪色的墨水。中世紀歐洲出現了一個解決做法，那種製品稱為鞣酸鐵墨水（藍黑墨水）。事實上，西方文明史本身，就是以鞣酸鐵墨水書寫。達文西用這種墨水來記錄他的筆記。巴哈用這種墨水來創作他的協奏曲和組曲。梵谷和林布蘭用這種墨水來畫素描。《美利堅合眾國憲法》用這種墨水，為後代許下承諾。還有一款和原始鞣酸鐵墨水非常相似的配方，迄今依然在英國廣泛使用：註冊檔案專用墨水，凡出生、死亡和結婚證書等法律文書，都必須採用。這種墨水的化學性質，和中世紀採用者毫無二致。

我們望文生義，鞣酸鐵墨水配方含有兩大成分：一份鐵化合物和一份植物蟲癭萃取物（鞣質）。蟲癭見於櫟樹等喬木枝幹，寄生性黃蜂在葉芽產卵，刺激樹木形成贅瘤，包覆蟲卵。蟲癭富含沒食子酸（gallic acid）和鞣酸（tannic acid），能與硫酸鐵起反應——把鐵溶於硫酸就製成。鞣酸鐵墨水剛調好時其實不帶顏色，所以必須添入另一種植物染料，否則很難看出你在寫什麼。不過鐵質成分接觸空氣，就會讓乾燥墨水轉呈耐久的深黑色澤。

接著還可以採用一種歷經時間考驗的手法，做出一款簡陋的筆。拿禽鳥羽毛（歷史上偏愛鵝毛或鴨毛）浸泡熱水，取出羽柄裡面的物質。從柄根兩側斜切出鋒利的尖端，接著把底面切出個彎弧，構成書寫筆尖的經典造型。反向朝鋒利尖端切出一條淺痕，這樣當你書寫時，筆尖還儲有一小滴墨水，用完之後才需要伸進墨水池，補足用量。

印刷

倘若說書寫是促成理念永久儲存、累積的重大發展，那麼印刷機就是快速複製，大規模散播人類思想的機器。已開發世界擁有幾乎完全普及的識字率，而且每日印刷頁數，估計達四千五百萬兆：包括書本、報紙、雜誌和小冊子。

倘若你希望複製一份文書，卻沒有印刷術，那麼你就必須找來一隊專任抄寫員，實際動手勤奮抄錄好幾週。只有位高權重的富人，才承擔得起這樣的計畫，而這也就代表唯有獲得認可、背書的文稿才有可能產出。不過隨著印刷機開發問世，知識也民主化了。於是不單是社會上所有人都有機會學習，任何人也都可以迅速宣揚他們自己的理念，從新的科學理論，到基進的政治意識型態，從而激發辯論，促成改變。

澆鑄活字的模具：帶有字母銘刻印痕的鑄型，安置於中央凹槽底部。

印刷的基本原理，是以一列活字——頂面各刻一個字母的一個個立方體塊——列置於一長方外框裡面，重現一頁文字。活字上了墨，印壓在一張紙上。當頁框排版完成，同一書頁就可以迅速一再複製，接著印好之後，就可以重新排列字母，組成另一頁文字。就連簡陋的印刷機，都能以凌駕抄寫員數百倍的速度來複製文獻。

你必須克服三大挑戰，才能重新造出德國約翰尼斯．古騰堡（Johannes

Gutenberg）在十五世紀發明的活字印刷機。[1]第一，你必須想出一種簡便做法，大量製造尺寸精確的活字。第二，你必須設計出一種能均勻施壓的機械裝置，把文字印上紙頁。第三，你還必須發明一種新型印墨，這種印墨不能在筆尖順暢流動，卻能好好黏著於複雜精密的金屬細紋上頭。

第一個問題是：你該使用哪種原料來製造活字？木頭很容易雕刻，卻必須由熟練工匠勤奮工作，逐一親手製作——約八十個字母（含大、小寫）、數字、標點符號和其他常用符號（編按：以英文情況來說是如此）——接著再製作出數個一模一樣的副本。一切辛勞只能製作出一套活字，還只是一種字型大小和一種字體。

所以，要大量生產印刷書籍，首先你必須大量生產印刷工具。這可以採澆鑄法：以熔融金屬鑄造出一模一樣的活字。鑄造出的活字，必須帶有筆直平滑側面和正交垂直邊線，這樣才能緊密貼合，古騰堡領悟，要解決這道問題，可以使用金屬模範來鑄造活字，而且外範內壁立方體中空部分，還必須稜角分明。要鑄出特定字母的明確形狀，可以採用一種巧妙做法：在外範的底部擺個可替換的字模，這樣就能在活字末端表面鑄造出字形。這種字模可以採用銅或其他軟金屬來製作，而每個字母的精確凹口，則可以使用堅硬的鋼質衝頭來雕刻，製作非常簡單。現在你只需就那麼一次，分別用不同衝頭雕刻出每個字母、數字或符號，接著你毫不費力就能夠產出無數一模一樣的活字副本。

最後你還得應付西方書寫字母根本特性所拋出的一道問題，那就是字母字寬大小的巨大變異性：苗條的「i」或修長的「l」來和矮胖的「O」或肩膀寬闊的「W」相互比對。書頁字母必須湊攏緊貼在一起，比較細瘦的字母和數字，兩旁也不該留有間隙，這樣才方便閱讀。結論就是，你得有辦法鑄造出高度一模一樣的立方體活字，這樣才能均勻打印在頁面上，不過寬度就得各不相同。

結果是靠古騰堡最後一次閃現靈光，才解決了這個問題。他設計出一套優雅的系統，來大量製造印刷的基本建材。製作出以鏡像兩半組成的模具：兩個L型部分彼此相對，中間夾出一個長方體空間。這個凹洞的四壁，可以滑動相互接近或遠離，平順調節模具的寬度，而不會改變深度或高度（用你的拇指和食指模擬一下，看這套巧妙的系統如何發揮功能）。現在要鑄造出造型完美的活字就很簡單了，只需把衝頭鍾製成的相關字模擺在外範底部，固定好寬度，倒進熔融金屬，接著靜候凝固，隨後就可以讓L形兩半重新分離，取出完工製品。

排版完成一頁文字之後，在字體表面上墨，接著轉印在空白紙上，產生出錯綜細密的印痕。種種不同機械裝置，都曾用來強化施力，包括簡單槓桿和一種滑輪系統，兩項都是歷史上常見手段，在造紙過程中能壓除過多水分。古騰堡在德國釀酒區長大，因此他也吸收了另一項古老的裝置，納入他的開創性發明。螺旋壓榨機是種羅馬技術，出現年代可以追溯至公元一世紀，廣泛用來搾葡萄汁和橄欖油。這項

1 既然中國人老早就開發出紙張，而歐洲則是隔了整整上千年之後才普及使用，而且中國人還懂得使用雕版印刷技術來出版書，那麼他們為什麼始終沒有更進一步，發明古騰堡型式的活字印刷術？理由或許可以歸結至歐洲書寫字母和東方書寫文字的根本差異。西方書寫文字是以小群字母重新排列出不同組合，拼寫出不同單字的聲音，而中國文字則包含數量遠遠更為龐大的複雜複合字，各自象徵某特定物件或概念。西方字母很容易重新排列，適合採用活字印刷。

技術還帶來一種理想的小巧機械裝置，能對兩片平板施加強勁又均勻的壓力，把上了墨的活字，緊緊壓上紙張。印刷作業的這個關鍵成分存留至今，化為我們統稱報紙、報社，以及延伸指稱報社撰稿記者的英文單詞「press」。[2]

紙張並不是發展出印刷機的必要前提，因為這項技術也適用於以小牛皮製成的仿羊皮紙（但酥脆的紙莎草紙並不適用）。不過若是沒有大量生產的紙張，印出來的書恐怕價格永遠不能為一般大眾接受，於是書籍的社會革命潛力，也永遠不能真正落實。倘若你現在拿在手裡的這本書，是以羊皮紙印製出版的，同時還沿用古騰堡第一部《聖經》的排印型式，那麼每本都得用上約四十八頭小牛的完整皮革。

不過成功的印刷術確實得仰賴合宜的印墨。能自由流動的水性印墨是為手寫開發設計的，鞣酸鐵墨水就是一例，完全不能用來印刷。要印出清晰的文字，你就必須採用能附著於精細活字金屬紋理表面的黏性印墨，這樣才能清楚轉印到紙上，而不致暈染、流動或模糊不清。古騰堡取法文藝復興藝術界才剛開始流行的一項繪畫材料，克服了這道難題：油畫顏料。

古代的埃及人和中國人都開發出一種以煙灰為本的黑墨，年代也相仿，約距今四千五百年前。煙灰的微小碳粒子和水與樹脂或明膠（動物膠見第五章）等增稠劑混合之後，便化為一種全黑的色素。這就是「印度墨水」（India ink）的成分，儘管冠上印度之名，最早卻是在中國問世，並隨貿易進入印度，迄今依然廣受藝術家歡迎。含碳黑色色素懸浮液，也是影印機和雷射印表機碳粉的基礎原料。煙灰微粒可採自燃燒油料發出的油煙，稱為燈煙黑（lampblack），或也可以取自炭化的木材、骨頭或焦油等有機原料。

含碳黑色色素源遠流長，不過添了膠水或樹脂增稠劑的印度墨水，卻並不適合印刷機：你需要黏度和乾燥性能都非常不同的印墨。就這道問題，古騰堡以文藝復興油畫顏料為鏡，想出了解決之道。燈煙黑墨水摻入亞麻籽油或胡桃油調成的油墨易乾，對金屬活字的黏著性，也遠超過很容易渲開的水性印墨（不過，亞麻籽油仍需先加工處理才能使用：沸煮並移除浮上液面的厚層膠質。）你可以使用兩種原料，松節油和樹脂，來調節油墨至關緊要的黏度。松節油是用來稀釋油性顏料的溶劑，製作時從松樹或其他針葉木抽取樹脂，蒸餾生成（見第五章）。就另一方面，蒸餾時揮發性化合物會受熱散逸，留下固化的堅硬樹脂，能稠化溶液。只需權衡使用這兩種拮抗成分，你就能調和出理想的油墨黏度，同時你還可以改變胡桃油或亞麻籽油的用量比例，使油墨乾燥。

所以印刷可以迅速複製末日後在各處綻放的知識，長途通訊就能靠發送書寫信息達成。不過你該怎樣使用電力來進行遠距離溝通，而不用費心遞送實體訊息？

2 倘若你料想往後還會印刷某段文字，好比再版論文，這時就可以保留頁面配置，省下動用好幾千個字母重新排版的麻煩。活字本身太寶貴了，不能以原始編排留在框中，不過你可以把文字版面壓印在石膏上，把這個當成模子，鑄造出包含整頁篇幅的金屬印版。這種刻板的英文是「stereotype plate」，暱稱「cliché」（老套、格套），顯然是模仿鑄造時發出的聲音——所以使用一片「格套」，也就是老調重彈，再次啟用凸版印刷。

電信通訊

電是種美妙的東西：從操作開關對遠方產生明顯作用，電會沿著鋪好的導線快速傳輸，基本上霎時傳達——好比點亮另一個房間的燈泡。不過要跨越建築、都市，或甚至做跨洲傳訊，你就不能單靠拉長燈泡電力迴路。這種做法的大敵是電阻，只要跨越相當距離，電壓就不夠點亮燈泡。不過只要參照我們在第八章討論的做法，做個優良電磁體，那麼即便只有微弱電流，也能生成相當可觀的磁場。在端點上方擺個輕巧平衡的金屬槓桿，你就可以把它當成一種極端靈敏的電鍵，每當電磁導入電力，它就會受拉力閉合，發出一陣嗡鳴。在長距離電報導線兩端，各安裝一個繼電器（控制式蜂鳴器），遠距操作員就可以聽到彼此發送的電流。

發信時可以每次發送一個字母，各以交替發放的長短電流組合（點和劃）來代表。你只需在事前和電報線另一端那個人協商好，要如何呈現字母系統中的每個字母，接著就可以順著電線發出末日後的第一封電報。你採用哪種方法來組織代碼，實際上都沒有關係，不過只要事前稍作思量，確保編碼系統又快又可靠，你大概就能重新發明出類似摩斯電報的代碼表。這套代碼系統當中，使用最頻繁的幾個字母，都以最簡單的形式來代表，舉英文字母為例：E相當於一個點，T則為一劃，A為「點－劃」，I則為「點－點」。

每隔固定距離便架設一個轉播站，可以強化下一段導線傳輸的電流，從而促成跨越全球的電報通信。不過要鋪設、維護橫跨各大洲、大洋的導線，難度卻很高。有沒有比較好的辦法？你能不能使用電力來通訊，卻又不必費心架設電流傳輸導線？

讓我們更密切檢視一下電和磁的陰陽關係。倘若變動的電場能生成磁場，變動的磁場又能誘發電場，那麼你肯定就能產生出相互支持的能量漣漪。確實，這種電磁波（不像聲波或水波）在完全沒有物質傳導的完全真空中都能傳播：電和磁的結合，就像幽靈般在宇宙中移行。

穿越我的窗戶的金色陽光，本身也不過就是電場和磁場結合生成的一種現象。從X光機、紫外線、日光浴床、紅外線夜視攝影機和微波爐，乃至於雷達、無線電和電視廣播，以及這種——現代生活的最終表現方式——讓我能夠以筆記型電腦登入上網的免費的WiFi熱點，這一切事項，全都以種種不同形式的光為本。電磁頻譜是頻率寬廣的種種耦合電、磁場振動波，頻幅從高能量危險伽瑪輻射涵括到長波無線電，全都以光速傳播。

不過這裡我們真正感興趣的則是無線電波。這類波動不只是很容易發射、攔截，還能加載資訊並跨越浩瀚距離。無線電的傳輸、接收技術，正是你應該重新取得，發展長距離溝通的必要手段。

讓我們從稍微容易的工作開始，製造一臺無線電接收器。從樹上垂下一條長導線，剝掉底端絕緣部分，埋進土中接地。這就是你的天線，通過這裡的無線電波所激發的高速起伏電磁場，全都會驅動金屬所含電子，沿導線上下移動：這就是一股受感應誘發的交流電。不過若想驅動一組耳機來聆聽任何聲音，那麼你就需要某種做法，來保留波動的正向或負向部分，並刪除另外一半。

凡是容許電流只朝一個方向流動，並攔阻逆向電流的任何材料，全都可以辦到這點，可以為交流電「整流」，化為連串直流電脈衝。所幸，事實證明，多種晶體都表現出這種奇妙的特性。二硫化鐵（模樣引人誤判為黃金，號稱「愚人金」）很有用，也很容易識別。還有一種名叫方鉛礦的礦物，也常用來製造晶體收音機。方鉛礦就是硫化鉛，是鉛的主要礦石，見於世界各地，蘊藏量豐富，也是製造水管、教堂屋頂、滑膛槍子彈和可充電鉛酸電池的原料。

把晶體裝上金屬托架，連上你的天線——耳機迴路，第二個接點則以一條細導線連上晶體，這種裝置暱稱「貓鬚」（晶鬚）。整流作用出現在晶體和接觸點的連接部，不過效用很難掌握，必須發揮耐心，嘗試錯誤，才能找出最佳點。不論如何，就算沒有人播送信息，有了這種簡陋的裝置，你仍可能接收到大自然發出的無線電，好比閃電風暴。事實上，簡陋的無線電發送機——間隙火花發生器——便是靠快速生成連串人工閃電放射來工作。

間隙火花發生器的高電壓迴路留有一個細小間隙，因此會有火花一再躍過縫隙。每次火花都會順著天線釋出一股電子浪湧，短暫爆發放射無線電波。倘若發射器迴路每秒放出幾千道火花，連續釋出快速無線電脈衝，這時若戴上接收機的耳機，就會聽到一陣蜂鳴聲。接著在為火花間隙提供電力的變壓器低壓端裝個電鍵，這樣就能控制電路何時充能並傳輸無線電波，也藉此把你的信息編寫成點劃符號。

最理想狀況是能藉由無線電波來傳輸聲音，把雙方無線電操作員之間的對話，或者新聞廣播訊息，直接向廣大聽眾播放。摩斯電報碼傳播法很簡陋，只把無線電波全開或全關，若要傳遞聲音，就得靠一種比較細密的操控，稱為「載波的調變」。最簡單的體制稱為振幅調變（amplitude modulation, AM），簡稱調幅，其載波強度在兩極端間比較和緩地變動。聲波的平緩曲線加載在雜亂的無線電波上。所幸貓鬚晶體檢波器，也能在接收端為信號「解調」。晶體接合點的單行道性能，加上一個電容器的平穩效應，聯手把高頻載波截除，只留下播音員的語音或音樂。

除非你附近只有一臺高能量發射機，否則使用這款簡陋的無線電接收機，你就會聽到混亂的聲音，因為當中夾雜了好幾處發射站傳來的信號：天線會接收不同頻率載波的種種傳輸，全都一起轉送到你的耳機。只需為你的電子機器加裝幾樣額外成分，你就能夠調諧這種無線電設備。調諧發射機可以提高放送效率，把播送能量集中於狹窄的無線電頻率波段，接收機經過調諧之後，便能篩檢混亂的無線電全頻譜雜訊，從中摘取你感興趣的傳輸頻率。

前面我們已經見過，無線電波基本上就是種振動，而構成電波的磁場和電場以特定節律或頻率，如鐘擺般交替起伏。所以要調諧發射機或接收機，你就必須納入一種能以特定電子節律產生振盪，同時還能抗拒其他相近頻率的迴路。你必須能駕馭共振的力量。

你可以這樣想。一個孩子盪鞦韆時，就像所有的擺，也是以特定頻率往返擺盪。倘若你在恰當時機接連輕輕推動，那個孩子就會越盪越高。若是採行有別於這種共鳴頻率的節律來推鞦韆，結果你就會一事無成。

以一個電容器和一個電線圈的優雅組合，製成一具能以固定節奏打拍子的基本振盪迴路。電容器是以兩片金屬板面對面製成，中間還夾了一層絕緣體。任何跨越裝置的電壓，都會把大群電子驅趕到一片金屬板上頭，直到負電荷不再能累積。電容器具有儲存電荷以及類似照相機閃光燈猛然放電的作用。電感線圈基本上就是種電磁體，不過電感線圈的作用，則遠超過吸引金屬物。電阻能抗拒電流流動，電感線圈則能抗拒電流的任何改變。所以電容器和電感線圈，都可以當成可充電儲存元件：電容器是面對面兩片金屬板之間的電場型，電感線圈則是線圈周圍的磁場型。把這兩種元件彼此相向以導線相連，一個簡單的環形迴路，就奇蹟般動了起來。

當充滿電子的電容器把貯存的電荷排出，同時它也會推著一道電流環繞迴路，並經由電感器產生一個磁場，直到電容器的兩片金屬板荷電均等為止。這時電感器周圍的磁場便開始瓦解，不過在崩潰期間，場線會逐漸縮短並掃過線圈，從而在導線中感應生成電流（發電機效應），並繼續泵送電子到電容器的另一片金屬板——奇妙的是，磁場瓦解時，仍能暫時維繫磁場電流。等到電感器場消失無蹤，電容器的對側金屬板也已經充電完成，於是這時它就能反向推動電流，再次流經線圈。

於是能量就這樣在電容器和電感器之間往返流動，一再交互轉換成電場和磁場，就像個鐘擺——以無線電的頻率——每秒鐘往復擺動數千次。

這種簡單得令人毫無戒心的振盪電路，有個很大的優點，它只以本身的固有頻率振動，其他頻率全都排除。你可以更換這兩個元件之一的特性，從而改變這種電路的共振頻率，這樣就能重新調諧你的發射機或接收器。電容器比較容易調節：旋轉D型金屬板相對角度，改變重疊狀況，從而變更能儲存的電荷。因此，老式收音機的調諧旋鈕，一般都和振盪電路的一個可變電容器相連。現代發射機和接收器的調諧作用十分細密，無線電頻譜切割得相當細薄，就像熟食店的火腿肉，而且可供分享：商用無線電和電視臺、全球定位系統信號、緊急服務通訊、空中交通管制、行動電話、短距離WiFi和藍芽，還有無線電控制玩具等。沒錯，火花間隙發射機現在已屬違法，因為這類發射源都十分粗糙，會遍布整個無線頻譜，基本上也就是發射出垃圾電波，污染寬廣的相鄰無線電波頻帶。

聲訊廣播還有其他重要元件，其中一項當然就是麥克風，這能把聲波轉化成發射機迴路的電壓變異，另一項就是耳機或揚聲器，用來把接收的電信號重新轉變成聲音。事實上，麥克風和耳機，基本上就是相同的裝置。兩樣都含一片能自由振動的膜片，這能發出聲波或對聲波做出反應，膜片固定於線圈，線圈則在磁體上移動，於是這兩種裝置就像馬達和發電機，也都能駕馭相同的可逆轉電磁效應。

使用壓電晶體可以製造出比較靈敏的版本，這種晶體有種奇特性質，彎折時會產生電壓。由於貓鬚無線電檢測器的輸出微弱，必須有這種靈敏的晶體耳機，才聽得到那種飄渺信號。

就這方面，酒石酸鉀鈉能發揮優良的作用。酒石酸鉀鈉又稱「羅雪鹽」（Rochelle salt，名稱得自最早發明這種複鹽的十七世紀藥劑師家鄉），以碳酸鈉和酒石酸氫鉀高熱溶液混合調製。酒石酸氫鉀一般多稱之為塔塔粉（cream of tartar），在釀酒桶內結晶，可直接採集。

我們相當有把握，重新啟動的文明，很快就能重新取得無線電通信能力，而且他們秉持的是最根本的基礎知識，甚至也不需推導出複雜的電磁方程式，或養成製造精密電子元件的能力。近代史已經有這樣的例子。

第二次世界大戰期間，雙方困守前線或遭監禁於戰俘營內的士兵，都曾拼裝出應急收音機，用來聆聽音樂或戰爭新聞。這些巧妙製品顯示，撿拾來的有用物料是多麼繁多，能用來拼裝收音機。天線吊掛在樹上，或偽裝成曬衣繩，有時甚至連刺絲網都可以做這個用途。戰俘營牢房的冷水水管和電路相連，就可以發揮優秀的接地功能，電感器可以用衛生紙硬紙卷纏上線圈製成，撿來的金屬裸線可以用燭蠟絕緣，日本戰俘營內則有使用棕櫚油和麵粉裹覆的做法。調諧電路的電容器也能湊合製成，可以使用錫箔或香煙包裝內襯，與報紙層層交疊，形成絕緣層；接著這個寬廣的平坦裝置，還可以捲成類似瑞士卷的模樣，讓元件顯得更為緻密。

耳機是比較不容易拼裝的部分，所以通常都從廢棄車輛拆卸取用。或也可以拿鐵釘當心軸盤繞成線圈，製成簡陋的替代品，線圈末端黏個磁體，上方輕輕擺片錫罐罐蓋，收到信號時就會微微振動。

不過，最巧妙的拼裝成果，要數做出重要至極的整流器來解調載波音訊。硫化鐵或方鉛礦（硫化鉛）一類礦物晶體在戰場上找不到，不過他們發現，生鏽的刮鬍刀片和鏽蝕的銅質硬幣也同樣好用。刮鬍刀片固定在小木塊上，旁邊豎直安裝一根彎曲別針。取一根鉛筆石墨削尖，牢牢附著於別針針尖（一般可以多餘電線緊密捲繞固定），臂桿富彈性，能充分發揮貓鬚的功能，這樣就能重新細密調校鉛筆石墨在金屬氧化面上移動，找出能產生作用的整流位置。

晶體收音機（還有鏽蝕表面和鉛筆檢波器）美就美在簡單明瞭，而且不必插接任何電源，因為它們

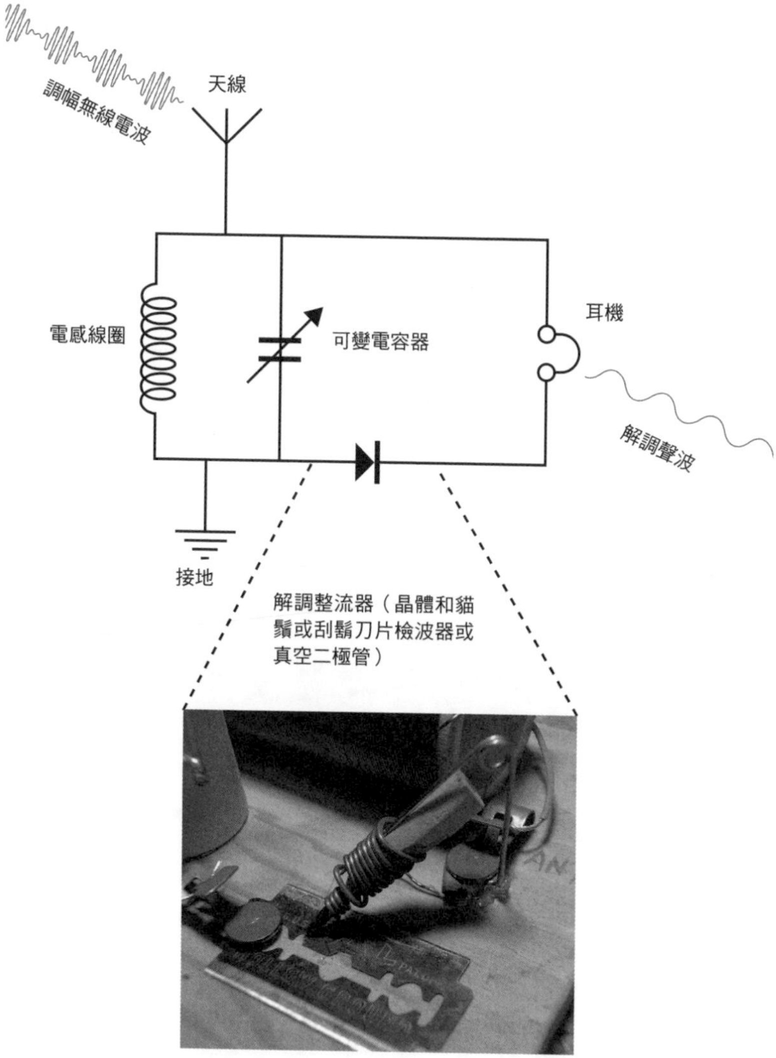

簡單型收音機配線圖，和常見於戰俘營收音機的刮鬍刀片整流器。

的運作動力，全都得自接收的無線電波本身。不過貓鬚整流器並不可靠，晶體機件又只能輸出非常低功率的聲音。解決辦法是製作出真空管，這種裝置還與現代文明的另一品項密切關聯——燈泡。

就像燈泡，真空管也是以一條高熱金屬細絲裝進玻璃泡中構成，不過重點在於，管內還裝了一片金屬板，安置於細絲周圍，而且管內抽空至非常低壓。當細絲加熱至白熾高溫，金屬所含電子便沸騰逸出，在導線四周形成一團荷電雲霧。這種現象稱為熱離子發射，也是X光機、螢光燈和老式電視機與電腦螢光幕的根本運作原理。倘若金屬板荷電比細絲更偏正極，這些游離電子就會受吸引貼靠過去，從而產生一道電流傳過裝置。不過，由於金屬板並未因為受熱而釋出電子，電流永遠無法反向流動，所以這種「二極管」（含兩個金屬接點或電極）具有閥門的作用，只容許電流單向傳輸。儘管熱離子閥用上了非常不同的物理原理，其表現的功能，卻與晶體檢波器毫無二致，因此可以直接當成收音機整流器來使用。不過後來帶來全新功能的重大革新，卻是出自二極管。

假使你拿一件標準真空二極管，在高熱細絲和金屬板之間，添上一件細線螺旋或篩網，結果就會帶來一種奇妙的作用。這種三元件裝置稱為三極管，只需微調施用於篩網的電壓，你就能影響傳過真空管的電流。向調節控制柵輸送略偏負極的電壓，它就會開始排斥，從細絲沸騰釋出，並川流湧向金屬板的電子：進一步提高負極偏向，電流還會受限更甚——這就像掐住吸管，來控制管內流過的液體。重點在於，三極管讓你使用一股電壓來控制另一股。不過這種配置的天才創意運用，乃在於控制柵電壓若出現細微變異，就會導致輸出電壓大幅變動。你這就把輸入信號放大了。

這項功能以晶體是辦不到的。它可以用來擴大微弱的收受信號，推動揚聲器，讓整個房間都聽得到聲音。它還讓你得以生成最適合窄頻帶載波的純頻率電振盪，還能以聲音調變來加載載波。這些都是主流無線電通信的重要運用方式，不過真空管還可以發揮類似開關的有用功能，投入控制電流路程，而且速率遠高於機械式控制桿。若是以大批這類真空管構成大型網絡，讓開關相互控制，你也就能夠進行數學計算，甚至於建構出完全可程序控制的電子計算機。[3]

3 現代電子產品已經不再大量使用耗電的真空管，現在運用的是半導體材料：熱離子管整流器由固態二極體取而代之，三極管的電壓控制式行為，則以矽質電晶體來重現。我口袋裡的手機，也是這種大型元件迷你化的實例，手機包含無數個電晶體，各個都能發揮和光熱真空管一模一樣的功能。

第十一章　進階化學調查報告書

「就算消費者文化一夕之間灰飛煙滅，我也不在乎，因為到時我們所有人都會在同一條船上，而且養雞廝混、瞎搞封建制度一類事物，這樣的生活也不會太糟糕。不過，倘若我們全都穿得破破爛爛，在荒廢的巴斯金－羅彬斯加盟商店裡面養豬過我們的簡陋日子，結果一抬頭卻看到天上有噴射機……那我就會瘋掉。要嘛就大家一起倒退回到黑暗時代，不然就不要有人落得這種處境。」

——道格拉斯・庫普蘭（Douglas Coupland），《洗髮精星球》（*Shampoo Planet*）

綜觀本書篇幅，我們已經看到好幾種能把一種物質轉化成另一種物質的簡單做法。儘管這樣變換的物質，外表看來有可能非常不同，乍看就像在變魔術，不過只要稍微花點心思，你就能了解不同化學物質的反應，看出它們怎樣交互作用，而且還能預測一項反應會發生什麼情況，接著到最後就能駕馭知識力量，來控制複雜的反應組合，並如願生成你想要的結果。

本章後面我們還會探討比較先進的文明，歷經數代復興進程，扎穩了根基之後，應當如何能夠動用比較複雜的工業化步驟，來為本身備妥必需品。目前我們談過的蘇打簡陋製法，只能帶領你走到這個地步。不過，首先讓我們檢視一下，電力如何用來為重新啟動的文明，萃取好幾種關鍵物資，並協助知識人探索化學世界。

電解作用和週期表

我們已經看到，只要能夠駕馭發電和配電，也就能帶來一種奇妙的動力源，可以推動文明復甦，促成遠距通信。不過我們史上頭一次電力真正派上用場（而且你也會發現，這種用途能帶來無從估算的價值），就是使用電力來拆解化學化合物，釋出各別成分：電解作用。

舉例來說，讓電流通過鹽水（氯化鈉）溶液，你就可以收集水分子裂解產物，包括從負極冒泡飄升的氫氣，以及從正極浮現的氯氣。氫氣可以用來填充飛艇，也是哈伯－博施法（本章稍後我們還會著墨討論）的一種原料成分，至於氯則是製造漂白劑的重要成分，而且我們在第四章也見過，漂白劑是製造紙張和織品的必要品項。倘若你還滿熟悉這類配置，那麼你還可以萃取出積聚在電解液裡的氫氧化鈉（苛性鈉），前面我們也見過，這是種出奇有用的鹼金屬。電解純水（添入些許氫氧化鈉來協助導電）就可以產出氧和氫。

鋁也可以採電解做法，從岩質礦石中提取，不過鋁的反應性過高，不能使用木炭或焦炭來冶煉。這是地殼含量最豐富的金屬，也構成黏土（人類最早採用的物料）的主要成分。不過，早先鋁是種昂貴材料，直到一八八〇年代晚期，當熔化、電解礦石的有效做法開發出現之後，情況方才改觀。[1]所幸，復甦社會並不會立刻需要從頭純化金屬。鋁很能抵抗腐蝕，歷經好幾個世紀，依然不會腐朽，而且只需使用本書第六章談過的基本熔爐，加溫到攝氏六百六十度，就可以回收熔化的鋁。

你可以跳過沿用好幾世紀的低效能化學方法，直接使用電解作用，合成出好幾種可供使用的物質。再者，電解還能幫助你進行科學探索：電解能分解化合物，取得所有物質的純粹建構原料——元素。舉例來說，電解在一八〇〇年驗證了水根本不是種元素，而是氫和氧的化合物。接著往後八年之間，又有七種元素經電解作用分離出來：鉀、鈉、鈣、硼、鋇、鍶和鎂。這當中的前三種，都是以電力分解本書提到的尋常化合物才發現的，依序為鉀鹼、苛性鈉和生石灰。而且電解不只是能用來分離先前未知元素的重要技術，這種製程還能證明，把化合物所含原子束縛在一起的鍵結，本身也具有電磁特性。

考量不同元素的交互作用，斟酌它們在化學反應中的行為傾向——它們的「個性」——你就能認識一項十分馳名的基本真相：元素並不是各自孤立，而是依相仿行為自然分歸不同集群，構成類似家族的

1 十九世紀後半期，法國皇帝拿破崙三世舉辦了一場盛宴，席間他不用銀器，卻擺出鋁器，向他最顯赫的晚餐貴客炫耀。怪的是，鋁是地球上最常見的金屬，同時也是最貴重的一種。不過，隨著合宜的助熔劑問世，同時還以電鍍技術大量生產，鋁的地位也隨之江河日下，從皇家御用餐具原料，變成數百萬隨手拋棄式飲料罐的賤價原料。

類群。這讓我們看出化學全域的結構，就如同當初知悉各生物體之間的形態相似性，並由此推出關聯性，也為整個生物界帶來了秩序。舉例來說，鈉和鉀都是活性大的金屬，也是形成苛性鈉和鉀鹼等鹼性化合物的成分，而且你電解這些化合物，就能分離取得這兩種元素。還有，氯、溴和碘全都能與金屬反應生成鹽類。現在若是你把已知元素分門別類，形成陣列，把性質相近的排成一列，代表它們具有一再出現的基本形態，結果就能編排出元素週期表。

現代元素週期表是人類成就的宏偉紀念碑，和金字塔或世界上任何其他奇觀同樣令人讚嘆。週期表絕對不只是化學界多年的元素總和清單：這是一種組織知識的做法，讓你能夠預測還沒有發現的細節。

舉例來說，俄羅斯化學家德米特里．門得列夫（Dmitri Mendeleev）在一八六九年根據當年所知六十種散亂元素，率先編纂出一張週期表，當時他就發現，這張表格還存有間隙——與缺失物質相符的占位元素。不過這種列置做法妙就妙在，他可以據此精確預測，這些假設元素應該像什麼樣子——好比鋁下元素（**eka-aluminium**）指在週期表內列置於鋁正下方的缺失元素。儘管這種假設，還從來沒有人見過或碰過，只純粹根據它的陣列位置，就能預測，那應該是種具延展性的閃亮金屬，密度高低為何，同時在室溫呈固態，不過加熱到以金屬而言算極低的溫度下，它就會熔化。幾年過後，一個法國人在礦石中發現了一種新元素，並依據他的祖國舊名「高盧」（Gallia），把新元素命名為鎵（**gallium**）。情況很快明朗，這正是門得列夫當初料想的缺失元素（鋁下元素），而且他的熔點預測值也完全正確：鎵在攝氏三十度時會從固體轉變成液體——這種金屬真的能熔於你手中。[2]

這項有關元素固有模式的簡單事實，應能協助組織你自己的研究，深入認識物質組成，了解如何最大程度善用天然物質所具有的不同特性。現在就讓我們根據從第五和第六章學來的知識，進一步檢視兩種稍顯棘手的化學應用——炸藥和攝影術。

炸藥

或許你會認為，炸藥製作技術不該納入《最後一個知識人》，唯有如此，才能盡量讓和平延續。炸藥自然可以是鼓吹戰爭的，從歷史觀之，火藥化學也都與冶金術同步發展，因為冶金術是製造可靠火炮，安全限制爆炸範圍和轟擊方向的必要技術。不過對復甦中的文明來講，和平用途應該更是重要得多：火藥可供步槍狩獵，幫助很大，還能用來爆破岩石表面，方便採集石材、採礦，以及開掘隧道和河渠等。還有對末日後世界最重要的用途，或許就是拆除破舊傾圮的不安全高樓建築，回收建材，還有當文明擴張，人們返回這些長久荒廢的地區時，可用來清出土地，供重新開發。不論如何，科學知識本身

2 自一九三〇年代迄今，我們已經在週期表底部填入更多元素，這些都不是天然存在的物質，而是人工產物——原子核心鼓脹擠滿了質子和中子，性質極不安定，一旦遇上放射性吹襲，幾乎馬上就會崩解，因此綜觀歷史，我們不只是創造出了新的材料——好比玻璃、陶瓷製品，還有鋼鐵合金等金屬混合物——和新穎的分子聚合物，如塑膠有機聚合物等，同時還實現了煉金術士的夢想，懂得如何改變元素本身。只要專注投入，尾隨我們腳步發展的文明，也應該能夠達到同樣成就。

是中性的：拿它來做哪種用途，才有善惡之別。

要想引發爆炸——侵襲鼓膜、粉碎岩石表面或推倒建物的高速擴張脈衝——你就必須在窄小空間猛然產生一團非常高壓的空氣。達此目的的最佳做法，就是運用激烈的化學反應，把固體物質轉化成高熱氣體，這時得占用遠遠更為龐大的空間，因此會很快從反應點向外擴張。舉例來說，現代步槍彈後方的火藥裝彈量，約相當於一塊方糖大小，然而一旦觸發，它就會與自己產生反應，產生一團約派對氣球般大小的氣體。在窄小槍管快速膨脹，發出強大力量，猛推子彈以音速射出。

固體燃料可以研磨成細粉，讓接觸空氣的表面積大增，這就會加速燃燒並引發爆炸。煤粉和麵粉都能猛烈燃燒（所以卡士達粉工廠也可能發生爆炸）。另一種更好的做法是以周遭現成的氧原子，就近為燃料充分供氧，促成快速燃燒，如此就不必再從空氣取得氧氣。能大量供應氧原子的化學物質——或比較白話的說法就是，渴望從其他化學物質取得電子的化學物質——稱為氧化劑。

史上最早開發問世的炸藥，竟然是第九世紀的中國煉丹方士為追求永生所煉成的不老仙丹，結果實在諷刺：黑火藥就這樣誕生了。火藥含木炭（充當燃料或還原劑）和硝石（充當氧化劑，現在稱為硝酸鉀），研磨成粉並混在一起。在混合粉末撒上一些黃色硫元素，就能改變最終產物的反應，留下更多能量來引爆震盪及轟鳴。最好的火藥配方是等量硝石和硫各一份，加上六份木炭，混成蓄勢待發的化學雞尾酒製劑。

火藥的硝酸鹽成分，必須動用一點花俏的化學手法來調製。歷來投入製造炸藥和肥料的硝酸鹽，都出自非常不起眼的源頭：充分熟成的糞便堆肥，裡面充滿細菌，把含氮分子轉化成硝酸鹽，接著你就可以利用一項化學原理，來提取這種成分：溶水性互異的相仿化合物。根據這項化學原理，所有硝酸鹽都能輕易溶於水，氫氧化鹽則一般都不溶於水。所以，往糞堆倒進幾桶石灰水（氫氧化鈉，見第五章），浸個透徹，於是糞中的礦物質，大半都會形成不溶於水的氫氧化物，繼續困陷在裡面，而鈣則會吸收硝酸鹽離子並隨水流出。收集這種液體，拌入一些鉀鹼。這時鉀和鈣就會對調互換，生成碳酸鈣和硝酸鉀。碳酸鈣不溶於水——這是構成石灰岩和白堊的化合物，而且英國多佛（Dover）海岸的白堊峭壁，也沒有隨波沖刷流失——不過硝酸鉀溶於水。所以這時就可以先濾出含白堊的白色沉澱，隨後再熬乾水分取得硝石晶體。分離是否成功，可以用一種很可靠的試驗來檢定。拿一張紙浸泡溶液後讓它乾燥——倘若你得出了硝酸鉀，點燃紙張就會嘶嘶燒出閃耀火燄。

提取硝石的化學原理十分簡單明瞭；問題在於該從哪裡找到充分的硝酸鹽原料，加工製出所需用量。合宜的礦床只見於非常乾旱的環境（硝石的溶水性很高，很容易被沖刷流失），好比南美洲亞他加馬沙漠（Atacama Desert），此外鳥糞的硝石含量也非常豐富。硝酸鹽兼具肥料和炸藥用途，到十九世紀末便成為重要物資，還出現了為爭奪貧瘠小島取得厚層鳥糞而開戰的實例。本章稍後我們還會著墨討論，如何解決氮量缺乏問題，延續文明進程。

儘管火藥能適當攙和燃料和氧化劑粉末，迅速燃燒，不過另種做法還更好，保證能引發更猛烈的反應，產生更強大的爆炸：結合燃料和氧化劑。讓多種有機分子和硝酸硫酸混合劑產生反應（硫酸能用來氧化有機分子，見第五章），隨後再把硝酸鹽加到燃料分子上頭。舉例來說，使用硝酸來氧化紙張或棉花（都是植物纖維），就會生成具高度可燃性的硝化纖維——火紙（flash paper）或火棉。

還有一種威力勝過火藥的炸藥是硝化甘油。這種清澈油質炸藥是取甘油經硝化作用製成，而且是第五章肥皂製程的衍生物，不過這種副產品極不安定，只需稍加擾動，很容易就會在你眼前爆炸，釀成慘禍。阿爾弗雷德．諾貝爾（Alfred Nobel）找到了一種解決做法，可以安撫這種破壞潛力，他把一團團鋸木屑或黏土等吸附性物質，浸入這種對衝撞有靈敏反應的硝化甘油裡面，製出一支支矽藻土炸藥。（諾貝爾就是運用從這項發明賺取的財富創辦諾貝爾獎，來褒揚重要人物在科學、文學和和平各方面的貢獻。）

所以製造強力炸藥必須仰賴硝酸這種強效氧化劑，而這種酸也是攝影術使用銀化學捕捉光線的要件。

攝影術

攝影術是種奇妙的技術——駕馭光線來記錄影像，能用來捕捉剎那片刻，永久保存。假期留下的一張照片，就算事隔幾十年，依然可以勾起鮮明的回憶，照片還能為世界留下遠比記憶還更為真實的永恆紀錄。不過除了爛醉趴寫真快照、家庭相片或令人屏息的美景之外，過去兩百年的攝影術，更是具有無可比擬的價值，為我們展現出肉眼看不見的景象。攝影術代表一項重要的實用技術，影響及於眾多科學領域，而且肯定是加速重新啟動不可或缺的要項。攝影術讓研究人員得以記錄非常模糊的事件和過程，或者發生的時間太過短促或太過冗長，或者波長非我們所能目睹，致使我們無法察覺的現象。舉例來說，使用攝影術能延長曝光時間，捕捉微弱的光線，而且延續的時段，也遠超過人類肉眼能力所及，於是天文學家也才得以研究眾多暗星，並從暗淡污點解析出星系和星雲等細部構造。[3]攝影乳膠對X光也有敏銳反應，於是你也才得以拍攝醫學影像，檢視體內狀況。

攝影術背後的關鍵化學原理十分簡單：某些銀化合物遇陽光就會變黑，可以運用來記錄黑白影像。訣竅就在於如何製造出一種可溶解的銀，這樣才可以把它均勻塗布，變成薄膜，接著再把它轉化成不可溶的鹽類，黏附在你的攝影媒介表面，而且不會流失。

首先，在蛋清（蛋白）中溶入些許鹽巴，把溶液塗敷在一張紙上，然後讓它乾燥。現在取一些銀溶入硝酸，硝酸會氧化金屬銀，生成可溶性硝酸銀，[4]接著在你預備好的紙上塗抹這種溶液。氯化鈉會起反應，生成對光敏感且不可溶的氯化銀，而蛋白則可以防止攝影乳膠被紙張纖維吸附進去。單獨一支實

3 即便在久遠之後，你還是可以拿一臺照相機，示範這個技術先進的文明曾經存在過。對著夜空（與極點呈九十度角：見第十二章）拍張照片，曝光一、兩分鐘，由於地球會自轉，所有星體便全都糊成一道道彎曲條紋，不過偶爾你也會瞧見奇特事物：完全沒有渲染開來的點點星光。這些表面看來在天上固定不動的星體，其實是移動速率恰好與星球轉動速率完全一致——刻意在繞地軌道上運行的人造物。在特定距離之外繞行赤道，是軌道週期恰為一天的同步衛星。這種衛星固定位於地表同一點上空，很適合做為通信中繼轉播站。它們的軌道也很安定，因此在城市和其他人造事物，全都化為塵土消失過後，依然會在太空中運行，成為技術文明的紀念碑，只要你知道怎麼觀測，也都很容易見到。

4 既然談到了銀化學，也該提提它的另一種功能：鏡子，鏡子是種必需品，不只是為了滿足虛榮心，也是高倍率望遠鏡以及導航用六分儀的重要組件。在鹼性阿摩尼亞溶液（氨水，見第五章）中混入硝酸銀和一點糖，然後倒上乾淨玻璃背面。糖會把銀還原為純金屬，直接在玻璃表面沉積形成細薄閃亮的一層。

心銀湯匙所含元素，便足夠沖印超過一千五百張照片。

光線觸及這種感光紙時，就能提供能量來釋出晶粒所含電子，從而把氯化銀還原為金屬銀。大團銀塊，好比拋光的銀盤，帶有一種亮麗光澤，細小金屬晶體斑點就會散射光線，看來反而很暗。反觀感光紙上沒有曝光的範圍，則依然保持底下紙張的白色。曝光後的關鍵步驟是遏制這種光化學反應，讓拍下的光影安定。硫代硫酸鈉是種相當容易製備的定影劑，而且迄今依然會使用。把二氧化硫氣體（第五章）導入蘇打或苛性鈉溶液，它會冒泡飄升，接著添加硫磺粉熬煮乾燥結成「海波」（hypo）晶體。

在不透光箱子上安置一個透鏡，用來將影像投射到置於背側箱壁的感光紙上，這就製造出一臺照相機，不過就算在明亮陽光下，靠這種簡陋的銀化學，依然可能得花好幾個小時，才能拍出一張照片。所幸你可以大幅提高照相機的感光靈敏度，這就要靠顯影劑——處理局部曝光顆粒，將氯化銀全部還原為金屬銀。硫酸亞鐵具有良好的顯影作用，而且十分容易合成，只需把鐵溶於硫酸即可。隨著末日後社會的化學知識水準提高，你就可以換掉氯化鹽類，改用它的同族元素，碘或溴，這樣製成的攝影乳膠，感光度就能大幅提增。

然而，由於曝光會把感光顆粒轉變成暗色銀金屬，而景象的陰影部分則保持淺白，因此產生的照片，色調和你眼中所見相反——你會產生一張「負片」。沒有哪種化學反應能快速作用，生成恆定正向影像——沒有哪種物質起初呈黑色，遇陽光就快速脫色——所以攝影術一直被這種負向結果拖累。要產生必要的概念跳躍，首先得明白，若能讓這種反面負片影像，投影在照相機內一片透明媒介上，接著只需使用這個負片作為遮罩，覆蓋在感光紙上，進行第二階段沖印，於是光影樣式就能再次反轉，恢復正常樣式。溼版法使用火棉溶於乙醚和乙醇混合溶液——這些物質我們都在本書中談過——製得一種糖漿狀透明液體。這是為玻璃板塗上感光化學物質的理想材料，接著進行曝光、顯影，隨後讓液體乾燥形成硬層防水薄膜。若是改用明膠（可熬煮動物骨頭製得，如第五章所述），你還有可能製造出感光度更高的乾板，而且最大曝光時間還可以大幅拉長。

❖

攝影術是一種奇妙的實例，顯示幾種既存的技術，如何生成新奇應用，而且使用的原料和物質，也都相當簡單樸實——搭建一具內襯耐火黏土的炭窯，使用蘇打灰助熔劑來熔化矽砂或石英，自行製造玻璃。取一塊研磨製成聚焦透鏡，再取一塊製成長方形平板，當做負片感光板用料，然後利用你的造紙技能來製作平滑相紙。攝影術的基礎化學，沿用本書一再動用的酸和溶劑，你可以運用銀匙、糞堆和食鹽當中衍生的種種材料，沖印出簡陋的照片。假使你穿越時空，回到十六世紀，實際上你根本就可以取得一切必要的化學物質和光學組件，製造出一臺簡陋相機，所以肖像畫家霍爾班（Holbein）其實也不必動筆畫油畫，你大可以教導他，如何為英王亨利八世拍張照片。

在週期表內填入元素，善用炸藥和攝影術來作為重新發現的工具，這些全都是末日災後重啟文明的重要活動。不過，一旦社會復興，開始繁榮，它對於本書所著墨討論的種種基本物質的需求量，也會隨之越來越大。為了滿足這些需求，文明就有必要開發出更先進的工業化學程序。

工業化學

我們常聽人談起工業革命和巧妙機械發明的創新，如何減輕了人類的勞力負擔，從而大大加快了十八世紀社會的進步並促成變革。不過文明要進步，不但需要自動化的紡紗織布機，製造出隆隆運轉的蒸汽機，另一個層面也同等重要，那就是透過化學程序，大規模合成必要的酸類、鹼類、溶液和社會運轉所需的其他物料。

我們在本書談過的許多重要必需品，全都仰賴同類試劑來驅動化學反應，把從環境採集得來的原料，轉變成所需物資或製品。隨著一代代恢復元氣，人口增長，單憑我們目前所檢視的粗淺做法，也就越來越無法滿足重要物質之需求，甚而面臨遲滯發展的處境。

底下我們要討論兩種物質的製造方法，在西方已開發國家不同時期曾造成嚴重發展瓶頸：十八世紀晚期的蘇打，還有十九世紀晚期的硝酸鹽。確保兩者充裕供應，也必然會是末日後社會不可或缺的要務。所以，復甦文明該如何擺脫束縛，不再仰賴灰燼來取得蘇打，或者靠糞便來取得硝酸鹽？讓我們先大規模合成蘇打，這項作業正是歷史上工業化學的開端。

前面我們見過，蘇打（碳酸鈉）是種極其重要的化合物，在社會各界種種活動都廣泛運用。蘇打灰是種必不可少的助熔劑，用來熔化砂子製造玻璃（如今全球碳酸鈉產量，超過一半是用來製造玻璃），而且當它轉化成苛性鈉（氫氧化鈉）之後，便是製造肥皂和分離出造紙所需植物纖維的程序當中，最能夠驅動化學反應的媒介。玻璃、肥皂和紙，是文明的核心支柱，而且自從中世紀時期以來，我們也一直仰賴綿延不斷的廉價鹼類供給，來維繫這所有用量。

傳統上，鹼類都出自燃燒木材取得的鉀鹼，到了十八世紀，歐洲各處森林砍伐殆盡，意味著鉀鹼只能從北美、俄羅斯和北歐進口。不過最受廣泛運用的原料是蘇打（由此製得的苛性鈉，水解能力遠遠超過苛性鉀），產地在西班牙，取當地植物豬毛菜（saltwort）燃燒生成，其他產地還有蘇格蘭、愛爾蘭海岸沿線，得自風暴沖刷上岸的昆布巨藻。碳酸鈉還可從埃及的乾湖床泡鹼（碳酸鈉礦物質）沉積開採取得。不過到了十九世紀後半時期，由於西方人口和經濟的增長，蘇打的需求量又開始超過這些天然源頭的供給量，這種現象在復甦社會不免也要遇上。食鹽和蘇打灰是關係密切的化學物質[5]，那麼你能不能把一種基本上存量無限的物質，轉化成重要的經濟物資？

十八世紀法國化學家尼古拉斯·勒布朗（Nicolas Leblanc）發展出一種簡單的兩步驟程序，操作時取鹽和硫酸反應，接著把產物和碾碎的石灰岩以及木炭或煤，一併擺進爐中以攝氏一千度烘烤，形成一種黑灰色物質。你感興趣的碳酸鈉可溶於水，因此你可以沿用燃燒海藻灰的相同製作技術，溶萃出成

5 依現代命名法，我們會說食用海鹽（氯化鈉）和蘇打灰（碳酸鈉）都是具有相同鹼基（氫氧化鈉，傳統稱法是苛性鈉）的鹽類化學物質。

品。儘管採用這種勒布朗製鹼法，很容易就能把鹽轉變成蘇打，讓你不再局限於燃燒植物或礦物沉積的做法，然而它的效率卻非常低落，而且會產出大量有毒廢棄物。[6]所以，重新啟動文明最好是能跳過雖簡單卻很浪費的勒布朗製鹼法，直接採用效率較高的製作法。

索爾維製鹼法稍微繁複一些，卻能巧妙運用氨來截斷這個循環：製造過程中所用試劑，都經回收再利用，將廢棄副產品減到最少，污染也因此大減。索爾維製鹼法的核心化學反應如下。把一種名叫碳酸氫銨的化合物添入濃鹽水，其碳酸氫鹽成分置換，改與鈉相連，形成小蘇打碳酸氫鈉（和烘焙用膨發劑一模一樣的東西），接著這就可以簡單加熱變成蘇打灰。這項製程的頭一個步驟是讓濃鹽水通過兩個塔柱，首先是注入氨氣，接著二氧化碳乘著氣泡飄升，溶於鹹水並結合，生成重要的碳酸氫銨。置換反應是和鹽作用，生成碳酸氫鈉，這種產物不溶於水，會沉澱形成可供採集的渣滓。氨氣是這個階段的關鍵成分，因為它讓鹽水保持合宜的鹼度，也確保（碳酸氫鈉）不會溶解，巧妙地讓兩種鹽類分離。

初始步驟所需的二氧化碳，可以將石灰岩擺進爐中加熱取得（做法和我們在第五章所見焙燒石灰來生產砂漿和混凝土毫無二致）。加熱後留下的生石灰，可以加入前段分離完碳酸氫鈉的鹽水，這就能重新生成起初注入的氨氣氣泡，供再次使用。所以大體而言，索爾維製鹼法只會消耗氯化鈉和石灰岩，而且除了有用的蘇打之外，只會生成氯化鈣副產品，而且這本身也可以在冬天撒在路面融冰。這套優雅的自給式體系能一邊運作，一邊聰明地回收重要的氨氣，而且只需動用相當基本的化學步驟就能建構，迄今依然是全球主要的蘇打製作來源（不過美國除外，因為懷俄明州在一九三〇年代發現了蘊藏豐富的碳酸鈉石天然鹼礦層）。就復甦文明來講，索爾維製鹼法代表一個絕佳良機，得以蛙跳越過效率低落又會造成毒害污染的程序，改採另一種做法來生產重要的蘇打。

索爾維製鹼法把來源豐富的元素鈉（食鹽），轉化成至關重要的鹼性化合物（蘇打）。然而不久之後，先進文明就會遇上另一種重要物資供量有限的問題。就生活在當今世界的所有人而言，最重要的化學程序之一，牽涉到元素氮以及把一種常見鹼基物質，轉化成有用物資的另一種神奇變換作用。

單就每天直接影響的人數而論，二十世紀波及程度最深遠的技術進展，並不是發明了飛行、抗生素、電子計算機或核能動力，而是如何合成一種散發惡臭的卑微化學物質：氨。從本書各處篇幅我們已經見到，氨和相關的（因此可採化學方法相互轉換的）氮化合物，硝酸和硝酸鹽，都是支撐文明的化學礎石。硝酸鹽是肥料和炸藥製程不可或缺的要素，不過到了十九世紀尾聲，這在工業化世界已經消耗殆盡。需求開始超過供應，美國和歐洲各國不只是擔心如何確保部隊所需軍火，而且基本上也開始顧慮，如何供應充裕糧食，來養活自己的國民。

上千年來，因應人口擴張的做法，都是清出更多耕地。然而一旦你能取得的土地已經達到上限，還

6 十九世紀早期只把這些東西當成有毒廢棄物，直接拋棄，這會在蘇打工廠周圍，形成一堆堆不可溶的黑灰色硫化鈣，高聳煙囪還吐出一團團氯化氫雲霧，嚴重損害周圍植物生命。英國在一八六三年通過〈鹼類法令〉（*Alkali Act*），禁止排放氯化氫——第一項對抗空氣污染的現代立法行動。蘇打廠商的直接反應是向煙囪裡面灑水，把這種可溶氣體沖掉，並把生成的鹽酸，直接排入附近河川，靈活迴避法規，把空氣污染轉變成水污染！

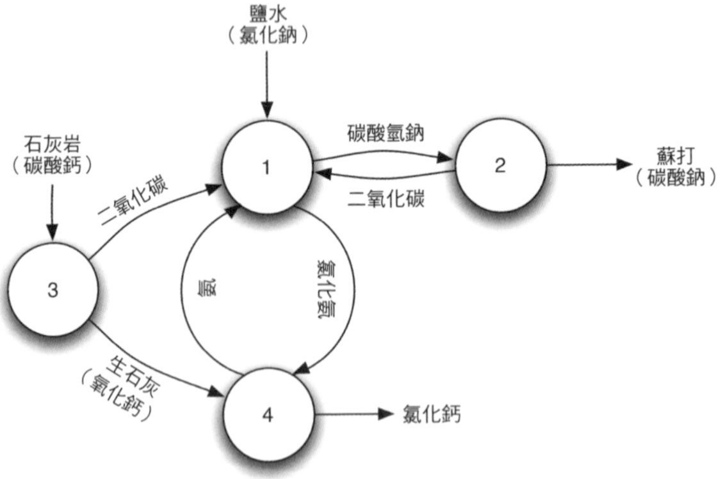

十九世紀晚期紐約一家蘇打製造廠，業主是索爾維製鹼公司（Solvay Process Co.，見上圖）。索爾維製鹼法採四個步驟以人工合成蘇打（下圖）。由圖可見氨循環回收作業，正是這套重要化學製程的核心要項。

得養活不斷增殖的無底洞，這時如同我們在第三章所見，唯一做法就是提高單位耕種面積的作物收成量，把糞肥擺回土壤，種植豆科植物，都是有效做法。不過當人口達到特定界線——你也可以稱之為「群眾滿載」——文明就會遇上不可避免的障礙。你沒辦法要家畜產出更多糞肥，因為你必須先從土地種出植物來餵養動物，而且你不能在更多田地上播種栽植豆科植物，因為這會縮小種植穀物的土地。你觸及了有機農耕的上限。

唯一的解決辦法，就是從農耕圈外取得氮。縱貫十九世紀，西方農業都大量仰賴進口鳥糞和從智利沙漠採礦取得的硝石。不過這些來源很快就耗盡，一八九八年，英國科學勵進學會（British Association for the Advancement of Science）會長威廉．克魯克斯（William Crookes）爵士提出以下警語：「我們這是在提領地球的資本，我們的匯票不見得始終都能兌現。」（這項告誡我們今天最好也要聽從，因為我們的文明對原油和其他自然資源的貪婪胃口，恐怕就要把它們消耗光了。）我們留下的世界，想必也早都不再有硝酸鹽天然礦床，末日後文明，很快就會撞上這堵高牆。

地球大氣富含氮氣——你吸進的每口氣，都有將近百分之八十的這種成分——不過氮也頑固彆扭毫不活潑。兩顆氮原子以三重鏈結牢牢束縛在一起；事實上，氮氣是已知最不活潑的雙原子物質。因此氮非常難運用——必須先「固氮」才行。到了十九世紀末，情況業已明朗，文明本身要能進步、就必須想出固氮的做法——這得靠化學來出手拯救人類。

解決辦法在一九〇九年找到並沿用迄今，這種程序稱為哈伯－博施法。表面看來，這種製程似乎簡單得令人不敢相信。所需原料只有氮，地球大氣最常見的氣體，以及氫，全宇宙間含量最豐的元素，以一比三配方在反應裝置內相互混合，並結合形成NH_3——氨。氮可以從空氣取得，氫氣如今都從甲烷製得，不過也可以電解水來採集取得。要催化參與反應，必須截斷把雙原子鉗在一起的牢固鍵結，而這就得動用一種催化劑才能辦到。多孔型式的鐵，添了氫氧化鉀（我們在第五章談過的苛性鉀）可提增效能，加速反應。反應永遠不會徹底完成，因此可以冷卻氣體，凝出期望產物，結成氨水水珠，再排流儲存起來，尚未反應的氣體則可以循環回收，一再通過反應裝置，直到幾乎所有成分全都成功變換為止。不過，就如其他許多事項，魔鬼藏在細節裡，哈伯–博施法實際上非常棘手，很難成功。

許多化學反應，基本上都是單向的：反應物沿著這條單行道，互相結合，生成產物。舉例來說，蠟燭燃燒時，蠟質碳氫化合物經燃燒過程氧化，生成水和二氧化碳，然而相反的化學變化卻永遠不會自發生成。不過另有些化學程序則屬於可逆反應，兩種相反的化學變化同時發生。「反應物」經變換成「產物」，同時這些產物卻又回頭再次轉化。氮氫混合氣和氨的轉化，便屬於這種可逆程序，要調校均勢，朝期望的化合物傾斜，你就必須仔細安排反應裝置內的條件。製造氨時，得在高溫（約攝氏四百五十度）和極高壓（約兩百大氣壓力）情況下運作。哈伯–博施法之所以這麼棘手，起因就在於反應裝置和管件的極端條件。我們前面也談過其他幾種必須有爐火高溫的重要製程——好比燒製玻璃或熔煉金屬——都遠不如固氮作業那般棘手，這種製程是精湛工程學的高明成就。倘若你的末日災後社會撿不到合適的反應裝置容器，你就得學會如何製造出工業壓力鍋。

氮氣和氫結合形成氨只是第一步。一旦氮固定下來了，你就必須把它轉化成用途更廣泛的化學物質：硝酸。氨在高溫轉化爐中氧化——不僅只是個爐，而是個基本上能夠把氨本身當成燃料的容器，不過它還得使用一種鉑—銠催化劑。這實際上就是裝在汽車排氣管內的催化劑轉化器的材料合金，可用來減少污染排放，所以應該比較容易撿到。所生成的二氧化氮再經水吸收便形成硝酸。

這些產物——氨和硝酸——都不能直接傾倒在農田，直接提高作物收成：頭一種的鹼度太高，第二種又太酸。不過當兩種直接混合在一起，它們就會中和，形成硝酸銨鹽，這當中塞進了雙份可供取用的氮，成為一種效用奇佳的肥料。我們在第七章便曾見過，硝酸銨能分解釋出一氧二化氮痲醉劑，所以還具有醫療用途。而且它還是種強效氧化劑，可以用來製造火藥。[7]所以，就逐漸成熟並邁向工業文明的末日後社會來講，哈伯—博施法可以讓你不再依靠採集動物糞便或鳥糞、浸泡木頭灰燼，或採掘硝石礦床，來滿足重要的硝酸鹽供量，它讓你得以從大氣開採根本無窮無盡的氮氣庫藏。

今天，哈伯—博施法每年泵出約一億公噸合成氨，由此產製的肥料，能供養全球三分之一人口——約二十三億張飢餓的嘴巴，都靠這種化學反應來餵飽。既然我們吃進去的食物原料，都經吸收納入我們

7 蒂莫西．麥克維（Timothy McVeigh）策動奥克拉荷馬城爆炸案時，便是在一輛卡車後車廂塞進兩公噸硝酸銨肥料，還有一九四七年一場火警，導致一艘搭載兩千多公噸硝酸銨化合物的船隻，在德克薩斯城的港口爆炸，造成一起規模舉世罕見的非核大爆炸。

的細胞，那麼我們體內約半數蛋白質的製造原料，便都是我們這個物種以人工固氮技術能力生成的氮。

就某個程度來講，我們都有部分身體是工業生產製品。

第十二章　關於時間和空間的丈量方法

「一代過去，一代又來，大地卻永遠長存。」

——《傳道書》第1章第4節

「廢墟激發我宏偉的念頭。一切都歸空無，一切都趨滅亡，一切都會過去。唯有世界存留，只有時間長存。」

——德尼．狄德羅（Denis Diderot），〈一七六七年沙龍評論〉（Salon of 1767）

上一章我們逐步介紹了相當複雜的工業化學，哪些適合用來支持復甦數代的發展中社會。現在我希望直接回歸基礎。生還者該怎麼做，才能從一開始茫無頭緒，終至設想出兩道問題的解答：「現在是什麼時候？」和「我在哪裡？」。這絕對不是什麼無聊的空想練習：追溯自己經歷多少時間和跨越實際空間距離的能力，是不可少的要務。第一項讓你得以測知一天過去了多少時間，並追蹤日期和季節，這是農耕成功的先決條件。我們會看到，你可以從事哪些觀測，來重建準確的曆法，同時，你甚至還能在年代不詳的遙遠未來，算出那時是哪一年（這是所有時光旅行電影主角都會開口詢問的問題）。第二項也很重要，就算沒有可供辨識的地標，也能判斷自己位於地表哪處。倘若你想知道，自己和目的地的相對位置，這項能力就很重要，這樣你就能從事遠航貿易或探勘。

首先讓我們看看時間。

報時

追蹤季節交替是任何文明的根基，這樣才能知道何時最適合播種，接著收成，並準備面對要命的寒冬或旱季。隨著社會越趨複雜，常規制定越見嚴謹，判定時辰也變得更加重要。時鐘是自主控管不同活動時段，和公共生活時同步不可或缺的工具。從匠人工作時數到市場開市、收市時間，還有宗教社群的聖地聚會時間，全都靠時間。

原則上，任何以恆定速率運行的規律都能用來測定時間。歷史上使用的測時方法為數繁多，倘若沒有時鐘在末日後存續下來，在重新啟動時，就能派上用場。讀取時間的方法包括：規律滴落的水鐘，可以在水槽或容器側邊，逐次向下標出刻度線；或者沙漏；或者油燈的殘留油面高度；或者在一根長蠟燭的側邊標示尺度。

水鐘和沙漏同樣利用重力原理來運作，不過水鐘是以壓力迫使液體從底部流出，至於沙漏的流動速率，大體不受殘留柱高的影響，於是從第十四世紀開始，這種優異時計便開始普及。不過，儘管沙漏能測定時段，它本身並不能告訴你一天時辰（除非遵循嚴苛規定，從清晨時刻開始，就不斷翻轉時計）。所以你該怎樣利用重力原理來判定現在幾點？

繁忙的現代生活，如今是由壁鐘和工作日記來決定，然而這不過就是我們這顆星球的運行規律的形式化。就日常經驗來說，地球運行太慢，除了日夜常規節奏，還有季節週期的緩慢變化之外，我們多數人都無法察覺。讓我們設想，我們可以轉動旋鈕，加速我們身邊時間的推展，好讓行星週期變化更明顯。（底下敘述是北半球觀點，不過倘若你住在南半球，原理仍是相同的。）

假如太陽以高速橫越天際，陰影掃過地表，以太陽基部為軸迴轉。隨著太陽向西方奔去，展現短暫日落，接著運行到視野之外，天空褪卻色澤，變成靛藍，接著黑夜隨之降臨。滿布浩瀚夜空的點點星光，不再是你熟習的點點靜態光芒，而是一道道繞行蒼穹的發光細線。它們描畫出相互套疊的同心環圈，正中心則是北極，看不出有任何天體運動。天空的靶心恰好有一顆恆星，稱為勾陳一（小熊座 α 星），也就是北極星，所有星體看來全都繞著它打轉，直到再次綻放曙光。

接著你會注意到，太陽順著軌跡橫越天空，這些熾烈條紋，歷經數週就看得出不穩跡象。那道弧線會緩緩往復擺盪。夏季時，太陽達到日出點最遠的地方，帶來溫暖長日，然而到了冬天，太陽彷彿是走上一條捷徑，幾乎貼著地平線運行，隨後又一次西沉，退出視線之外。在擺盪的最高與最低點，太陽弧似乎遲緩、停頓下來，隨後才又反向返回原位，這種位置稱為至點（solstice，拉丁文，代表太陽靜止不動，夏至點及冬至點尤為重要）。冬至（和南半球的夏至同時發生）是一年當中白晝最短的一天，也是太陽從地平線上最偏南的日出點升起的一天。巨石陣一類古代天文學遺址，便設有這種特殊日子的日出位置紀念碑。[1]

你該怎樣利用自然變化和週期循環來判定時間？

從基礎來看，太陽隨著地球自轉跨越天空的行程[2]，以及由此引申出的陰影位移，便足以標示出一日的時辰。凡是曾經逗留在大樹或沙灘陽傘底下遮陰的人，全都知悉陰影是如何移動。所以，倘若你在地面插上一根棍子，從棍子陰影的旋轉現象，就能得知時間的流逝。當然了，這就是日晷。影子最短的時候就是正午或中午。為測得最準確的結果，棍子應該直接指著北半球穹頂中心，以我們在本章後面討論到的北極星為指標。

若想做一座日晷，先製作一個半球體或圓弧體，放在棍子基部，並在表面相隔固定間距，簡單訂出小時線。就能直接投影在日晷的彎曲表面。平坦的圓形日晷比較容易製造，不過小時線就必須多費工夫標訂，因為影子在中午時分會移動得比較緩慢，不如早上或傍晚時那麼快速。你可以隨你心意，把一天劃分成任意個小時。我們的傳統做法是把一整天分成兩半，每半各含十二個小時，這種分法源自巴比倫人（說不定還與黃道帶十二宮有關。星座呈帶狀分布，而且太陽和行星依循自己軌道橫越天際之時，似乎也都跨越這十二宮）。

不過，史上的重大計時革命，也是復甦期間應該開發的一門技術，是機械式「發條」時鐘。[3]這是種非凡的構想，能像心臟一樣打節拍。做這種動作需要四種關鍵組件：一個動力源、一個振盪器、一個控制器，還有發條齒輪裝置。

動力源是任何機械的首要部件，要提供動力，最簡單做法是把重物（錘）垂吊在一條繞軸圈繞的繩索上，當重物受重力影響下墜，軸就會轉動。這種裝置的最大問題是，如何管理釋出的能量，驅動裝置緩慢運動，而不是直接讓重物逕自墜落地面。負責進行這項功能的裝置稱為擒縱器，稍後我們還會回頭著墨。

機械式時鐘的跳動心臟，提供規律定時信號的裝置稱為振盪器。理想的低科技解決做法是個簡單的擺：在硬挺直桿上裝個擺盪物。你得運用一項物理原理，擺的週期——擺錘向下擺動跨越一個小角度後回歸原來位置所需的時間——由擺長來決定。擺錘會完全依循這個節奏擺盪，不過摩擦力和空氣阻力會

---

1 曼哈頓網格狀布局和平行街道北向朝東30度角方位延伸，每年兩次（五月底和七月中）曼哈頓就像座都市大小的巨石陣，太陽正好順著市街的中線西沉。

2 若是需要令人信服的論據，你可以證明太陽橫越天空的軌跡和夜間星空的運行都不是出自它們的自轉公轉，而是肇因於我們的運動。把一件沉重擺錘用長繩索吊掛起來，安排在室內，以免受到陣風吹襲。接著小心讓它正向前後擺動，不要有任何橫向偏角。你會發現過了一整天這件「傅科擺」的擺動方向旋轉了。不過擺是懸吊在半空中，完全沒有作用力讓它旋動。事實上，擺從頭到尾都順沿相同方向擺動，是它底下的地球本身在轉動。

3 這類時鐘最早出現在十三世紀晚期的修道院，發出的鐘鳴聲呼喚僧侶開始祈禱。事實上，發條這種關鍵機械技術比鐘面和指針早出現一個世紀以上（而且分針還得再等三百年才會出現）：最早的時鐘並不能顯示時間，那是種能敲鐘的巧妙自動化系統，而且英文clock單詞也確實衍生自凱爾特語的「鐘」。

機械式時鐘的關鍵組件。重物的高度差（左下）負責驅動齒輪連鎖，擒縱器（上）前後晃動，逐次釋開截留的輪子，各轉動一齒。擒縱器和擺（未顯示）的規律節拍耦合。

逐漸縮減擺盪，正是基於這種規律，它才成為這麼有用的時鐘組件。第三項元件是控制器，負責整合振盪器信號來調節動力源。擺的擒縱器是種大齒輪，能以一件隨擺錘擺盪而晃動的雙臂槓桿一再緊鎖、縱放。每次擺盪到頂底，釋開的擒縱器便受重物驅動拉扯，晃動繞轉一步，同時呈斜角外伸的齒，也會輕推來延續擺盪。因此這種巧妙的布局，能捕捉晃動擺錘的規律衝擊，滴滴答答涓滴釋出儲存的能量。這種配置需要相當長的擺和相當大的驅動重物高度差，使多款計時器的設計呈現高大老爺鐘的模樣。

接下來的事項，就比較容易了。你得設計出一套基本上能執行數學計算，來調節擒縱器步步轉動的齒輪系統，負責驅動從動輪，來控制每十二小時旋轉一圈的鐘面時針，以及一支以六十比一齒輪比例旋轉的分針。我們把一小時區隔成六十分鐘，是出自古巴比倫一項遺產（分鐘的英文minute衍生自拉丁詞 *partes minutiae primae*，意指最初的細小部分）。擺鐘也讓我們得以精確測量自然歷程，並有辦法從事實驗，在我們的歷史當中，這項發展幫助了科學革命的研究者，促成科學研究工具的重大進步。[4]

日晷所標示的每小時長度，在不同時節各不相同：冬季的一小時比夏季的一小時短。一年當中只有兩天的太陽小時完全相等：分點（equinox，字面意指「均夜」，因為這時晝夜都是十二個小時）。[5] 這兩個特別的日子出現在春秋，倘若你正午站在赤道上，太陽便直接從你的頭頂越過，而且投落的影子，就位於你的腳下，無法看見。不論在世界哪處地方，春秋二分點的上午都很容易認出，因為這兩天的太陽都從正東方升起（和你觀察的天球方向呈正交軸）。機械式時鐘就是設定來計量這種晝夜平分的標準小時（這可以先用日晷讀取，隨後再以沙時計比對確認）。日晷顯示的時間，我們稱之為視太陽時（apparent solar time），而機械時鐘以固定二分點顯示的時間稱為平均太陽時（mean solar time），兩個讀數有可能偏離達十六分鐘。然而，當機械式時鐘越趨普及，一個潛在的混亂情況也隨之出現——時間體系有兩套，你說的時間是指哪一套：機械式的均勻小時，或從日出時開始計算的太陽小時時數？因此從十四世紀開始，就有必要具體指稱時間是「時鐘顯示的」，好比「三點鐘」就是指時鐘顯示的時間。

實際上，掛在你牆上的現代鐘面和古代的日晷技術，還有一項更為深遠的歷史淵源。機械式時鐘是

4 所有時鐘基本上都是計量某規律程序的振盪次數，並顯示其點算結果的裝置。現代時鐘原則上也沒有兩樣，只不過運用了滴答速度更快，規律性也更高的不同物理現象：數位手表點算的是一顆石英晶體的電子振盪，原子鐘則是運用一團銫雲霧的微波振盪。

5 不過其實白晝時間還會稍長，這是由於陽光進入地球大氣之後會偏轉並醞釀出拂曉和黃昏時段所致。

以一根時針環繞一個刻度盤來顯示時間，這樣設計的目的，是為了讓習慣讀取日晷的民眾，能夠直覺讀懂時間。這種鐘面最早出現在中世紀歐洲城市，就北半球而言，日晷的日規（gnomon，譯註：日晷的豎立部分，棍子陰影稱為晷針）投落的陰影始終以相同方式旋轉：也就是我們由此採用並稱為「順時針」的方向。倘若在重新啟動時期，是南半球的機械先進文明發明時鐘，則指針就有可能以逆時針方向轉動。

有關一日時辰的計時方面談得夠多了。你該怎樣做，才能從基本原理著手，追蹤較長週期時間循環——感受季節更迭並重建一套曆法？

重建曆法

讓我們回頭看看插在地面那根棍子。我們已經談過，你該怎樣追蹤一天當中的縮短、拉長的影子，來找出正午時間。倘若你接連幾天記下正午時分的影子長度，基本上這也就是在測量太陽的最大仰角，你就會注意到地球繞太陽運行的季節週期。[6]

倘若你暫不監看太陽運動，稍晚就寢前，先觀測夜間星空，那麼你就能接觸到遠遠更為繁多的天空座標，供你細分一年季節循環進程。不論在任何地點，許多肉眼可見的星座，都會在一年當中出現位置變化。舉例來說，我們熟悉的獵戶座橫亙赤道，因此在北半球只在冬季月分才見得到它。更明確而言，每顆恆星各在某特定日子開始現身，隨後又在某特定日子消失不見（於是你也得以準確計算一年三百六十五天）。這些星體事件，跟你制訂的某些特殊日子——至點和分點相關——因此可以用來追蹤時程，並以此預估一年季節更迭。古埃及人根據天上最明亮恆星——天狼星初次現身的時刻（約相當於我們現代曆法的六月二十八日），來預測尼羅河氾濫和的土壤恢復生機的日子。

所以只需記錄下幾則粗淺的觀測結果，你就可以重建一年三百六十五天的曆法[7]，接著在日誌裡註記分點和至點，做為一年四個時間標記——季節變換和農業協作的時間紀念碑。秋分和春分——前面我們已經見過，這也可以用來界定你的時鐘小時——分別落於九月二十二日和三月二十日前後（就北半球而言），而夏至和冬至則分別落於六月二十一日和十二月二十一日前後。所以就算生還者文明大退步，歷史出現斷層，沒有人留存紀錄，只要稍微端詳天象，你仍能算出當下日期。想要的話，你還可以重現

6 你該怎樣證明是地球繞日公轉，而非太陽繞地運行（所以我們並不享有位於太陽系中央的優越地位）？你只需要一臺夠準確的時鐘即可。觀測幾晚之後，你就會注意到，不論哪顆恆星，每晚差不多都整整延後四分鐘升起。倘若星體運行只有地球像個陀螺般繞著自己的中心軸旋轉，那麼恆星每晚都應該在相同時間進入視線。然而，由於地球的位置會稍微移動，所以地球轉動得多花一些時間，前一晚的相同景象才會出現。四分鐘等於二十四小時的三百六十五分之一：地球逐步超前，環繞太陽一年之後，便領先了一整天。

7 事實上，重新啟動後，你在頭幾十年期間所留下的紀錄，還會注意到，依照三百六十五天的曆法，星體天象的發生日期，會穩定遞延到一年後又多數天。這告訴你，一年並不恰好就等於三百六十五天，而是還要稍長些許。（想想看，我們並沒有理由認定，星球的繞日軌道週期，就必須恰好等於星球旋繞自己中心軸所需時間的倍數。）過了一千四百六十年之後，某一標誌就會延後一整年，才回到你當初觀測到它的那個原點。所以經過了一千四百六十年，地球就會多自轉三百六十五天。因此你每年都得多納入四分之一天，否則你的曆法就會偏離常軌，陷入不再與季節同步的尷尬處境。因此公元前四十六年時，尤利烏斯．凱撒（Julius Caesar）才須布命令，要求重新校準日期，並引進閏年，確保季節和曆法同步。

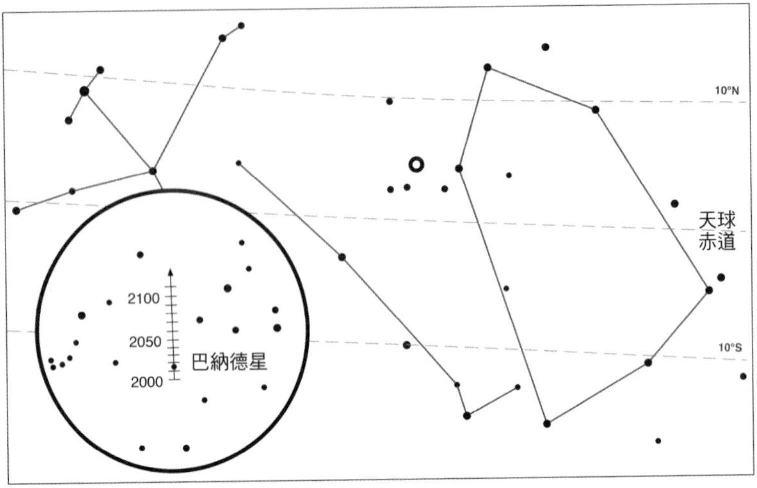

巴納德星跨越夜空的「自行」速率凌駕所有星體，萬一歷史記載中斷，便可利用觀測結果來重新確立當今年分。

格里曆（公曆）耳熟能詳的一年十二個月結構，並回頭標訂出先前判定的特殊日子是哪天。

然而，假使歷經好幾個世代，完全沒有人在日誌上登錄資料，是否仍有可能算出當今是哪年？就我們的文明來講，黑暗時代在災變沉澱過後，還持續了多久？要找出答案有個好法子，不過得先對夜空中的星辰，有更進一步的認識。

夜間時分，星體在天空中移動，就像一頂滿布針孔的遼闊圓蓋，在你頂上迴旋，每個光點的方位相對於其他光點是固定的：就是星座圖。不過令人振奮的是，以一段遠遠凌駕人類壽命的浩瀚尺度來看，所有星辰其實都彼此交錯通行。若是你再次快轉時間（這次把地球自轉的因素拿掉），你就會看到，星體都彼此交錯滑行，像黑暗洋面點點泡沫般在天上旋繞。這種現象稱為自行（proper motion），肇因於其他恆星也依循自己的軌道，繞著銀河中心旋轉。

要想判定將來某個未知時間是哪一年，最有趣的目標稱為巴納德星（Barnard's Star）。這是最靠近地球的恆星之一，不過那是顆細小的古老太陽，閃現可憐的黯淡紅光，所以，儘管位置相當接近，肉眼卻依然無法目睹那顆鄰星。但只要用上最普通的望遠鏡，裝了一片直徑幾英寸的透鏡或鏡子，很容易就能找出巴納德星。儘管觀測這顆恆星需要一些竅門，不過它能發揮天上時間座標的功能。由於和地球相隔很近，巴納德星的自行速率，是所有已知恆星當中最快的一顆。它每年在天上跨越將近三千分之一度。看來似乎不快，不過和周遭恆星比較起來，那是很厲害了，同時在相當於人類壽命的時間中，就能飆過半個滿月直徑。所以要找出未來的日期，復甦文明只需觀測——若能用上攝影術，那就更容易了——對前一頁插圖所示天頂，標出巴納德星現在的位置，接著就可以從時間線讀取當前的年分。

若時間尺度再大幅拉長，你還能利用地球的歲差（axial precession，又稱為「自轉軸的進動」）。地球就像個旋轉的陀螺，自轉軸也隨時序推移而逐漸旋轉。北極星恰好就位於地球自轉軸當前的定向線上，看來就是天上唯一不旋轉的星體。就南天方向，如今地球的自轉軸指向一片荒瘠地帶，因此目前並沒有相對應的「南極星」。往後千年期間，北極星會跨越空無天域，移往其他恆星附近，到了公元二五七〇〇年，它就會漫遊整整一圈，繞回基督誕生時的位置。（這種星體漫遊現象還會造成另一種後果：太陽移行路徑和天球赤道的交會點，也就是春分點和秋分點，都會跨越天空，於是這種進程便稱為二分點的進動。）要觀測出天極目前所在位置，其實相當直截了當，特別是當你已經開發出基礎攝影術，能攝下恆星由於地球自轉的蹤跡（曝光十五分鐘左右）。拿觀測結果和下一頁插圖所示的星圖時間線比

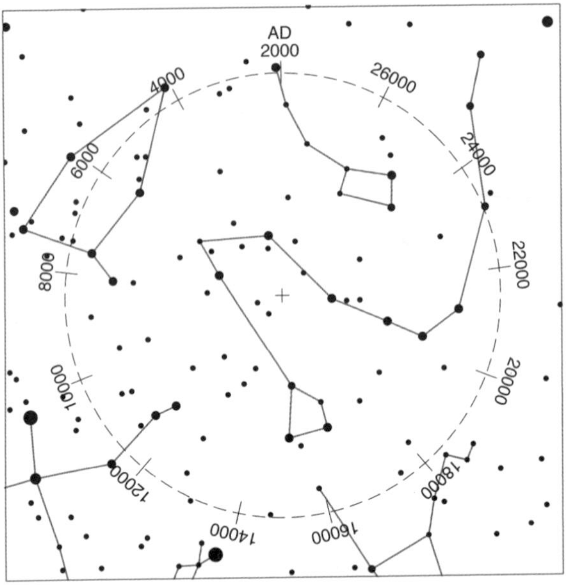

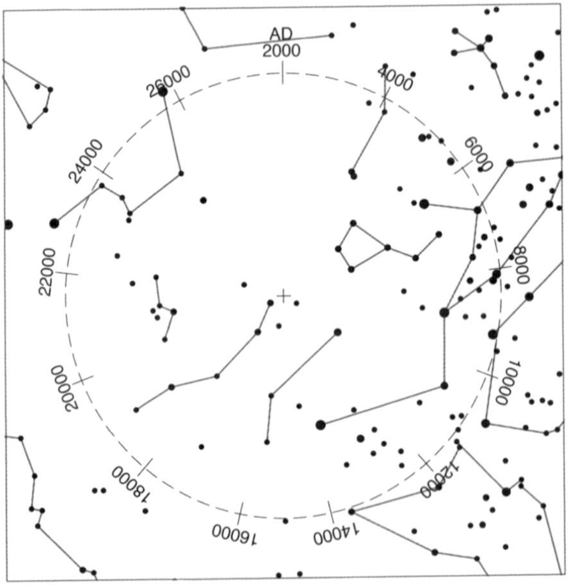

往後兩萬六千年間，天球北極（上）和南極（下）隨地球自轉軸進動畫下的繞圈軌跡。

對，就能讀出你目前在哪個千年時期。

記錄地球的不同運行現象，你就能判別一日時辰，重建曆法，並由此預知農耕季節變化。不過你該怎樣判定，你身處地表的哪個位置，然後再引申到，你該怎樣學習有效導航，往來不同地點？

我在哪裡？

在熟悉的路標之間漫遊，或者駕船順著海岸線航行都很容易辦到。然而一旦遠離這些令人安心的指標——好比橫越毫無特徵的遼闊海洋——你該怎麼做，才能確保你是朝著正確的方向前進？中國水手在十一世紀，首次用上了磁鐵礦石（lodestone，這個中世紀英文單詞意指「領航石頭」），隨後還用上了磁化鐵針。羅盤能自行轉向並與地球磁場線平行，縱長兩端對正兩極，從而發揮指向功能：你可以標示出指針朝北那端以利觀測。羅盤不單讓你能夠在沒有其他外部參照狀況下，維持恆定航向，遇有兩個（或更多個）明顯路標落入視野之時，你還能測定路標的方位，運用三角學在地圖或航海圖上準確測定你的位置。你在晴朗夜空之下，始終都能找出南北方向，不過遇上陰天之時，羅盤仍是種奇妙的導航工具。然而仍請記得，（地球自轉所形成的）天極和（地球富含鐵質的動盪核心所形成的）磁極並不是那麼完美相符。這兩種極點在赤道只有幾度差距，不過當你朝某極航行，羅盤偏離真北的情況就會變得更為嚴重。

假使你被迫退回原始，找不到任何磁體，那麼你總有辦法使用電力製造出暫時磁場。我們在第八章曾見到，如何以兩種不同金屬交疊，製造出一款簡陋的電池，於是電流就可以沿著銅塊傳播，導入電線，纏繞成圈並形成電磁體。接著只需導入能量，就可以用這個電磁體來永久磁化任何鐵製物體，好比適合製作羅盤的細針。（倘若你是真正從零開始，就請查閱第六章，看如何從頭開始熔煉金屬。）

羅盤可以告訴你方向，結合事先測繪的航圖和地標，你就可以得知位置。不過有沒有更普遍的系統，能在地表任何地方，判定你所在位置？事實證明，本章探討的兩項根本問題——現在是什麼時候，還有我在哪裡——的連帶關係，比你心中所想還更為深遠。

要測定你的位置，第一道待解議題是設計出一套系統，讓地表所有定點都有個獨特的位址。描述一座湖泊位於鎮外西南方三英里處還算合宜，不過該如何標定一座新發現的島嶼位於何方？或者在毫無特徵的海洋上，標示出你的現有位置？訣竅就在為地球本身找出一套自然座標體系。

倘若你是在紐約市一類規畫嚴謹的網格都市，要找路相當容易。所有「大道」都約略呈東北走向，而「街」則都以直角橫越大道，而且多數道路都依順序編號。前往曼哈頓任何地方都是小事一樁：你沿著大道走下去，一直走到你想去的那條街的交會口，然後就沿著那條街走，最後你就會抵達目的地。曼哈頓城中任何場所的地址很容易指明，只需標示出所在路口即可：第二十三街和第七大道口。或者倘若所有人取得共識，一致先說街碼再說大道編號，你就只需要一對號碼即可：（23,7）或（4,百老匯）。這裡談的地址遠遠不只是個標籤：這是一組能精確標定出市內位置的座標。同時只需檢視路口標誌，認清你自己現在的網格位置，那麼你就馬上可以確立直接路線，引領你走過各個街區，朝目的地前進。

有種相仿座標系能適用於整個地球。地球幾乎就是個完美球體，以自轉中軸界定一個北極和一個南極，還有一條圈繞星球的環線，稱為赤道。基於球面幾何學，合理做法是以固定角度畫線來區隔球面範圍，而不像理想化城市網格以固定距離區隔。所以就想像你站在北極點上，朝正南方射出一條直線，一路繞過地球直抵南極，接著轉個十度並射出另一條線，隨後又是一條，直到你繞完三百六十度完整一周圈。相同道理，你也可以從赤道開始，前面已經定義赤道是在兩極之間中點上環繞地球的圓圈，然後想像你朝南、北向前行，每隔十度就拋下一個圓環，尺寸越縮越小，則兩極便都位於九十度角。

兩極之間的南北向軌跡稱為經線，而位於赤道南北，呈東西向環繞地球的圓圈，則稱為緯線。緯線彼此平行，經線則以直角與緯交會。所以赤道附近的經緯座標，和曼哈頓平面的街－大道系統雷同，由於地球呈球面幾何造型，正方網格越朝兩極，扭曲也越嚴重。就如曼哈頓的道路，你也必須設個起始點，在訂定數字座標時以供參照。赤道是個明顯的零點緯線，不過經度編號卻沒有相對應的自然零點標記：我們完全是基於歷史慣例，才湊巧使用倫敦格林威治做為「本初子午線」（prime meridian）。

要使用這套通用位址體系來界定你在地球上的任何位置，你只需說明你的位置在赤道以南或以北多少度角——你的緯度——以及你在本初子午線以東或以西多少度角——你的經度即可。現在我的智慧型手機顯示，我位於51.56°N, 0.09°W（我人在倫敦以北，和格林威治相隔不遠）。

所以我們給自己提出的原始問題——如何在這個世界已知位置之間導航——可以簡潔拆解成兩個題目：我該怎樣找出我的所在緯度？還有我該如何找出我的所在經度？

緯度其實很容易確認：夜空滿布多樣圖案，帶來十分充足的資訊。北極星固定不動，高掛北極正上空，是個四周旋繞星體的靶心，所以合理推論，你和赤道的角距離，也相當於北極星和地平線的夾角。判定你在地球上位於哪個緯度，可直接轉換成測量恆星仰角的問題。

最簡單來講，你可以利用身邊零碎事物，製出一件導航象限儀。拿四分之一圓形卡紙或薄木片製成彎弧，弧上標出零度至九十度。在兩條直邊之一的兩端各安置一道槽口，這樣就可以沿著直邊看到目標，接著在彎角處裝上一條鉛垂線，對著標度，看鉛線下垂來顯示仰角。這種基本裝置並不是特別複雜，卻仍能用來觀看北極星，測出你在地球上所在緯度，準確性可達幾度角，相當於測出你在赤道南、北方多少距離之外，誤差約幾百公里以內。

一七五〇年代發展出一款遠更為優雅、準確的儀器，迄今依然當成備用導航裝置，以防喪失動力或GPS失靈。六分儀以完整圓形的六分之一扇形為準——名稱便由此而來，也落實了更早期的四分儀以及隨後的八分儀樣式——能測出任意兩事物間的夾角。六分儀在航行時最有用，能非常精準測得太陽或北極星在水平線上的仰角，而且其他任何星體也都適用。這種奇妙設計，很容易仿製，一旦新文明再次取得了打造金屬、研磨透鏡和為鏡子上銀等基本技術之後，你就具備了製造六分儀的先決技術要件。

六分儀框架呈圓邊六十度楔形，很像一片垂直拿著，尖端朝天的披薩。它有一支旋臂以尖端為軸，向下懸垂，指著沿弧緣刻畫的量角標度的一點。六分儀的關鍵組件是一片半面鍍銀的鏡子（地平鏡），安置在儀器前緣，所以操作時仍能透過鏡子看到前方。另以一面鏡子（指標鏡）安於旋臂支軸，儀器指向任何物體時，其影像都會透過指標鏡向下反射在地平鏡鏡上，所以操作時能看到兩幅景象重疊映現。

使用六分儀時，從小型瞄準望遠鏡看出去，傾斜儀器，透過前視地平鏡來對準視線背景的地平線。接著轉動旋臂，讓太陽（或任何目標星體）的反射映像下滑，直到它看來就緊貼在地平線上（可以在兩面鏡子之間插置一片深色玻璃，來減弱眩目光芒）。仰角可由旋臂在底部標度指出的數值來讀取。只要你重新認識了天上的圖案，記載了不同時日最明亮星體的位置表，往後只需要瞥一眼其中任何一顆，你就能判定你的緯度，就算北極星被遮住也沒問題。還有一旦你製表列出不同日期和緯度的正午太陽高度，往後你踏上旅途之時，也可以在日間使用六分儀和日曆，倒推出你的緯度。只要你懂得如何解讀，天空就是一套奇妙的組合工具——兼具羅盤和地方時間報時功能。

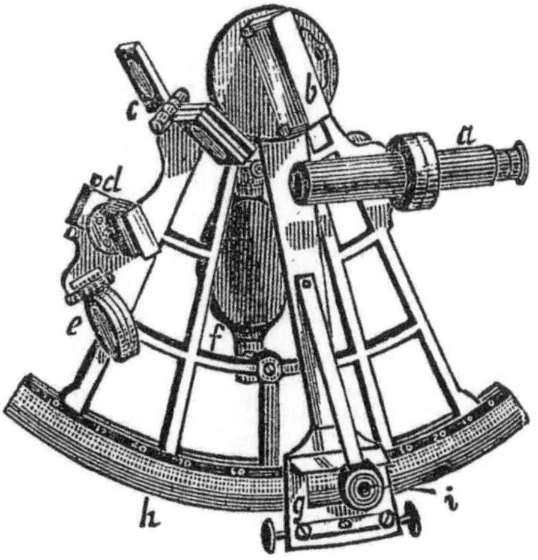

六分儀，（a）瞄準望遠鏡、（b）指標鏡、（d）地平鏡和（h）量角標度。

要標定出你的位置，還必須有第二座標，那就是經度，很不幸，這就不是那麼容易。由於地球自轉不斷帶著你向東旋動，所以很難運用天空查出，你是在本初子午線以東多遠的地方。我們先以紐約作類比，十七世紀的水手能輕鬆判別自己是在哪條橫向的街上，然而要想推敲出縱向的大道，卻幾乎是不可能的事情。他們唯一能仰賴的手法是靠航位推算——依他們的航向和估計速度來推斷，並指望並沒有未知洋流把他們推得太過偏離航道——航行來到正確緯度，抵達他們有把握的某個定點確認自己沒有超出目標，接著就順著緯線朝東或向西航行，直到僥倖巧遇目標為止。

地球朝東自轉，促成太陽橫越天際，也促成夜空星辰的旋繞。我們藉太陽的位置來界定一日時辰（這就回到我們前面談到的日晷基本原理），所以確立你的經度——你離你所選定的基準線有多遠——的問題，便歸結為如何找出基準線和你現在位置之地方時間，在同一片刻的時辰差距。地球每二十四小時自轉一周，那麼正午時分相差一小時，便相當於經度15度。所以判定你的經度，也就是把時間測量值換算成空間。事實上，你自己也幾乎肯定能敏銳察覺出經度解法：現代高速空運能很快把我們傳送到相隔遙遠，而且當地時間迥異的不同地區，讓我們的身體來不及適應——GPS出現之前，導航員便用上了這個道理，而這也就是時差背後的根本原理！

所以要找出這重要的第二部分座標，標定出你的精確位置，你可以使用六分儀來測出你所在位置的時間，並拿它來和本初子午線的當地時間對照比較。然而問題在於，如何和全球各偏遠地區溝通，告知那個基準線時間。

最後破解經度難題的進展是發明了好用的時鐘：不受遠洋翻騰狂濤影響，而且經年累月航行之後，依然足夠準確的時鐘。顯然，就航海鐘而言，擺和重量驅動系統毫無用處，最後是彈簧兼顧這兩種功能。合宜的振盪器可以採用游絲來製造：游絲是以一條細金屬圈繞配重擺輪心軸所盤成的往復反彈螺圈。它的功能類似擺，不過振盪達到端點時，並不靠重力來回復原位，而是借助一條螺旋彈簧繃緊產生的恢復力。螺旋彈簧能緊緊盤繞，藉張力來儲存能量，也可以發出驅動鐘表機械裝置的原動力。比起穩定下墜的重物，這種動力源更是小巧得多，不過以這種方式來運用彈簧，也帶來一個新的問題，必須靠另一項創新來解決。難就難在，彈簧鬆開時，施力強度也隨之改變：剛開始最強，隨著被壓抑的張力釋出，力道也逐漸減弱。要想勻稱施力，規範時鐘速率，最好的做法就是把螺旋彈簧的游離端連上鏈條，並纏繞一個名為均力圓錐輪（fusee）的錐形筒。這樣一來，當彈簧鬆開，施力點便逐漸上移，作用於均力圓錐輪的較粗端，從而得以運用強化槓桿作用，俐落地補償減弱的力量。

一款複雜程度合宜的時鐘，納入了自動補償機制，能抵銷濕度和溫度（這些都會影響潤滑油濃度和彈簧剛性）以及其他變異來源，這是一種神奇的裝置，簡直就是個能把時間本身關起來並完美收藏的魔法籠子，時間在裡面，就像被困住的精靈。[8]問題在於，要在文明重建階段，嘗試直接跳到這個階段，就算知道問題的解決辦法，有時仍嫌不足。魔鬼經常就藏在極端瑣碎的細節裡頭，而且復甦階段，也不見得總能找到捷徑或機會來做這種跳躍。最後是偏執鐘表匠約翰．哈里森（John Harrison）投入了大半生歲月，才設計、製造出足夠準確的航海鐘，而且研發期間，還得納入多種新的機械裝置發明，包括能大幅減弱摩擦力的籠形滾子軸承，還有能抵銷高溫膨脹作用的雙金屬片。

---

8 大型調查船經常搭載好幾臺精密時計，可以求平均數來糾正錯誤並做多重備援用途。英國海軍小獵犬號一八三一年出航時，船上搭載了超過二十二臺精密時計，來確保能精準判定陌生土地位置（包括加拉巴哥群島，達爾文在這裡考察野生生物，最後觀測的結果，促使他提出演化論）。

那麼，是不是還有能繞過這個問題的其他做法？顯然，倘若有可靠的時鐘或數位手表留存下來，那麼你只需要在你啟程時，挑出一個來設定好地方時間，把它塞進你的口袋隨身踏上旅途，必要時把它取出來比對當地時間（這你仍得用上六分儀來觀測判定），這樣就能確立你所在的經度。不過萬一沒有計時器殘留下來呢？

十八世紀早期遇上的問題是，儘管當時是有可能求出當地時間，卻仍無法從遙遠地方回頭判別格林威治的現在時間為何。哈里森最後提出的解決做法是隨身帶著一份格林威治時間的副本上路，不過倘若格林威治能想個法子，定期和世界各地的船隻聯絡，同樣也能達到相同效果。曾有一項有欠思量的提議，主張在大海中停泊信號船，建置以砲轟轉達的網絡，用來通報倫敦正午時刻。不過如今我們知道，另有種實際得多的做法：無線電。

重新啟動的末日後文明，若是沿著不同路徑，在科學發現和技術網絡中前行，便有可能設想出另一種解決全球導航問題的做法。他們說不定會發現，比起重新發明繁複至極的工藝，以及足夠準確計時的補償機制，製造簡陋的無線電機（見第十章），會是比較容易實現的前景。（話說回來，這顯然還得視不同技術的復甦速率而定——你該如何評比微型機械齒輪和彈簧，以及電子元件的相對複雜程度？）定期定時信號，可以從獲選為經度基準線的任何一條本初子午線播放出去，再由地面電臺或其他船隻轉播到各偏遠角落。這樣一來，你在復甦早期階段，就有可能看到這一幕：木製帆船遍布世界各大洋，看來和帆船時代的船隻十分相像，不過有一點細微的差別：主桅高懸一條金屬線，作為發信天線。

現代工業化文明帶來的燦爛都市照明和光污染，奪走我們許多人和天空的親密關係。不過，到了末日災後，你肯定有必要重新熟悉天上的星體配置，並重新建立你和季節變化週期的關聯性。這可不是無關緊要的天文奧祕。這可以讓你擁有規畫農耕週期的能力，以免飢餓致死，還能防範你在野地迷途。

第十三章　最偉大的發明：知識人不可不知的基本科學方法

「我們不應停止探索
而我們一切探索的終點
總歸要回到我們原來的起點
這時才會第一次真正認識那處地方。」

——T·S·艾略特（T. S. Eliot），《四首四重奏》（*Four Quartets*）

我們在本書討論了對任何文明都至關緊要的眾多課題，好比永續農耕和製造物料，還介紹了天啟末日過後數代，一旦復甦社會進步，就必須具備的某些先進技術。我們探索了一些在知識網絡中穿行的捷徑，還有該著眼哪些技術，以及如何蛙跳越過過渡期，直接開發出可企及的最佳解決做法。

不過儘管這本手冊提出了種種重要知識，也不必然就表示，新的社會肯定能成就某種先進的技術狀態。史上有許多偉大社會都曾繁榮興盛，他們的知識財富和技術，都在當初綻放燦爛光芒，不過多數也都在某個時刻遲緩、靜止下來，陷入停滯狀態，不再有進一步發展；有些則全面瓦解。事實上，我們現有文明的持續進展，在歷史上稱得上是個異數。歐洲社會持續進步，走過文藝復興、農業革命和科學革命、啟蒙運動，最後則是工業革命，接著才創造出我們如今身處的機械化、電氣化，以及全球互聯的社會。不過，社會發展或技術革新的持續軌跡，並沒有什麼必然性，就連生機蓬勃的社會，也可能失去動力，不再進一步發展。

中國是個特別有趣的典型。許多世紀以來，中國文明在技術上都遙遙領先世界其餘地區。中國發明了現代馬用胸帶挽具、手推車、紙、凸版印刷、指南針和火藥——本書談到的所有改變世界的發明。中國紡織業者使用中央動力推動的多臺式精紡機組，還操作機械式軋棉機和織布機。中國人採煤，懂得如何把煤轉化成焦炭，還能運用大型立式水車、搗鍾，還領先歐洲一千五百年使用鼓風爐來鑄鐵，隨後更精煉熟鐵。到了十四世紀末，中國的技術力，十八世紀之前的歐洲根本望塵莫及，而且中國看來已蓄勢待發，即將啟動自己的一套工業革命。

然而，正當歐洲開始掙脫漫長的黑暗時代，踏上文藝復興之路，中國的進步卻遲緩下來，接著完全停滯。中國的經濟繼續發展，不過大半是內需貿易促成的，越來越多人口也享有優越的生活水平。然而卻始終不再有重大技術進展，甚至某些創新成果也再次流失。三個半世紀以後，歐洲已經迎頭趕上，英國全面投入工業革命。

那麼，十八世紀的英國有哪種因素，是十四世紀的中國找不到的，還有當時歐洲其他任何國家也都不具備的，最後才促成了這改變——還有為什麼在那個時候，在那裡出現？

工業革命涵括提高紡織製程效率——紡紗織布作業機械化，還有把傳統以家庭為基礎的小規模生產活動，移到中央大型棉紡廠內進行——以及推動煉鐵和蒸汽動力的發展。一旦工業化啟動，這個進程就會自行提供動力，加速轉型：燃煤蒸汽機鼓動採礦作業，產出更多煤，為鼓風爐供應燃料，產製出更多鋼鐵，接著又製造更多蒸汽機和其他機械裝置。當然了，必須先有相當程度的工程學和冶金學涵養，才造得出機械裝置來紓解人類勞力需求，然而工業革命的關鍵觸發因子，卻不是知識，而是特殊的社會經濟環境。

若是沒有好處，也不會有人製造複雜、昂貴的機械或創辦工廠，來取代傳統人工作業。十八世紀的英國，正匯聚這樣的因素，為工業化帶來必要的動力和機會。當時英國不只擁有豐沛的能源（煤），經濟上也出現昂貴的勞力（工資很高），加上可運用的資本（借錢來推動大型計畫的能力）。這種情況鼓舞工業家投入資金和能源，開發機械取代勞力。勞工才被自動化精紡機和織布機等機器所取代。英國經濟潛力十足，為頭一批工業家帶來巨大的利潤，正是這種誘因，引領他們從腰包掏出鉅款，投資開發機械裝置。反觀十四世紀末的中國，儘管已經開採煤礦，還有了焦炭鼓風爐和機械化紡織產業，當時的經濟條件卻無法啟動工業革命。中國的勞力十分便宜，就算有人想推動工業化來提高效率，恐怕也是無利可圖。

所以儘管科學知識和技術能力，都是文明進步的要件，這些條件卻不見得充分。倘若末日後社會退回游牧採集生活，就算具備了本書所有重要知識，也不能擔保最後它一定會經歷工業革命2.0。到頭來，科學研究是否蓬勃發展，還有是否革新，取決於社會和經濟因素而定。本書從頭到尾抱持的基本假設是，末日後的生還者，都會想要依循原先的發展軌跡，進展到工業化生活。儘管我並不想投入爭辯，技術是否必然會讓大家過得更快樂，不過我認為道理清楚分明：一個生活困頓，日子過得不安穩，勉力掙扎求生，只享有基本醫療保障的社群，肯定會希望運用科學原理和方法，試著來提高生活水平。不過一個持續進步的文明，什麼時候會達到發展高峰，而再往上進步，收益就會遞減？這樣的文明，或許一旦發展出穩定的經濟、合宜的人口規模，並且能永續利用自然資源，可能會陷入不進不退的狀態。

科學方法

本書當然沒辦法把重建世界的完整必要資訊匯於一爐。許多材料都只能略過不提。我們花了大半篇幅介紹製造農耕肥料或工業試劑的無機化學與應用知識，至於合成或轉換有機分子的學問，就非重點所在。有機化學在百年內越來越重要：處理原油成分，純化天然藥品化合物並改良、合成殺蟲劑和除草劑，讓糧食生產更可靠，此外還開創出一個嶄新領域，研發出全然不存於自然界的材料——塑膠。

我們談了生物學，論述如何培育特定動植物種類，或如何控制微生物來養活自己並保持健康。不過我們還沒有詳細檢視，生命在分子層級的運作實況——好比為什麼我們需要吸進氧氣，呼出二氧化碳，而植物卻使用陽光能量，驅動反向的化學反應程序。

我們略過了許多材料科學和工程學原理，只粗淺介紹了萬物的基礎建材：原子的結構和自然界的四種基本力。原子不見得全都很安定，放射性帶來了駭人聽聞的毀滅性武器，卻也是種和平動力來源，而且它還讓你有辦法測定我們這顆星球的年齡，得以瞥見令人暈眩的時光深淵。地球科學方面，我們也有所遺漏，好比板塊構造論：這種令人振奮的概念認為，地球表面有龐大陸塊，像池面葉片受風吹襲而在水上漂行，偶爾還會互撞，擠壓出整座山脈。根據這些深刻的見識，世界並不是始終一如現狀，地球的年齡也老得令人無法理解，而且必須先有這個認識，才能理解歷經一代代微小變化，終於促成演化的理論。這所有一切，便代表一套專門知識的核心，而且災後復甦社會必須重新探索，自行研究破解，還得參酌本書所提種種線索，填補箇中缺口，最後才能重新建構出如今我們集體所持有的知識。[1]

❖

那麼你該如何自行發現真相？重新認識世界需要哪些工具？讓我們延續前一章，回歸基本面，審視

1 我很肯定，許多人讀了這本書都會感到驚訝，因為有些課題他們覺得很重要的，在這裡卻都遺漏了。我把重新啟動時必不可少的知識，盡可能全都納入。就算不懂人類演化知識，不認識太陽系各行星，你依然可以重建出一個技術文明，然而你卻不能不知道如何有效養護地力，或生產鹼性化學物質。不過我也熱切傾聽各位的觀點，藉由網站（The-Knowledge.org）來了解你認為哪些知識很重要，能加速從頭重建文明，以及其箇中理由。

自行產生新知識的最有效對策：科學。

所有科學研究全都秉持一項根本體認：宇宙基本上是機械式的，並不受想像中的諸神管轄，而其中組成元素的互動亦受普遍自然律支配。這些基本定則可以根據第一手經驗和觀察，以理性思維來發現。首先，最重要的是，科學必須以經驗為本，而且原則上，一切事務都必須予以獨立查核，並經反覆驗證。你不能單憑邏輯來歸出結論；你也不能輕信過去的或現在的權威的說詞（真正來講，你也不該輕信你手上這本書）。所以倘若你想要操控周遭世界來造福自己，或想要製造工藝品或技術來開發出特定效用，首先你就必須對自然現象有完善的認識。這項認識只能藉由對世界的觀察，辨認行為模式來養成。另一點也同樣重要，你必須注意和預期模式相左的現象：背離新的自然現象的異常事例——好比，旁邊有電線時，羅盤針就會抖動，或者黴菌斑點邊緣，出現沒有細菌的環圈等。必須先有能力準確測量事物，才有辦法為大自然不同層面的現象賦予一個客觀數值，從而得以比較、監測它們如何隨時間改變。

那麼，科學的絕對根源就是仔細設計、製造儀器來進行測量，還有制訂計量單位供測量使用。舉例來說，在一根直棍上規律標出刻痕，就成為一種最簡單的儀器：用來測量長度的尺。不過要向旁人溝通你測得的物體尺寸為六個刻痕長，他們就必須認識你使用的單位——刻痕的精準間距。因此要讓科學從頭開始復甦，關鍵就在於制訂出一套計量單位。不管怎麼說，災後社會肯定都需要一套測量體系。文明的基本功能，包括標記距離以供營造或旅行所需、測定壺罐中的流體或秤量固體製品的重量以供交易所需、農耕區域的管理或課稅，以及確立種種民間活動的進行時間。我們用感官直接體驗這些基本屬性——長度、體積、重量和時間——而且這些都很容易定量。另有些屬性，好比電流的熱或刺痛，我們也用感官來接觸，不過這些就必須借助儀器測量實際數據。

科學工具

多數社會都制定了自己的度量衡，用來測量距離、體積或重量。所採行單位，多半屬於人類所能察知的尺度等級，並與日常生活息息相關：一磅代表一把肉或穀子，秒是大約相當於一次心跳的時間分段。沒錯，許多傳統單位都以身體尺寸為本，好比英尺（足）、英寸（大拇指）、腕尺（前臂）和英里（一千羅馬步）。不過問題在於，這些單位不只是尺寸人人不同，還經常得換算：好比一英里相當於1760碼，或5280英尺，或63360英寸。理想狀況下，你會希望把互相關聯的單位標準化，制訂出便利的度量衡。

今天使用的公制系統通用全球科學界，在國家治理和商務上也很普及，這套體系制定於一七九〇年代的法國，當時剛經歷法國大革命，人們熱衷於訂定各種新規則、新制度。[2]

這套國際單位制（SI，出自法文縮略Systeme International）只定義七種基本單位，分別計量長度、質量、時間和溫度等，其他所有計量尺度，都可以從這些單位的組合自然推衍而出。核心單位的高低倍

2 目前還沒有完全採行這套度量衡的國家，大概就只剩美國和英國了，兩國繼續採行過時的計量單位，路標和汽車速度表都還使用英里，餐廳和酒吧供應的飲料也都以品脫計量。這當中有個歷史淵源，因為一七九八年當拿破崙舉辦代表會議，向國際推行新公制之時，講英語的世界全遭他排擠——英國才剛在阿布基爾灣海戰（Battle of Aboukir，又稱尼羅河海戰）把法國艦隊擊沉，所以沒有獲邀參與盛會。

率都局限以十為基本單位，並以約定的稱謂來代表。好比公尺是長度的標準單位，較小物體則以公尺的片段來描述——公分是百分之一公尺、公厘是千分之一公尺——較大的距離以公尺的倍數來描述，好比一公里便是一千公尺。

除公尺之外，還有個計量時間的基本單位——秒。單就這兩種基本屬性相互結合，或分採不同比例，你就能建構出多種不同單位。兩個距離相乘（好比長方形田地的長乘以寬），就能得出面積測量值，所以面積始終以平方長度為單位。把三個距離相乘便得出體積，並以立方長度為單位。把一個量值除以時間，結果便告訴你它變動得多快——得出速率。所以把距離除以時間，便得出速度單位，好比每小時多少公里，若是再次除以時間，結果便顯示某件事物加、減速改變得多快：加速度和減速度。單位還可以逐步結合，衍生出越來越複雜的結果，用來描述其他物理屬性。公斤是質量的基本單位，身體的密度則能以質量除以體積求得——我們會浮會沉便取決於此。把質量和速度結合，便可以得出移動物體之動量和能量的測量值。

倘若你找不到刻度壺罐、量尺組、能運作的時鐘或溫度計，這時你該如何從最初的原理，重建出這套度量衡和計量單位？

你可以從公尺這個主要基本單位為起點，導出其他許多單位。製造一個立方體容器，內側每邊邊長都恰好等於十公分（一公尺的十分之一）。這個盒子的容積為一千立方公分，或相當於一公升。把容器裝滿冰冷的蒸餾水，水的質量便恰好等於一公斤。只要有一組製造精良的天平（必要時可以拿一根硬桿，從中點吊掛充當天平），接著你就可以移動質量靠近或遠離支點，利用這公升水來得出這個單位的任意倍數。若想把時間也納入計算，可以使用我們在上一章談過的擺。單向擺動（亦即半週期）時間恰好為一秒鐘的擺長為九十九點四公分，就算你使用公尺長的擺，依然能準確至三毫秒以內——眨眼瞬間的百分之一剎那。[3]所以，你單憑公尺就能重建出體積（公升）、容量（公斤）和時間（秒）等公制單位。

不過你該怎樣定義公尺長度，供天啟末日生還者運用，從而得以循此破解其他一切事理？本頁上方那條直線恰為十公分長，其他單位都可以從這裡重新制訂出來。

我們到目前所討論的量值，都能以非常簡陋的器具來測量——有刻度標示的尺或天平——不過你該怎樣動手從頭設計出準確的量規、儀表或儀器，來測量不是那麼有形有影的屬性，好比壓力或溫度？設計新儀器必須遵循的一般原則，正是以科學窮究萬象事理時所不可或缺的，特別是當你巧遇陌生的新作用，希望投入認識之時。

你必須發明的頭一件科學儀器，和一項令人困惑的觀察結果密切關聯，如我們在第八章所見：用真空泵抽吸井水時，若水面離地約超過十公尺深，水就永遠抽不上來。在一根長管中灌滿水，兩端密封並

3 其實，在歷史上，這項論證是反過來進行的，十七世紀還曾有人主張，把公尺定義為擺動半週期恰為一秒的擺長。所以公尺的英文metre，也兼代表詩歌韻律和音樂節拍。不過，由於地表各區重力強度不同，會影響擺的律動，最後這項提議便棄置不用。

吊掛高塔上。把下端浸入一盆水中，去除底部管塞。水受重力影響從管子流出，卻不是整個流光，而且你還會發現，不論你怎樣配置儀器，殘留水柱始終停在大約十點五公尺高（怪了，這和用真空泵抽井水所能吸起的最大高度相等）。你會注意到，當水排出，管子頂部便留下了一段沒有水，而且空氣也沒辦法重新注入的空間——真空空間。水柱的重量被君臨天下的空氣汪洋（大氣）施於管底的力量撐起。周遭壓力出現改變，都可以從水柱的起伏高度讀取：這是一臺具有實效的壓力計。使用密度較高的液體，就能製出比較實用的氣壓計，而且大氣壓力等於區區七十六公分水銀（而非超過十公尺的水）。

這種氣壓計可以用任何一支玻璃管製成——這種配置的優雅在於，讀數先天不受管徑大小之影響（只要縱貫全長都保持一致即可）。水銀柱越粗，下拉的重量也越大，不過把它頂回去的大氣壓力，也跟著加強並完全抵銷。不論細部構造為何，所有水銀柱氣壓計都會立刻告訴你相同的答案。

新儀器一經問世，立刻就能帶來前所未有的探測方法，供我們探究世界，還經常快速爆發一陣嶄新發現熱潮。舉例來說，試著攜帶你的新氣壓計去登山健行，探索大氣壓力如何隨高度而改變，或者檢視你所在地方的細微氣壓起伏模式，並探究這種模式和天氣的關連。今天的醫學院學生依然沿用對應水銀柱高為血壓單位：約八十毫米水銀柱為兩次心跳之間血壓的正常值。

測量溫度得動用稍微巧妙的手法。我們藉由感官偵知物體的溫度——我們可以察覺事物的冷熱。不過你該怎樣製造儀器，來精確測量那種主觀的經驗，並為熱賦予一個數值？訣竅就在和你的個人感覺有關的物理作用：你會注意到，物質變熱時通常也會膨脹。下一步就是設計製造一款儀器，利用這種物理現象來客觀顯示溫度。簡單的熱感應裝置能以一根細長玻璃管製成，先在管內裝一些液體，接著把兩端密封即可——這樣配置能讓肉眼可見的膨脹作用提增到最大程度。把管子捆紮在一把尺上，則液柱頂部高度值，便代表所接觸的溫度。這樣你就可以測量評比物體的相對數值，而不受你主觀感覺的影響。

不過在不同溫度的情況下，檢視某特定儀器所得液體高度，卻完全取決於儀器結構的尺寸和特性，於是你得到的測量值也會出現差異（這點和我們前面檢視的簡單氣壓計並不相同）：你的結果不能拿來和其他任何人的讀數對照比較。你必須制定出一套標準化標度，這樣所有人才能在他們自己的儀器上推演並標出刻度。因此你必須想出辦法界定某些定點：物質永遠在同一個溫度出現的的現象或狀態，可以拿來做為測溫的基準。把水當成溫度標準的基礎，似乎是很自然的事情，因為這種物質的狀態改變，都發生在日常生活相關範圍之內——從冰冷的冬季早晨到蒸氣騰騰的平底鍋。一旦你確立了高低定點，接下來就是把兩者間範圍依固定間隔細分成方便讀取的整數刻度，制訂出有意義的溫標。攝氏溫標以水的凝固和沸騰溫度為定點，分別定義為發生在零度和一百度的事件。[4]不過也可以不使用水做為測溫液體，你肯定會發現，水銀膨脹遠比水更為均勻，能用來製造準確的溫度計。倘若你需要能在水銀沸點以上運作的溫度計——好比能在燒窯或火爐內使用的種類——你就必須利用其他物理現象。舉例來說，電

4 實際上，由於沸騰歷程取決於其他因素，好比容器質地粗糙會導致氣泡生成；在大氣壓力下的飽和蒸汽雲溫度，才是比較一致、可靠的標準。

力相關研究顯示，電線的電阻往往隨溫度提高而提增。

科學方法——續

底下就是針對任意特質，設計可靠測量做法的基本程序。當復甦文明發現陌生的自然新現象，新的科學研究領域也隨之興起。首先必須設計出有效做法，來分離這些新現象的諸般特性，並使這些特性能夠被測量，這樣才能真正認識這些現象，並發展出技術用途。舉例來說，當初偶然發現電力之時，研究人員便設法量化新現象的特性，親自接受電擊，主觀評估強度。隨著鑽研日深，他們注意到某些重複出現的作用，而得以當作測量——好比運用馬達效應來偏轉安培計表盤指針。這些科學儀器並不只是實驗室的小玩意兒：它們還是能測出你孩子發燒的體溫計、能監測你家中電流的電表、能監測前震並為大規模地震預警的地震儀，或者是用來檢測你醫院驗血所含微量指示劑的光譜儀。

這些用來測量世界的裝置，還有儀器採用的標準化單位，都是科學的基礎工具。世界相關知識只能靠全面檢視，點滴蒐集，不過還有種更好的做法，那就是精心安排人為情境，細部鑽研特定層面。這正是實驗的精髓所在。

實驗旨在以人工約束情境，試行排除干擾或複雜因素，這樣你才能專注觀察少數特徵如何產生作用。做實驗就是提出措詞明確的相關問題，熱切監看它如何反應。實驗處理的是你對大自然恰好展現眼前各方面的不滿之處，於是你以不同方式刺探，迫使它顯現本身經嚴格界定的不同層面。一旦你控制了所有複雜因子，釐清了一項，接著你就可以再探究下一項，並依此類推，有條不紊地盤查這整套體系，直到你明白所有部分如何整合為一為止。

做實驗必須用上能擴充人類感官，測量不同種試驗結果的儀器——溫度計、顯微鏡或磁力儀——此外，由於特定實驗必須一絲不苟，因此也經常需要新的裝置：設計來產生特定條件以供你研究的特製科學裝備。還有一點也同樣重要，你的實驗觀察和結果，也必須以數值記錄下來——為測量所得現象之定性描述錦上添花，補上定量精確性。不過數學遠遠不只是採用計數來準確比較結果，數學語言可以成為一種強大的工具，來準確描述自然的行為和模式，以及大自然各部分之間的相互關係。方程式是複雜現實的概述：實相的精髓。其要點在於，你可以計算得知，先前不曾觀察的新狀況下的預期結果；換句話說，你可以提出準確的預測。5

儘管有這種種審慎觀察、繁複實驗和扼要方程式，科學的絕對精髓，仍在於提供一項機制來判定哪項解釋最有可能是正確的。任何人只要有點想像力，都能建構出一套說詞，漂亮地說明世界的運作方式——雨水從哪裡來、東西燃燒時事發生什麼事情，或者豹子怎麼會長出斑點。不過除非你有某種可靠的做法，能選出哪種最可能為真，否則這些不過都是逗趣的消遣——從因果起源來看，全都是「聽聽就

5 數學是這裡沒有深入探討的一門課題。計算顯然是工程設計的重要事項，數學是陳述物理定律的語言，不過就本書範圍而論，數學並不適合用來解釋一般通則。

好的故事」。

科學家根據他們的先備知識和已經確立的事實，建構出一則最佳猜測，稱之為假設，並設計實驗來檢測這則假設的不同可能——有系統地刺探該假設，檢驗其效用，或者告訴你該如何在競爭方案之間做出抉擇。倘若假設經得起實驗或觀察的多次考驗，沒出現缺失，假設就能成為有真憑實據的理論，而且我們也有信心用它來解釋其他未知層面。不過即便如此，沒有任何理論是毫無瑕疵的：日後它仍有可能遭人批判，或是有些新的觀察結果是它無法解釋的，撼動了理論根基，於是和資料更相符的另一種解釋便取而代之。科學的精髓在於能不斷承認錯誤，接受更有包容力的新模型，因此科學和其他信念體系不同，實踐科學能確保我們會隨時間推移穩定進步，變得越來越準確。

所以，科學並不是條列出**你知道的事項**：它關乎**你能認識的事項**。科學不是結果，而是過程，一場永無止境的對話，在觀察和理論之間往返回應，科學是判定哪項解釋正確、哪項錯誤的最有效做法。因此科學才會在認識世界運作原理方面，成為這麼有用的體系，科學是一臺強大的知識產生機。基於這點理由，歷來最偉大的發明，也正是科學方法本身。

然而身處末日後困局，你並不會馬上為求知而求知——你會希望應用那項知識，來改善你的處境。

科學和技術

科學知識的實際應用是技術。任何技術的操作原理，都利用某種自然現象。好比時鐘便運用了一項發現——特定長度的擺，始終以相同韻律擺動，而這項可靠的規律性，便能用來計時。白熾燈泡利用電阻會讓電線變熱，而高熱物體會放射光線的事實。事實上，除了最簡單的類別之外，任何技術都用上了種種不同現象，控制並調合各種不同作用，來達成某項設計目標。新技術總是以舊理論為基礎，借鑑先前發展的解答，就像拿貨架上的現成組件，運用於新的情境。

發明往往只是既有元件的組合，只因結合手法高妙，才造就新奇之處，前面我們也詳細檢視了兩種實例：印刷機和內燃機。每種新技術都提供一種新的功能或優點，接著這本身也會被併入更進一步的革新——技術生成更多技術。

我們在本書不斷見到，歷史見證了科學和技術的親密互動。研究發現先前未知的現象，基本上也就是證實，某一觀察結果並不能以任何已知現象來解釋，接著投入探索其種種不同作用，學會如何操作並予控制。駕馭這些原理，讓我們得以創造工具或其他發明來緩解人類辛勞，或豐富日常生活——把瑣碎事物轉變成日用品的過程。運用新的原則也能創造出新的科學儀器和實驗，以新穎方式來細究、測量自然，驅動更多發現，披露更多自然現象。科學和技術有緊密的共生關係——科學發現驅動技術進展，而技術進展則進一步激發新知。

當然了，並非所有革新都直接取自新近發現——紡車是解決實務問題的產物——甚至工業革命的代表象徵——蒸汽機，起初主要是秉持實證知識，由實務界工程師發展成形，並沒有什麼理論動機。而且沒錯，有些歷史事例也顯示，發明家不見得都能正確了解自己發明背後的運作原理，它卻總能發揮功能。舉例來說，裝罐保存食物的做法，早在細菌理論為人接受，還有發現微生物造成腐敗之前許久，便已開發問世。

就算對所涉現象擁有正確科學認識，成就有用發明所需要件，仍遠非一次想像創意跳躍便可企及。任何成功革新都必須經歷漫長的孕育期，不斷修正設計缺失，最後才能可靠運作並廣為採納——這就是美國發明家托馬斯・愛迪生所述，先有百分之一的靈感，加上百分之九十九的汗水。驅動科學進步的嚴密研究程序也適用於這點，就這裡來講，它不是在分析自然界，而是我們自己的人造結構——針對新興技術做實驗，來認識它的缺點，改進效能。

天啟末日知識人肯定能體會科學知識和嚴謹分析的重要性，如此才得以盡可能長久養護現存技術，不過歷經幾個世代之後，社會就必須保護自己以免理性淪喪，陷於迷信和魔法，還必須培養好奇求知、邏輯分析和講求證據的心態，才能迅速開發新技術。這就是倖存知識人必須保持的激情。正是藉由理性思考，我們才能夠大幅提增我們的農作糧食生產量，熟練運用棍棒、燧石之外的材料，駕馭勝過我們的肌肉的動力源頭，並建立交通運輸系統，來把我們帶到人類腳力無法企及的距離之外。我們的現代世界是科學建造的，要再次重建，也同樣需要科學。

尾聲

本書只能淺論現有知識和技術體系的吉光片羽。不過我們所探索的領域，都是加速社會重新啟動，得以學習其他事理，並孕育出新興文化的關鍵要素。我的期望是，見識了文明如何動手採集、製造基本用品，你就能開始體察，現代生活中視若等閒的事物是何等重要（就如我研讀材料、撰寫本書期間所得領悟）：富足和多變化的食物、效用卓著的藥物、輕鬆舒適的旅行，還有充沛能源。

智人約一萬年前便在地球上留下了影響，全世界大型哺乳動物，約半數種類突然消失——我們是主嫌，以團隊合作、精進石斧和石尖長矛狩獵技術，導致這起滅絕事件。接下來的萬年，人類逐漸在地中海周邊和北歐定居，並動手清空周圍土地，森林持續開發中。三百年前，人口數迅速增長，同時一切適宜耕種的土地，也全都開墾為農地。不只地貌大大不同，就連整個星球也出現重大變遷，歷經好幾億年所累積下來的碳，從地下挖出，用以當作燃料，於是高溫進入大氣層。大氣中二氧化碳含量倍增，影響世界氣候，造成全球暖化、海平面上升和海洋酸化等現象。散置各地的城鎮都市，像菌落般擴張、合併，道路像緞帶般綿延不斷，橫跨地貌，圈繞大都會區，並在主要地點匯聚，構成複雜的高架公路及系統交流道。越來越多金屬載具在陸地、海上匆匆往返，在天上縱橫穿梭，有些甚至橫空穿出大氣層。到

誌謝

不消說，儘管封面作者是我，倘若沒有許多人出手相助，投入心血和專業知識，本書永遠不可能付梓。所以首先感謝我出色的著作權代理人，威爾．弗朗西斯（Will Francis）。感謝威爾早在二〇〇八年讀了《宇宙間的生命》（*Life in the Universe*）之後便和我聯繫，也謝謝你迄今給的所有指引和鼓舞，還有，我們就坦率一點，你發表激烈議論，勸我別只在心中醞釀，要實際動手，才就此寫出一本書……我也要感謝詹克洛和納斯比經紀公司（Janklow & Nesbit Agency）駐倫敦辦事處的科斯蒂．戈登（Kirsty Gordon）、麗蓓卡．福蘭（Rebecca Folland）和傑西．波特里爾（Jessie Botterill）對我的所有協助，還有紐約的P J 馬克（PJ Mark）和邁克爾．斯蒂格（Michael Steger），在此一併致謝。

謝謝博德利．海德出版社（The Bodley Head）的斯圖爾特．威廉斯（Stuart Williams）和企鵝出版集團美國分公司（Penguin US）的科林．迪克曼（Colin Dickerman）表現高度熱忱，也感謝你們對我的信心，相信我能落實這項大計畫。這裡必須大大感謝科林，還有特別是約格．韓斯詹（Jorg Hensgen），兩位處理我的著作時，表現出令人難以置信的高超技能和敏銳的編輯能力。最後成書若有任何巧妙可言，得歸功於你們施展精湛巧藝，把暗藏在初稿當中的粗糙頑石，精雕細琢成一尊雕像。這裡還要感謝阿基夫・賽菲（Akif Saifi）和馬利・安德森（Mally Anderson）的幫忙，還有接手迪克曼事務的（企鵝出版社）斯科特・莫耶斯（Scott Moyers）。我還要對凱瑟琳・艾爾斯（Katherine Ailes）說，感謝妳投注心血，使用精采圖像妝點書頁，還為文字帶來蓬勃生氣。我還要感謝瑪麗亞・加布特－盧塞羅（Maria Garbutt-Lucero）和威爾・史密斯（Will Smith），以及薩曼莎・帕克（Samantha Choy Park）、莎拉・赫特森（Sarah Hutson）以及崔西・洛克（Tracy Locke），感謝各位協助本書的出版和行銷事宜。

本書題材兼容並蓄，引領我跨出原先的學術專業領域範疇。進行這項研究，讓我有機會和其他領域範圍的人士接觸。我一再感受到人們的溫暖熱情，大家都願意奉獻出他們的時間和精神來幫助一個陌生人。這些奉獻全都珍貴無比，包括：回覆莫名其妙憑空寄來的電郵，提供有用資訊並指點還可以到哪裡繼續深究，同意接受我的盤問，讓我像孩子般以為什麼、那是什麼和怎麼做等連串問題，來尋求他們的意見，還引經據典或閱讀草稿章節，來協助揪錯，或者耗費好幾個小時，耐心向我慢慢（一再！）解釋他們專業的技術細節和歷史淵源。我在這裡向各位致上感謝：

保羅・阿貝爾（Paul Abel）、喬恩・阿嘉爾（Jon Agar）、理查・阿爾斯通（Richard Alston）、史蒂芬・巴克斯特（Stephen Baxter）、愛麗絲・貝爾（Alice Bell）、約翰・賓漢姆（John Bingham）、約翰・布萊爾（John Blair）、基斯・布蘭尼根（Keith Branigan）、艾倫・布朗（Alan Brown）、麥克・布里凡特（Mike Bullivant）、多納爾・凱西（Donal Casey）、安德魯・查普爾（Andrew Chapple）、喬納森・考伊（Jonathan Cowie）、托馬斯・克倫普（Thomas Crump）、薩姆・戴維（Sam Davey）、約翰・戴維斯

（John Davis）、奧利弗・德派爾（Oliver De Peyer）、克勞斯・多茲（Klaus Dodds）、朱利安・埃文斯（Julian Evans）、班・費爾茲（Ben Fields）、史帝夫・芬奇（Steve Finch）、克雷格・葛薛特（Craig Gershater）、文斯・金格里（Vince Gingery）、維奈・古普塔（Vinay Gupta）、里克・漢密爾頓（Rick Hamilton）、文森特・哈姆林（Vincent Hamlyn）、科林・哈丁（Colin Harding）、安迪・哈特（Andy Hart）、雷蓓卡・希吉特（Rebekah Higgitt）、提姆・杭金（Tim Hunkin）、亞歷克斯・以薩（Alex Karalis Isaac）、理查・瓊斯（Richard Jones）、傑森・金（Jason Kim）、詹姆斯・尼爾（James Kneale）、羅傑・尼龐（Roger Kneebone）、莫尼卡・科珀斯卡（Monika Koperska）、南西・科爾曼（Nancy Korman）、保羅・蘭伯特（Paul Lambert）、西蒙・朗恩（Simon Lang）、馬可・朗布魯克（Marco Langbroek）、彼特・勞倫斯（Pete Lawrence）、安德魯・梅森（Andrew Mason）、戈登・馬斯特頓（Gordon Masterton）、里契・梅納德（Rich Maynard）、史帝夫・米勒（Steve Miller）、馬克・密歐道尼克（Mark Miodownik）、約翰・米切爾（John Mitchell）、金妮・摩爾（Ginny Moore）、特里・摩爾（Terry Moore）、佛朗希斯科・莫爾西洛（Francisco Morcillo）、詹姆斯・摩塞爾（James Mursell）、傑尼・奧斯曼（Jheni Osman）、薩姆・平尼（Sam Pinney）、大衛・普賴爾（David Pryor）、安東尼・夸瑞爾（Antony Quarrell）、諾亞・拉福特（Noah Raford）、彼得・朗森姆（Peter Ransom）、卡洛爾・里維斯（Carole Reeves）、阿爾比・里德（Alby Reid）、亞歷山大・羅斯（Alexander Rose）、史蒂芬・羅斯（Steven Rose）、安德魯・羅素（Andrew Russell）、提姆・薩蒙斯（Tim Sammons）、安德烈亞・塞拉

（Andrea Sella）、安妮塔・塞雅尼（Anita Seyani）、詹姆斯・薛爾溫－史密斯（James Sherwin-Smith）、東尼・錫澤（Tony Sizer）、威廉・斯雷敦（William Slaton）、西蒙・斯莫爾塢德（Simon Smallwood）、法蘭克・斯溫（Frank Swain）、史戴凡・斯茨澤康（Stefan Szczelkun）、伊恩・桑頓（Ian Thornton）、托馬斯・斯韋茨（Thomas Thwaites）、菲羅澤・亞薩尼亞（Phiroze Vasunia）、亞歷克斯・威克福特（Alex Wakeford）、麥克・韋爾（Mike Ware）、西蒙・沃森（Simon Watson）、安德魯・維爾（Andrew Wear）、凱西・莫斯（Kathy Whalen Moss）、蘇菲・威利特（Sophie Willett）、艾瑪・威廉斯（Emma Williams）、安德魯・威爾遜（Andrew Wilson）、彼得・威爾遜（Peter Wilson）、洛夫提・懷斯曼（Lofty Wiseman）和馬立克・錫巴特（Marek Ziebart）。

假如有那麼一天，文明翻了白肚，各位當中能有任何一位加入我的末日後生還者團隊，那會讓我感到十分榮幸！

感謝馬克斯・李希特（Max Richter）、阿福・佩爾特（Arvo Part）、Godspeed You Black Emperor樂團、M83樂團、湯姆・威茲（Tom Waits）、凱特・魯茲比（Kate Rusby）和喬恩・博登（Jon Boden）（你的〈洪氾平原之歌〉〔Songs from the Floodplain〕很可能榮膺末日後民謠最佳專輯……），謝謝各位為我的工作小窩提供配樂，也感謝諾爾咖啡館（Nor cafe）和肥貓咖啡屋（Fat Cat cafe）耐著性子看我長時間邊寫作邊捻鬚嚼唇，啜飲咖啡。你們的五花肉三明治是文明社會的成就。

還要感謝我的家人親友，謝謝他們含笑容忍我在晚餐桌上和酒吧間一再談起末日後話題，或者配合我的研究冒險。最後也最重要的，要謝謝我的妻子。維琪（Vicky）支持我度過這段漫長歷程，一個個週末靜靜忍受愛抱怨的丈夫伏身使用筆電工作，當我單獨待在家裡，伴著陰鬱的末日後影片和小說度過一整晚之後，她卻輕而易舉提振我的心情。

The-Knowledge.org

請上我們的網站探索其他材料、建議和影片，並加入以下網路社群延續討論—你會保存哪些知識？

@KnowledgeCiv

@lewis_dartnell

文獻資料

本書眾多課題，包括末日後世界情景和復興行動，都曾在小說出現，這裡列出幾本很值得閱讀的作品。丹尼爾．笛福的《魯賓遜漂流記》和強納．懷斯（Johann David Wyss）的《海角一樂園》（*The Swiss Family Robinson*）都講述船難後被打回最原始的生還者，如何發揮巧思求生。馬克吐溫的《亞瑟王庭之康乃狄克佬》（*A Connecticut Yankee in King Arthur's Court*）記述了一位旅人意外踏上時光旅途人士的努力過程，S. M. 史德林（S. M. Stirling）的《時間孤島》（*Island in the Sea of Time*）描述一整群島民遇上一起不明事件，被傳送到青銅器時代並有所進展的故事。喬治．史都華（George R. Stewart）的《地球存續》（*Earth Abides*）講述一個社群如何熬過一場瘟疫浩劫，而約翰．克利斯朵夫（John Christopher）的《天劫騎士》（*The Death of Grass*）則描寫疾病肆虐釀成劇變，卻不直接影響人類，而是把所有禾本科植物全都殺光。戈馬克．麥卡錫（Cormac McCarthy）的《長路》（*The Road*）講述一對父子在浩劫災後掙扎求生的殘酷情節，阿爾吉斯．巴崔斯（Algis Budrys）的《總有人能活下來》（*Some Will Not Die*）和大衛．布林（David Brin）的《郵差》（*The Postman*）都處理文明崩解後的權力鬥爭題材，而李察．麥森的《我是傳奇》，則講述人類最後餘生。帕特．法蘭克的《唉，巴比倫》和奈維．舒特（Nevil Shute）的《海濱》（*On the Beach*）都描寫核戰餘波，而小沃爾特．米勒的《萊柏維茲的讚歌》則細述核戰浩劫數百年後的古代知識保存事蹟。拉塞爾．霍本（Russell Hoban）的《雷德利．沃爾克》（*Riddley Walker*）也審視好幾個世代過後的末日社會，不過那個社會已經退回遊牧生活。瑪格麗特．愛特伍（Margaret Atwood）的《末世男女》和《洪荒年代》（*The Year of the Flood*）兩部末日後小說，以及傑克．麥迪維（Jack McDevitt）的《永恆之路》（*Eternity Road*）和金．羅賓遜（Kim Stanley Robinson）的《野岸》（*The Wild Shore*），也都呈現末日災後世界的奇妙生活景象。另有些末日災後小說選集也值得一讀：《地球廢墟》（*Ruins of Earth*）（編者：Thomas M. Disch）、《荒地：末日災後小說選》（*Wastelands: Stories of the Apocalypse*）（編者：John Joseph Adams）以及《末日浩劫科幻小說大彙編》（*The Mammoth Book of Apocalyptic SF*）（編者：Mike Ashley）。

此外也有眾多著述，旨在討論本書第一章課題，呈現廢墟誘人美景和破敗都會空間的課題。最近出版的三部好作品為安德魯．摩爾（Andrew Moore）刊載在《底特律的沒落》（*Detroit Disassembled*）中的攝影作品，西爾萬．馬爾根（Sylvain Margaine）的《禁忌之地》（*Forbidden Places*）和羅馬尼WG（Romany WG）的《破敗之美》（*Beauty in Decay*）。

底下我就本書各章節，列出了幾則有關聯的原始資料，也針列出一些參考文獻。這許多書籍都出自合宜技術圖書館（Appropriate Technology Library）。ATL收藏超過一千部數位化書籍，獲選收藏的著述，都能提供自給自足的實用資訊和基本技術原理，並由村落地球聯盟（Village Earth）推出DVD和CD-ROM 版本，網址http://villageearth.org/appropriate-technology/。文獻全名參見本書參考書目，《最後一個知識人》官網（The-Knowledge.org）也提供所有引用文獻連結，含免費下載資料。

導論　知識人的末日漂流

頁11　摩爾多瓦共和國的技術退化：Connolly, Kate, 'Human flesh on sale in land the Cold War left behind', *Observer*, 8 April 2001.

頁12　〈我，鉛筆〉：Read, Leonard E., *I, Pencil: My Family Tree as told to Leonard E. Read*, The Foundation for Economic Education, 1958. Reprinted 1999. 亦見Ashton, Kevin, 'What Coke Contains', 2013, from https://medium.com/the-ingredients-2/221d449929ef

頁12　烤麵包機計畫：Thwaites, Thomas, *The Toaster Project: Or a Heroic Attempt to Build a Simple Electric Appliance from Scratch*, Princeton Architectural Press, 2011.

頁15　萬寶全書：Lovelock, James, 'A Book for All Seasons', *Science*, 280(5365):832–833, 1998.

頁15　以百科全書為人類知識的儲存庫：Yeo, Richard, *Encyclopaedic Visions: Scientific Dictionaries and Enlightenment Culture*, Cambridge University Press, 2001. 亦見Zalasiewicz, Jan, *The Earth After Us: What Legacy Will Humans Leave in the Rocks?*, Oxford University Press, 2008.

頁20　手推車：Lewis, M. J. T., 'The Origins of the Wheelbarrow', *Technology and Culture*, 35 (3):453–475, July 1994.

頁20　跳蛙式進展：Davison, Robert, Doug Vogel, Roger Harris and Noel Jones 'Technology Leapfrogging in Developing Countries – An Inevitable Luxury?', *The Electronic Journal of Information Systems in Developing Countries*, 1(5):1–10, 2000.

頁23　活化再利用：Edgerton, David, *The Shock Of The Old: Technology and Global History since 1900*, Profile Books, 2006.

第一章　一切都將成為廢墟

頁31　黑死病和後續社會影響：Sherman, Irwin W., *The Power of Plagues*, ASM Press, 2006. 以及Martin, Sean, *The Black Death*, Chartwell Books, 2007.

頁32　實現人口復育的最小必要數量：Murray-McIntosh, Rosalind P., Brian J. Scrimshaw, Peter J. Hatfield and David Penny, 'Testing migration patterns and estimating founding population size in Polynesia by using human mtDNA sequences', *Proceedings of the National Academy of Sciences*, 95(15):9047–9052, 1998.

頁33　大自然重新進駐和城市的衰敗：Spinney, Laura, 'Return to paradise – If the people flee, what will happen to the seemingly indestructible?', *New Scientist*, 2039, 20 July 1996. 及Weisman, Alan, *The World Without Us*, Virgin Books, 2008. 及Zalasiewicz, Jan, *The Earth After Us: What Legacy Will Humans Leave in the

Rocks?, Oxford University Press, 2008.

頁 37　末日後的氣候：Stern, Nicholas, *The Stern Review on the Economics of Climate Change*, HM Treasury, 2006. 及 Vuuren, D. P. van, M. Meinshausen et al., 'Temperature increase of 21st century mitigation scenarios', *Proceedings of the National Academy of Sciences*, 105(40):15258–15262, 2008. 及 Solomon, Steven, *Water: The epic struggle for wealth, power and civilization*, Harper Perennial, 2011. 及 Cowie, Jonathan, *Climate Change: Biological and Human Aspects*, Cambridge University Press, 2013.

第二章　最後寬限期：拾荒清單和重建計畫

頁 42　遇上重大危機的預備和求生之道：Clayton, Bruce D., *Life After Doomsday: Survivalist Guide to Nuclear War and Other Major Disasters*, Paladin Press, 1980. 以及 Edwards, Aton, *Preparedness Now! (An Emergency Survival Guide)*, Process Media, 2009. 以及 Martin, Dan, *Apocalypse: How to Survive a Global Crisis*, Ecko House Publishing, 2011. 以及 Rawles, James Wesley, *How To Survive The End Of The World As We Know It: Tactics, Techniques And Technologies For Uncertain Times*, Penguin, 2009. 以及 Stein, Matthew R., *When Technology Fails: A Manual for Self-Reliance, Sustainability and Surviving the Long Emergency*, Chelsea Green Publishing, 2008. 以及 Strauss, Neil, *Emergency: One Man's Story of a Dangerous World and How to Stay Alive in it*, Canongate Books, 2009. 以及 United States Army, *Survival (Field Manual 3-05.70)*, US Army Publishing Directorate, 2002.

頁 44　水的淨化：Huisman, L. and W. E. Wood, *Slow Sand Filtration*, World Health Organisation, 1974. 及 VITA, *Using Water Resources*, Volunteers in Technical Assistance, 1977. 及 Conant, Jeff, *Sanitation and Cleanliness for a Healthy Environment*, Hesperian Foundation, 2005.

頁 48　英國國家糧食儲備：DEFRA, *UK Food Security Assessment: Detailed Analysis*, Department for Environment, Food and Rural Affairs, 2010. ——, *Food Statistics Pocketbook*, Department for Environment, Food and Rural Affairs, 2012.

頁 50　GPS 準確度的遞減現象：請教美國海岸防衛隊人員的見解。

頁 51　醫療藥品庫存可以擺放多久才會失效：Cohen, Laurie P., 'Many Medicines Are Potent Years Past Expiration Dates', *Wall Street Journal*, 28 March 2000. 及 Pomerantz, Jay M., 'Recycling Expensive Medication: Why Not?', *MedGenMed*, 6(2):4, 2004.

頁 53　電力網不再供電：Clews, Henry, *Electric Power from the Wind*, Enertech Corporation, 1973. 及 Leckie, Jim, Gil Masters, Harry Whitehouse and Lily Young, *More Other Homes and Garbage: Designs for Self-sufficient Living*, Sierra Club Books, 1981. 及 Rosen, Nick, *How to Live Off-grid: Journeys Outside the System*, Bantam Books, 2007. 及 Madrigal, Alexis, *Powering the Dream: The History and Promise of Green Technology*, Da Capo Press, 2011.

頁 54　蘇聯時期戈拉日代市臨時水力發電設施：Sacco, Joe, *Safe Area Goražde: The War in Eastern Bosnia 1992–95*, Fantagraphics, 2000.

頁 57　簡單的塑膠回收再利用做法：Vogler, Jon, *Small-Scale Recycling of Plastics* (ATL 33–799), Intermediate Technology Publications, 1984.

第三章　農業：新世界的自耕農

頁 66　土壤組成成分：Stern, Peter, *Small Scale Irrigation*, Intermediate Technology Publications, 1979. 及 Wood, T. S., *Simple Assessment Techniques for Soil and Water*, CODEL, Environment and Development Program, 1981.

頁 68　農具：Blandford, Percy, *Old Farm Tools and Machinery: An Illustrated History*, David & Charles, 1976. 及 FAO, *Farming with Animal Power (ATL05–150)*, Better Farming Series 14, Food and Agriculture Organization of the United Nations, 1976. 及 Hurt, R. Douglas, *American Farm Tools: From Hand-Power to Steam-Power*, Sunflower University Press, 1982.

頁 69　牛的拉犁挽具：Starkey, Paul, *Harnessing and Implements for Animal Traction: An Animal Traction Resource Book for Africa*, German Appropriate Technology Exchange (GATE) and FriedrichVieweg & Sohn, 1985.

頁 73　穀類作物：FAO, *Cereals*, Better Farming Series 15, Food and Agriculture Organization of the United Nations, 1977.

頁 81　堆肥製作：Gotaas, Harold B., *Composting: Sanitary Disposal and Reclamation of Organic Wastes*, World Health Organization, 1976. 及 Dalzell, Howard W., Kenneth R. Gray and A. J. Biddlestone, *Composting in Tropical Agriculture*, International Institute of Biological Husbandry, 1981. 及 Shuval, Hillel I., Charles G. Gunnerson and DeAnne S. Julius, *Appropriate Technology for Water Supply and Sanitation: Nightsoil Composting*, The World Bank, 1981. 及 Decker, Kris De, 'Medieval smokestacks: fossil fuels in pre-industrial times', 2011a, from http://www.lowtechmagazine.com/2011/09/peatand-coal-fossil-fuels-in-pre-industrial-times.html

頁 81　沼氣：House, David, *The Biogas Handbook*, Peace Press, 1978. Revised edition published by House Press in 2006. 及 Goodall, Chris, *Ten Technologies To Fix Energy and Climate*, Profile Books, 2009. 及 Strawbridge, Dick and James Strawbridge, *Practical Self Sufficiency: The Complete Guide to Sustainable Living*, Dorling Kindersley, 2010.

頁 82　邦加羅爾市的「吸蜜車」（水肥車）：Pearce, Fred, 'Flushed with success: Human manure's fertile future', *New Scientist*, 2904, 21 February 2013.

頁 82　倫敦的過磷酸鹽肥料廠：Weisman, Alan, *The World Without Us*, Virgin Books, 2008.

頁 82　加拿大的鉀鹼：Mokyr, Joel, *The Lever of Riches: Technological Creativity and Economic Progress*, Oxford University Press, 1990.

頁 83　糧食生產的陷阱：Standage, Tom, *An Edible History of Humanity*, Atlantic Books, 2010. First published 2009.

第四章　飲食和衣物：廚師和紡織手工業者的工作指南

頁 87　食品保存：Agromisa Foundation Human Nutrition and Food Processing Group, *Preservation of Foods*, Agromisa Foundation, 1990. 及 British Nutrition Foundation, *Nutrition and Food Processing*, 1999. 及 Stoner, Carol Hupping, *Stocking Up: How to Preserve the Foods you Grow, Naturally*, Rodale Press, 1973.

頁 91　製備穀物：UNIFEM, *Cereal Processing*, United Nations Development Fund for

Women, 1988.

頁 94 製備酸麵團：Avery, Mike, 'What is sourdough?', 2001a, from http://www.sourdoughhome.com/index.php?content=whatissourdough — ,'Starting a Starter', 2001b, from http://www.sourdoughhome.com/index.php?content=startermyway2 及 Lang, Jack, 'Sourdough Bread', 2003, from http://forums.egullet.org/topic/27634-sourdough-bread/

頁 96 蒙古族蒸餾法：Sella, Andrea, 'Classic Kit – Kenneth Charles Devereux Hickman's Molecular Alembic', 2012, from http://solarsaddle.wordpress.com/2012/01/06/classic-kit-kenneth-charles-devereux-hickmansmolecular-alembic/

頁 98 澤爾甕：Löfström, Johan, 'Zeer pot refrigerator', 2011, from http://www.appropedia.org/Zeer_pot_refrigerator

頁 99 愛因斯坦的冰箱：Silverman, Steve, *Einstein's Refrigerator: And Other Stories from the Flip Side of History*, Andrews McMeel Publishing, 2001. 及 Jha, Alok, 'Einstein fridge design can help global cooling', *Observer*, 21 September 2008.

頁 100 冰箱壓縮機和吸收機式設計：Cowan, Ruth Schwartz, 'How the Refrigerator Got its Hum', in *The Social Shaping of Technology*, MacKenzie, Donald and Judy Wajcman (eds), Open University Press, 1985. 及 Bell, Alice, 'How the Refrigerator Got its Hum', 2011, from http://alicerosebell.wordpress.com/2011/09/19/how-the-refrigerator-gotits-hum/

頁 101 羊毛紡紗法：Wigginton, Eliot (ed.), *Foxfire 2: Ghost Stories, Spring Wild Plant Foods, Spinning and Weaving, Midwifing, Burial Customs, Corn Shuckin's, Wagon Making and More Affairs of Plain Living*, Anchor, 1973.

頁 104 簡單紡紗法：Koster, Joan, *Handloom Construction: A Practical Guide for the Non-Expert*, Volunteers in Technical Assistance, 1979.

頁 105 鈕釦：Mokyr, Joel, *The Lever of Riches: Technological Creativity and Economic Progress*, Oxford University Press, 1990. 及 Mortimer, Ian, *The Time Traveller's Guide to Medieval England*, The Bodley Head, 2008.

頁 106 紡捻和織造技術的機械化：Usher, Abbott Payson, *A History of Mechanical Inventions* (revised edition), Dover Publications, 1982. 及 Mokyr, Joel, *The Lever of Riches: Technological Creativity and Economic Progress*, Oxford University Press, 1990. 及 Allen, Robert C., *The British Industrial Revolution in Global Perspective*, Cambridge University Press, 2009.

第五章　物質：家事化學一把罩

頁 108 歷史上的熱能：Decker, Kris De,'Recycling animal and human dung is the key to sustainable farming', 2010a, from http://www.lowtechmagazine.

頁 109 焦炭對工業革命的影響：Allen, Robert C., *The British Industrial Revolution in Global Perspective*, Cambridge University Press, 2009.

頁 110 輪伐矮林取得柴火：Stanford, Geoffrey, *Short Rotation Forestry: As a Solar Energy Transducer and Storage System*, Greenhills Foundation, 1976.

頁 110 木炭：Goodall, Chris, *Ten Technologies To Fix Energy and Climate*, Profile Books, 2009.

頁 111 供煉鋼的巴西木炭：Kato, M., D. M. DeMarini, A. B. Carvalho et al., 'World at work: Charcoal Producing Industries in Northeastern Brazil', *Occupational and Environmental Medicine*, 62(2):128–132, 2005.

頁 111　技術的保存：Edgerton, David, *The Shock Of The Old: Technology and Global History since 1900*, Profile Books, 2006.

頁 114　燒製石灰：Wingate, Michael, *Small-scale Lime-burning: A practical introduction*, Practical Action, 1985.

頁 115　洗手和預防腸胃疾病的關係：Bloomfield, Sally F. and Kumar Jyoti Nath, *Use of ash and mud for handwashing in low income communities*, International Scientific Forum on Home Hygiene, 2009.

頁 117　鹼的歷史意義：Deighton, T. Howard, *The Struggle for Supremacy: Being a Series of Chapters in the History of the Leblanc Alkali Industry in Great Britain*, Gilbert G. Walmsley, 1907. 及 Reilly, Desmond, 'Salts, Acids & Alkalis in the 19th Century: A Comparison between Advances in France, England & Germany', Isis, 42(4):287–296, 1951.

頁 119　木頭熱解作用：Dumesny, P. and J. Noyer, *Wood Products: Distillates and Extracts*, Scott Greenwood & Son, 1908. 及 Dalton, Alan P., *Chemicals from Biological Resources*, Intermediate Technology Development Group, 1973. 及 Boyle, Godfrey and Peter Harper, *Radical Technology: Food, Shelter, Tools, Materials, Energy, Communication, Autonomy, Community*, Undercurrent Books, 1976. 及 McClure, David Courtney, 'Kilkerran Pyroligneous Acid Works 1845 to 1945', 2000, from http://www.ayrshirehistory.org.uk/AcidWorks/acidworks.htm

頁 121　第一次世界大戰期間的丙酮短缺：David, Saul, 'How Germany lost the WWI arms race', 2012, from http://www.bbc.co.uk/news/magazine-17011607

頁 123　硫酸：McKee, Ralph H. and Carroll M. Salk, 'Sulfuryl Chloride: Principles of Manufacture from Sulfur Burner Gas', *Industrial and Engineering Chemistry*, 16(4):351–353, 1924. 及 Karpenko, Vladimir and John A. Norris, 'Vitriol in the History of Chemistry', *Chemické Listy*, 96:997–1005, 2002.

第六章　原物料：家裡就是工廠

頁 127　木頭：Forest Service Forest Products Laboratory, *Wood Handbook: Wood as an Engineering Material*, US Department of Agriculture, 1974.

頁 131　基本營造技術：Leckie, Jim, Gil Masters, Harry Whitehouse and Lily Young, More Other Homes and Garbage: Designs for Self-sufficient Living, Sierra Club Books, 1981. 及 Stern, Peter, *Small Scale Irrigation*, Intermediate Technology Publications, 1979. —, (ed.)*Field Engineering*, Practical Action, 1983. 及 Lengen, Johan van, *The Barefoot Architect: A Handbook for Green Building*, Shelter, 2008.

頁 131　羅馬火山灰水泥：Oleson, John Peter (ed.), *The Oxford Handbook of Engineering and Technology in the Classical World*, Oxford University Press, 2008.

頁 134　製鐵作業：Weygers, Alexander G., *The Modern Blacksmith*, Van Nostrand Reinhold Company, 1974. 及 Winden, John van, *General Metal Work, Sheet Metal Work and Hand Pump Maintenance*, TOOL Foundation, 1990.

頁 134　硬化工具和回火：Gentry, George and Edgar T. Westbury, *Hardening and Tempering Engineers' Tools*, Model and Allied Publications, 1980.

頁 135　氧乙炔氣炬：Parkin, N. and C. R. Flood, *Welding Craft Practices: Part 1, Volume 1 Oxy-acetylene Gas Welding and Related Studies*, Pergamon Press, 1969.

頁 135　電弧熔接法：Lincoln Electric Company, *The Procedure Handbook of Arc Welding*, Lincoln Electric Company, 1973.

頁 136　製作與使用工具：Weygers, Alexander G., *The Making of Tools*, Van Nostrand Reinhold Company, 1973. 及 Jackson, Albert and David Day, *Tools and How to Use Them: An Illustrated Encyclopedia*, Alfred A. Knopf, 1978.

頁 136　小規模鑄鐵設施與金屬鑄造法：Aspin, B. Terry, *Foundrywork for the Amateur*, Model and Allied Publications, 1975.

頁 136　自己打造金工作業坊：Gingery, David J., *The Charcoal Foundry*, David J. Gingery Publishing LLC, 2000a.

——, *The Drill Press*, David J. Gingery Publishing LLC, 2000b.

——, *The Metal Lathe*, David J. Gingery Publishing LLC, 2000c.

——, *The Metal Shaper*, David J. Gingery Publishing LLC, 2000d.

——, *The Milling Machine*, David J. Gingery Publishing LLC, 2000e.

頁 138　煉鐵法：Johnson, Carl G. and William R. Weeks, *Metallurgy*, 5th edn, American Technical Publishers, 1977. 及 Allen, Robert C., *The British Industrial Revolution in Global Perspective*, Cambridge University Press, 2009.

頁 139　中國鼓風爐、貝賽麥煉鋼法：Mokyr, Joel, *The Lever of Riches: Technological Creativity and Economic Progress*, Oxford University Press, 1990.

頁 141　玻璃製作法：Whitby, Garry, *Glassware Manufacture for Developing Countries*, Intermediate Technology Publications, 1983.

頁 143　鉛玻璃：MacLeod, Christine, 'Accident or Design? George Ravenscroft's Patent and the Invention of Lead-Crystal Glass', *Technology and Culture*, 28(4):776–803, 1987.

頁 144　在科學發展史中，玻璃所扮演的角色：Macfarlane, Alan and Gerry Martin, *The Glass Bathyscaphe: How Glass Changed the World*, Profile Books, 2002.

第七章　醫學：對抗體內看不見的敵人

頁 150　源自動物的疾病：Porter, Roy, *Blood and Guts: A Short History of Medicine*, Penguin, 2002. 及 Rooney, Anne, *The Story of Medicine: From Early Healing to the Miracles of Modern Medicine*, Arcturus, 2009.

頁 151　衛生對社會發展的影響：Mann, Henry Thomas and David Williamson, *Water Treatment and Sanitation: Simple Methods for Rural Areas* (revised edition), Intermediate Technology Publications, 1982. 及 Conant, Jeff, *Sanitation and Cleanliness for a Healthy Environment*, Hesperian Foundation, 2005. 及 Solomon, Steven, *Water: The epic struggle for wealth, power and civilization*, Harper Perennial, 2011.

頁 151　霍亂：Clark, David P., *Germs, Genes & Civilization*, FT Press, 2010.

頁 152　口服脫水補充液療法：Conant, Jeff, *Sanitation and Cleanliness for a Healthy Environment*, Hesperian Foundation, 2005.

頁 153　產鉗是機密：Porter, Roy, *Blood and Guts: A Short History of Medicine*, Penguin,

2002.

頁 154 汽車零件作保溫箱：Johnson, Steven, *Where Good Ideas Come From: The Natural History of Innovation*, Allen Lane, 2010. 及 http://designthatmatters.org/portfolio/projects/incubator/

頁 156 僥倖發現X光：Gribbin, John, *Science: A History 1543–2001*, Penguin, 2002. 及 Osman, Jheni, *100 Ideas That Changed the World*, BBC Books, 2011. 及 Kean, Sam, *The Disappearing Spoon: and other true tales from the Periodic Table*, Black Swan, 2010.

頁 158 柳樹皮與阿斯匹靈：Mokyr, Joel, *The Lever of Riches: Technological Creativity and Economic Progress*, Oxford University Press, 1990. 及 Pollard, Justin, *Boffinology: The Real Stories Behind Our Greatest Scientific Discoveries*, John Murray, 2010.

頁 160 敗血症和第一次臨床試驗：Osman, Jheni, *100 Ideas That Changed the World*, BBC Books, 2011.

頁 161 外科手術守則：Cook, John, Balu Sankaran and Ambrose E. O. Wasunna (eds), *General Surgery at the District Hospital*, World Health Organization, 1988.

頁 162 麻醉法：Dobson, Michael B., *Anaesthesia at the District Hospital*, World Health Organisation, 1988.

頁 162 一氧化二氮：Gribbin, John, *Science: A History 1543–2001*, Penguin, 2002. 及 Holmes, Richard, *The Age of Wonder: How the Romantic Generation discovered the beauty and terror of science*, HarperPress, 2008.

頁 163 製造簡陋顯微鏡：Casselman, Anne, 'Microscope, DIY, 3 Minutes', 2011, from http://www.lastwordonnothing.com/2011/09/05/guest-postmicroscope-diy/

頁 163 雷文霍克：Crump, Thomas, *A Brief History of Science: As seen through the development of scientific instruments*, Constable & Robinson, 2001. 及 Macfarlane, Alan and Gerry Martin, *The Glass Bathyscaphe: How Glass Changed the World*, Profile Books, 2002. 及 Gribbin, John, *Science: A History 1543–2001*, Penguin, 2002. 及 Sherman, Irwin W., *The Power of Plagues*, ASM Press, 2006.

頁 164 馬庫斯・瓦羅：Rooney, Anne, *The Story of Medicine: From Early Healing to the Miracles of Modern Medicine*, Arcturus, 2009.

頁 165 僥倖發現盤尼西林：Lax, Eric, *The Mould In Dr Florey's Coat: The Remarkable True Story of the Penicillin Miracle*, Abacus, 2005. 及 Kelly, Kevin, *What Technology Wants*, Viking, 2010. 及 Winston, Robert, *Bad Ideas? An arresting history of our inventions*, Bantam Books, 2010.

第八章　動力：蒸汽機來了，正常供電或許不遠

頁 171 羅馬水車：Usher, Abbott Payson, *A History of Mechanical Inventions* (revised edition), Dover Publications, 1982. 及 Oleson, John Peter (ed.), *The Oxford Handbook of Engineering and Technology in the Classical World*, Oxford University Press, 2008.

頁 171 黑暗中世紀的創新發明：Fara, Patricia, *Science: A Four Thousand Year History*, Oxford University Press, 2009.

頁 173 風車：McGuigan, Dermot, *Small Scale Wind Power*, Prism Press, 1978a., Garden

Way Publishing Co., 1978b. 及 Mokyr, Joel, *The Lever of Riches: Technological Creativity and Economic Progress*, Oxford University Press, 1990. 及 Hills, Richard L., *Power from Wind: A History of Windmill Technology*, Cambridge University Press, 1996. 及 Decker, Kris De, 'Wind powered factories: history (and future) of industrial windmills', 2009, from http://www.lowtechmagazine.com/2009/10/history-of-industrial-windmills.html

頁 175　轉換運動方向的裝置：Hiscox, Gardner Dexter, *1800 Mechanical Movements, Devices and Appliances*, Dover Publications, 2007. 及 Brown, Henry T., *507 Mechanical Movements: Mechanisms and Devices*, 18th edn, BN Publishing, 2008. First published 1868.

頁 175　水車和風車的重要性：Basalla, George, *The Evolution of Technology*, Cambridge University Press, 1988.

頁 175　水車和風車的不同用途：Usher, Abbott Payson, *A History of Mechanical Inventions* (revised edition), Dover Publications, 1982. 及 Solomon, Steven, *Water: The epic struggle for wealth, power and civilization*, Harper Perennial, 2011.

頁 177　抽吸幫浦：Fraenkel, Peter, *Water-Pumping Devices: A Handbook for Users and Choosers*, Intermediate Technology Publications, 1997.

頁 177　蒸汽機：Usher, Abbott Payson, *A History of Mechanical Inventions* (revised edition), Dover Publications, 1982. 及 Mokyr, Joel, *The Lever of Riches: Technological Creativity and Economic Progress*, Oxford University Press, 1990. 及 Crump, Thomas, *A Brief History of Science: As seen through the development of scientific instruments*, Constable & Robinson, 2001. 及 Allen, Robert C., *The British Industrial Revolution in Global Perspective*, Cambridge University Press, 2009.

頁 179　伏打電堆：Gribbin, John, *Science: A History 1543–2001*, Penguin, 2002.

頁 179　巴格達電池：Schlesinger, Henry, *The Battery: How portable power sparked a technological revolution*, Smithsonian Books, 2010. 及 Osman, Jheni, *100 Ideas That Changed the World*, BBC Books, 2011.

頁 180　發現電磁作用：Crump, Thomas, *A Brief History of Science: As seen through the development of scientific instruments*, Constable & Robinson, 2001. 及 Gribbin, John, *Science: A History 1543–2001*, Penguin, 2002. 及 Fara, Patricia, *Science: A Four Thousand Year History*, Oxford University Press, 2009. 及 Schlesinger, Henry, *The Battery: How portable power sparked a technological revolution*, Smithsonian Books, 2010. 及 Ball, Philip, *Curiosity: How Science Became Interested in Everything*, The Bodley Head, 2012.

頁 184　改造傳統四帆風車：Watson, Simon and Murray Thomson, *Feasibility Study: Generating Electricity from Traditional Windmills*, Loughborough University, 2005.

頁 184　查爾斯・布拉什的發電風車：Hills, Richard L., *Power from Wind: A History of Windmill Technology*, Cambridge University Press, 1996. 及 Winston, Robert, *Bad Ideas? An arresting history of our inventions*, Bantam Books, 2010. 及 Krouse, Peter, 'Charles Brush used wind power in house 120 years ago: Cleveland Innovations', 2011, from http://blog.cleveland.com/metro/2011/08/charles_brush_used_wind_power.html

頁 185　水力渦輪機：McGuigan, Dermot, *Small Scale Wind Power*, Prism Press, 1978a., Garden Way Publishing Co., 1978b. 及 Usher, Abbott Payson, *A History of*

Mechanical Inventions (revised edition), Dover Publications, 1982. 及 Holland, Ray, *Micro Hydro Electric Power*, Intermediate Technology Publications, 1986. 及 Mokyr, Joel, *The Lever of Riches: Technological Creativity and Economic Progress*, Oxford University Press, 1990. 及 Eisenring, Markus, *Micro Pelton Turbines*, SKAT, Swiss Center for Appropriate Technology, 1991.

第九章　運輸：有車幹嘛還要走路？

頁 194　生質乙醇：Solar Energy Research Institute, *Fuel from Farms: A Guide to Small-scale Ethanol Production*, United States Department of Energy, 1980. 以及 Goodall, Chris, *Ten Technologies To Fix Energy and Climate*,Profile Books, 2009.

頁 194　生質柴油：Rosen, Nick, *How to Live Off-grid: Journeys Outside the System*, Bantam Books, 2007. 及 Strawbridge, Dick and James Strawbridge, *Practical Self Sufficiency: The Complete Guide to Sustainable Living*, Dorling Kindersley, 2010.

頁 195　外裝氣囊車：House, David, *The Biogas Handbook*, Peace Press, 1978. Revised edition published by House Press in 2006. 及 Decker, Kris De, 'Gas Bag Vehicles', 2011b, from http://www.lowtechmagazine.com/2011/11/gas-bag-vehicles.html

頁 195　木柴氣化爐：FAO, Forestry Department, *Wood Gas as Engine Fuel*, Food and Agriculture Organisation of the United Nations, 1986. 及 LaFontaine, H. and F. P. Zimmerman, *Construction of a Simplified Wood Gas Generator for Fueling Internal Combustion Engines in a Petroleum Emergency*, Federal Emergency Management Agency, 1989. 及 Decker, Kris De, 'Wood gas vehicles: firewood in the fuel tank', 2010b,from http://www.lowtechmagazine.com/2010/01/wood-gas-cars.html

頁 196　木頭燃料虎形坦克：Krammer, Arnold, 'Fueling the Third Reich', *Technology and Culture*, 19(3):394–422, 1978.

頁 198　灰白銀膠菊：National Academy of Sciences, *Guayule: An Alternative Source of Natural Rubber*, 1977.

頁 200　牛用挽具：Starkey, Paul, *Harnessing and Implements for Animal Traction: An Animal Traction Resource Book for Africa*, German Appropriate Technology Exchange (GATE) and Friedrich Vieweg & Sohn, 1985.

頁 200　馬用胸前肚帶挽具：Mokyr, Joel, *The Lever of Riches: Technological Creativity and Economic Progress*, Oxford University Press, 1990.

頁 201　使用馬匹的高峰期及古巴重新徵用動物牽引力：Edgerton, David, *The Shock Of The Old: Technology and Global History since 1900*, Profile Books, 2006.

頁 201　帆：Farndon, John, *The World's Greatest Idea: The Fifty Greatest Ideas That Have Changed Humanity*, Icon Books, 2010.

頁 203　大小輪腳踏車和現代安全腳踏車：Broers, Alec, *The Triumph of Technology (The BBC Reith Lectures 2005)*, Cambridge University Press, 2005.

頁 204　種種新技術和汽車，其實都是把已經存在的機械技術結合在一起的成果：Mokyr, Joel, *The Lever of Riches: Technological Creativity and Economic Progress*, Oxford University Press, 1990. 及 Arthur, W. Brian, *The Nature of Technology: What It Is and How It Evolves*, Penguin, 2009. 及 Kelly, Kevin, *What Technology Wants*, Viking, 2010.

頁 206　內燃機和動力車的機械如何作用：Bureau of Naval Personnel, *Basic Machines and How They Work*, Dover Publications, 1971. 及 Hillier, V. A. W. and F. Pittuck, *Fundamentals of Motor Vehicle Technology*, 3rd edn, Hutchinson, 1981. 及 Usher, Abbott Payson, *A History of Mechanical Inventions* (revised edition), Dover Publications, 1982.

頁 209 電動車的歷史：Crump, Thomas, *A Brief History of Science: As seen through the development of scientific instruments*, Constable & Robinson, 2001. 及 Edgerton, David, *The Shock Of The Old: Technology and Global History since 1900*, Profile Books, 2006. 及 Brooks, Michael, 'Electric cars: Juiced up and ready to go', *New Scientist*, 2717, 20 July 2009. 及 Decker, Kris De, 'The status quo of electric cars: better batteries, same range', 2010c, from http://www.lowtechmagazine.com/2010/05/the-status-quo-of-electric-cars-better-batteries-same-range.html 及 Madrigal, Alexis, Powering the Dream: The History and Promise of Green Technology, Da Capo Press, 2011.

第十章　溝通：如何記下萬事萬物

頁 213 紙的歷史：Mokyr, Joel, *The Lever of Riches: Technological Creativity and Economic Progress*, Oxford University Press, 1990.

頁 214 用化學方法溶出植物纖維素：Dunn, Kevin M., *Caveman Chemistry: 28 Projects, from the Creation of Fire to the Production of Plastics*, Universal Publishers, 2003.

頁 215 造紙：Vigneault, François, 'Papermaking 101', *Craft*, 5, November 2007. 及 Seymour, John, The New Complete Book of Self-sufficiency, Dorling Kindersley, 2009.

頁 215 以漿果製墨：HowToons, 'Pen Pal', *Craft*, 5, November 2007, http://www.arvindguptatoys.com/arvindgupta/penpal.pdf

頁 216 鞣酸鐵墨水：Finlay, Victoria, *Colour: Travels Through the Paintbox*, Hodder and Stoughton, 2002. 及 Fruen, Lois, 'The Real World of Chemistry: Iron Gall Ink', 2002,from http://www.realscience.breckschool.org/upper/fruen/files/Enrichmentarticles/files/IronGallInk/IronGallInk.html 及 Smith, Gerald, 'The Chemistry of Historically Important Black Inks, Paints and Dyes', *Chemistry Eduction in New Zealand*, 2009.

頁 216 印刷機對社會的錯綜影響：Broers, Alec, *The Triumph of Technology (The BBC Reith Lectures 2005)*, Cambridge University Press, 2005. 及 Farndon, John, *The World's Greatest Idea: The Fifty Greatest Ideas That Have Changed Humanity*, Icon Books, 2010.

頁 218 印刷機的發展：Usher, Abbott Payson, *A History of Mechanical Inventions* (revised edition), Dover Publications, 1982. 及 Mokyr, Joel, *The Lever of Riches: Technological Creativity and Economic Progress*, Oxford University Press, 1990. 及 Finlay, Victoria, *Colour: Travels Through the Paintbox*, Hodder and Stoughton, 2002. 及 Johnson, Steven, *Where Good Ideas Come From: The Natural History of Innovation*, Allen Lane, 2010.

頁 223 簡陋的無線電發射機和接收機：Crump, Thomas, *A Brief History of Science: As seen through the development of scientific instruments*, Constable & Robinson, 2001. 及 Field, Simon Quellen, 'Building a crystal radio out of household items', *Gonzo Gizmos: Projects and Devices to Channel Your Inner Geek*, Chicago Review

Press, 2002. 及 Parker, Bev, 'Early Transmitters and Receivers', 2006, from http://www.historywebsite.co.uk/Museum/Engineering/Electronics/history/earlytxrx.htm

頁 229 戰俘收音機：Ross, Bill, 'Building a Radio in a P.O.W. Camp', 2005, from http://www.bbc.co.uk/history/ww2peopleswar/stories/70/a4127870.shtml 及 Carusella, Brian, 'Foxhole and POW built radios: history and construction', 2008, from http://bizarrelabs.com/foxhole.htm

第十一章　進階化學調查報告書

頁 234 電解作用：Abdel-Aal, H. K., K. M. Zohdy and M. Abdel Kareem, 'Hydrogen Production Using Sea Water Electrolysis', *The Open Fuel Cells Journal*, 3:1–7, 2010.

頁 235 鋁：Johnson, Carl G. and William R. Weeks, *Metallurgy*, 5th edn, American Technical Publishers, 1977. 及 Kean, Sam, *The Disappearing Spoon: and other true tales from the Periodic Table*, Black Swan, 2010.

頁 236 電解作用和發現新元素：Gribbin, John, *Science: A History 1543–2001*, Penguin, 2002. 及 Holmes, Richard, *The Age of Wonder: How the Romantic Generation discovered the beauty and terror of science*, HarperPress, 2008.

頁 236 元素週期表：Fara, Patricia, *Science: A Four Thousand Year History*, Oxford University Press, 2009. 及 Kean, Sam, *The Disappearing Spoon: and other true tales from the Periodic Table*, Black Swan, 2010.

頁 238 中國把火藥當成不死仙丹：Winston, Robert, *Bad Ideas? An arresting history of our inventions*, Bantam Books, 2010.

頁 240 硝化甘油和炸藥：Mokyr, Joel, *The Lever of Riches: Technological Creativity and Economic Progress*, Oxford University Press, 1990.

頁 240 攝影術的用途：Gribbin, John, *Science: A History 1543–2001*, Penguin, 2002. 及 Osman, Jheni, *100 Ideas That Changed the World*, BBC Books, 2011.

頁 241 簡陋攝影術：Sutton, Christine, 'The impossibility of photography', *New Scientist*, 25 December 1986. 及 Ware, Mike, 'On Proto-photography and the Shroud of Turin', *History of Photography*, 21(4):261–269, 1997. 及 Crump, Thomas, *A Brief History of Science: As seen through the development of scientific instruments*, Constable & Robinson, 2001. 及 Ware, Mike, 'Luminescence and the Invention of Photography', *History of Photography: "A Vibration in The Phosphorous"*, 26(1):4–15,2002. ——, 'Alternative Photography', 2004, from http://www.mikeware.co.uk

頁 244 化學工業：Mokyr, Joel, *The Lever of Riches: Technological Creativity and Economic Progress*, Oxford University Press, 1990.

頁 245 化學工業對蘇打的需求，勒布朗製鹼法，早期工業污染，索爾維製鹼法：Deighton, T. Howard, *The Struggle for Supremacy: Being a Series of Chapters in the History of the Leblanc Alkali Industry in Great Britain*, Gilbert G. Walmsley, 1907. 及 Reilly, Desmond, 'Salts, Acids & Alkalis in the 19th Century: A Comparison between Advances in France, England & Germany', *Isis*, 42(4):287–296, 1951. 及 Mokyr, Joel, *The Lever of Riches: Technological Creativity and Economic Progress*, Oxford University Press, 1990.

頁 249 最遲鈍的雙原子物質—氮氣：Schrock, Richard, 'MIT Technology Review:

Nitrogen Fix', 2006, from http://www.technologyreview.com/notebook/405750/nitrogen-fix/

頁 250　哈伯－博施法：Standage, Tom, *An Edible History of Humanity*, Atlantic Books, 2010. First published 2009. 及 Kean, Sam, *The Disappearing Spoon: and other true tales from the Periodic Table*, Black Swan, 2010. 及 Perkins, Dwight, *Rural Small-Scale Industry in the People's Republic of China (ATL 03–75)*, University of California Press, 1977. 及 Edgerton, David,'Creole technologies and global histories: rethinking how things travel in space and time', *Journal of History of Science and Technology*, 1:75–112, 2007.

第十二章　關於時間和空間的丈量方法

頁 254　沙漏和水鐘計時器的相對恆定性比較：Bruton, Eric, *The History of Clocks & Watches*, Little, Brown, 2000.

頁 256　把曼哈頓看成都市規模的巨石陣：Astronomy Picture of the Day, 12 July 2006 http://apod.nasa.gov/apod/ap060712.html

頁 256　日晷：Oleson, John Peter (ed.), *The Oxford Handbook of Engineering and Technology in the Classical World*, Oxford University Press, 2008.

頁 257　機械時鐘：Usher, Abbott Payson, *A History of Mechanical Inventions* (revised edition), Dover Publications, 1982. 及 Bruton, Eric, *The History of Clocks & Watches*, Little, Brown, 2000. 及 Gribbin, John, *Science: A History 1543–2001*, Penguin, 2002. 及 Frank, Adam, *About Time: Cosmology and Culture at the Twilight of the Big Bang*, OneWorld, 2011.

頁 258　60 秒、60 分鐘、24 小時：Crump, Thomas, *A Brief History of Science: As seen through the development of scientific instruments*, Constable & Robinson, 2001. 及 Frank, Adam, *About Time: Cosmology and Culture at the Twilight of the Big Bang*, OneWorld, 2011.

頁 259　「點鐘」（鐘錶時間）：Mortimer, Ian, *The Time Traveller's Guide to Medieval England*, The Bodley Head, 2008.

頁 261　天狼星第一次出現：Schaefer, Bradley E., 'The heliacal rise of Sirius and ancient Egyptian chronology', *Journal for the History of Astronomy*, 31(2):149–155, 2000.

頁 262　重現格里曆（公曆）：參考 Pappas 提出如何重新制定一年中月份區隔的方案 Pappas, Stephanie, 'Is It Time to Overhaul the Calendar?', *Scientific American*, 29 December 2011.

頁 270　時鐘問世之前，如何沿著緯度線行進的導航方式：Usher, Abbott Payson, *A History of Mechanical Inventions* (revised edition), Dover Publications, 1982.

頁 270　解決經度問題：Sobel, Dava, *Longitude: The True Story of a Lone Genius Who Solved the Greatest Scientific Problem of His Time*, Fourth Estate, 1996.

頁 270　彈簧時鐘：Usher, Abbott Payson, *A History of Mechanical Inventions* (revised edition), Dover Publications, 1982. 及 Bruton, Eric, *The History of Clocks & Watches*, Little, Brown, 2000.

頁 271　小獵犬號搭載二十二臺精密時計出航：Sobel, Dava, *Longitude: The True Story of a Lone Genius Who Solved the Greatest Scientific Problem of His Time*, Fourth Estate, 1996.

第十三章　最偉大的發明：知識人不可不知的基本科學方法

頁 277　十八世紀工業革命：Allen, Robert C., *The British Industrial Revolution in Global Perspective*, Cambridge University Press, 2009.

頁 281　為什麼英、美兩國未採行公制：Crump, Thomas, *A Brief History of Science: As seen through the development of scientific instruments*, Constable & Robinson, 2001.

頁 284　發明氣壓計和溫度計：Crump, Thomas, *A Brief History of Science: As seen through the development of scientific instruments*, Constable & Robinson, 2001. 及 Chang, Hasok, *Inventing Temperature: Measurement and Scientific Progress*, Oxford University Press, 2004.

頁 286　科學革命及如何作科學：Shapin, Steven, *The Scientific Revolution*, The University of Chicago Press, 1996. 及 Kuhn, Thomas S., *The Structure of Scientific Revolutions*, 3rd edn, University of Chicago Press, 1996. 及 Bowler, Peter J. and Iwan Rhys Morus, *Making Modern Science: A Historical Survey*, The University of Chicago Press, 2005. 及 Henry, John, *The Scientific Revolution and the Origins of Modern Science*, 3rd edn, Palgrave Macmillan, 2008. 及 Ball, Philip, *Curiosity: How Science Became Interested in Everything*, The Bodley Head, 2012.

頁 289　科學和工業技術的共生：Basalla, George, *The Evolution of Technology*, Cambridge University Press, 1988. 以及 Mokyr, Joel, *The Lever of Riches: Technological Creativity and Economic Progress*, Oxford University Press, 1990. 以及 Bowler, Peter J. and Iwan Rhys Morus, *Making Modern Science: A Historical Survey*, The University of Chicago Press, 2005. 以及 Arthur Burr Darling and Frederick Gridley Kilgour, *Engineering in History*, Dover Publications, 1990. 以及 Johnson, Steven, *Where Good Ideas Come From: The Natural History of Innovation*, Allen Lane, 2010.